JN077719

Nakayama Yu
中山 悠
Maruta Kazuki
丸田 一輝
［著］

TCP/IP
技術入門

プロトコルスタックの基礎×実装

HTTP/3 QUIC モバイル Wi-Fi IoT

技術評論社

本書について　今のTCP/IP、ネットワーク技術をどのように学ぶか

コンピューターネットワークは、私たちの生活を支えるインフラとしての重要性をますます増しています。あらゆる電子機器がインターネットなどのコンピューターネットワークを介してつながるようになっています。このような現状を支えるのが「TCP/IP」と呼ばれる技術群です。TCP/IPはインターネットの誕生と並走して普及・高度化を続け、複雑化しています。これから先、あらゆるシステムに接する上で、ネットワーク技術とは何らかの形で関わることになります。

しかしながら、さまざまな要素から成る複雑なネットワーク技術について、基本から近年の動向までを踏まえて体系的に学ぶための書籍は意外と少なく、初学者にとってあまり優しくない面がありました。具体的なプロトコルについては標準のドキュメントのほか、機器やコーディングのレベルでの運用マニュアルや手順書は多く存在しますが、TCP/IP関連技術の基本から昨今の状況までを俯瞰(ふかん)しながら学ぶことができる文献の選択肢は少ないのが現状です。

このように初学者にとって敷居が高い傾向のある分野で、さらに近年、関連分野での日本の存在感の低下ということも指摘されています。5G関連デバイスの市場で、かなりのシェアを海外企業が占めているといったことは記憶に新しいです。こうした事象にはさまざまな要因が考えられますが、なかでも「今後を支える人材の育成」が極めて大切であることは、少なくとも間違いありません。

そこで筆者らは、今後IT/ネットワークシステムに携わり得る初学者の方にもわかりやすく、ネットワーク技術について体系的に解説することを目指して本書を執筆しました。

本書は、TCP/IPプロトコルスタックなどネットワーク技術の基本から、HTTP/3やQUICなどの最新動向まで、初学者にもわかりやすく解説することを目的としています。

マニュアルのような形ではなく、コンピューターシミュレーションや実機を用いた検証結果なども紹介しながら、それらを通じてなるべく汎用的な考え方を身につけられる解説となるように心がけました。なお、実運用のレベルになると、機器ごとのドキュメントや各プロトコルの仕様、標準などを読んだ方が良い場合が多いため、実際の運用方法については本書の対象とするところではありません。

また、新しい技術の研究開発にも役立つようにという点は本書の特徴の一つだと言えます。新しいビジネスやサービス、産業を立ち上げるためには新しい技術

が必要なのは、今さらここで丁寧に説明するまでもないかと思います。もちろん、いわゆる枯れた技術を採用して安定したシステムを構築することが適しているケースもありますが、それだけでは自ずと限界が生じてきます。

あらゆるサービスの基盤としてコンピューターネットワークがある以上、ネットワーク技術そのもの、あるいはネットワークを利用したシステム/サービスを開発するためには、「ネットワーク技術に関わる研究開発力」のようなものが重要となってきます。さらに、産業的な側面から見わたすと、通信プロトコルには標準化が必須であり、標準仕様に則っていない製品は売れないリスクが高いです。そのため、標準化にあたって各企業が自社の特許技術を入れ込むように活動します。そのような技術を開発できれば関連企業や業界が盛り上がる一方で、失敗すれば海外企業の寡占状態を招くような事態も容易に起こります。海外企業の製品を買って設定の検証をして運用するという構造だけになってしまうのは、あまり好ましいことではないかと思われます。

次世代のコンピューターネットワーク/システムの研究開発を支える人の育成に貢献できればというのが本書執筆の動機の一つです。筆者らは現役のトップレベルの(あるいは、それに近い)研究者ですので、運用というよりは、研究開発に向けてという観点からの考え方なども含めて技術解説を行っていきます。

本書が、次世代を支える研究者やエンジニアにとって有用なものとなったなら幸いです。また、ネットワーク技術について日本語で学ぶ際の教科書として、幅広い方にとって役立つものの一つになればと願っています。

2024年4月

著者を代表して　中山 悠

本書の構成

図A に示すように、本書は0〜9章の全10章から構成されます。

まず0〜2章は本書のイントロダクションにあたり、本書の背景や目的などを交えた導入部で、用語やツール、技術の変遷など、基本的な事項についてまとめました。

3〜4章では、物理〜MAC層について記述します。メディア層とデータ伝送について、昨今の無線LAN環境に主眼を置きながら基礎知識とMATLABによるシミュレーションを併用して解説します。

5〜6章では、IP〜トランスポート層を扱います。とくに近年顕在化していたTCPの課題と、それを解決するためのQUICへの置き換えに注目します。ns-3を用いたシミュレーションによる性能評価について紹介しています。

7〜8章では、上位レイヤー寄りのプロトコルについて説明します。QUICの詳しい解説を行うほか、HTTP/3などアプリケーション層のプロトコルの動向について記述します。理解しやすいように、QUICサーバーとクライアントを利用した実機による検証結果と合わせて解説を行います。

最後に、9章では、8章までで取り上げた基本事項を踏まえて、最新動向や今後の展開について言及しています。

図A 本書の章構成

イントロダクション	第0章	コンピューターネットワーク＆通信の基本
	第1章	コンピューターネットワークとプロトコルスタック
	第2章	プロトコルの変遷 × ネットワークの基本ツール
物理〜MAC層	第3章	ネットワークインターフェース層＆MAC層
	第4章	［比較＆評価で見えてくる］無線LAN MAC層
IP〜トランスポート層	第5章	トランスポート層
	第6章	［比較＆評価で見えてくる］TCP/IP
上位層	第7章	近年の上位層プロトコル
	第8章	［比較＆評価で見えてくる］HTTP/3
まとめ	第9章	［大規模/高速化］通信環境とプロトコルの技術動向

本書の対象読者

本書はまず第一に、コンピューターサイエンスを学ぶ学生や、コンピューターシステムに携わるエンジニアの方を対象にしています。とくに、今後IT/ネットワークシステムに関わり得る初学者の方を想定して、なるべくわかりやすく、ネットワーク技術について体系的に解説しています。さらに、筆者らは企業および大学での勤務経験のある現役の研究者ですので、研究開発という観点からも記述しています。今後の研究開発を担う次世代の研究者やエンジニアの方にとって、本書が有用なものとなるような解説を心がけました。

本書で想定する前提知識

コンピューターサイエンスに関する基礎的な(大学1〜2年生程度の)知識があることを想定しています。なお、シミュレーションや実機検証のパートについては、OSに応じたファイル操作や基礎的なコーディング、プログラム実行などができることを前提としています。

本書で扱わないこと

本書は、幅広いネットワーク技術をなるべく体系的に解説し、陳腐化しにくい考え方などを学べるようにと意図しています。そのため、各プロトコルの標準の詳しい説明や運用方法など、個別的な解説はあまり行いません。

また、本書ではシミュレーションや実機検証のためにさまざまなツールなどを利用します。ただし紙幅の都合上、これらを実施するにあたり最低限必要となる解説は行いますが、それぞれの実装上のノウハウなどについては扱いません。システム実装やネットワークプログラミングに関しては、本書の範疇外であることには注意してください。

本書の動作確認環境

以下の環境で動作を確認しました。

2章

- OS　macOS Ventura (v13.1)
- プロセッサ　1.6GHz デュアルコア Intel i5
- メモリ　8GB 2133 MHz LPDDR3
- Wireshark　4.0.2
- iPerf　3.13
- Nmap　7.94

4章

- OS　Windows 11 Pro 23H2
- プロセッサ　2.9 GHz Intel Core i7
- メモリ　16GB 4267 MHz LPDDR4
- MATLAB　2022a（ツールボックスは不使用）

6章

既刊『TCP技術入門』（技術評論社、2019）の動作確認環境を使用し、VirtualBox と Vagrant と X Server で基本的に仮想マシン上でシミュレーションを行っています。

- OS　macOS Mojave (v10.14.3)
- プロセッサ　2.9 GHz Intel Core i7
- メモリ　16GB 2133 MHz LPDDR3
- VirtualBox　6.0.4r128413
- Vagrant　2.2.4

なお、VirtualBox では次の環境で仮想マシンを立ち上げ、動作確認しています。

- Ubuntu 16.04
- Wireshark 2.6.5
- ns-3 (3.27)

- Python 3.5.2
- GCC 5.4.0
- make 4.1

6章の解説にあたりns-3やUbuntuのバージョンに制約があり、動作環境について詳しく知りたい方は『TCP技術入門』とその補足情報を参照してみてください。

- 『TCP技術入門』補足情報
  URL https://gihyo.jp/book/2019/978-4-297-10623-2/support/

8章

- OS　macOS Ventura (v13.1)
- プロセッサ　1.6GHz デュアルコア Intel i5
- メモリ　8GB 2133 MHz LPDDR3
- Go言語　1.20.5
- quic-go　0.33.0
- webtransport-go　0.5.3

謝辞

本書の執筆にあたり、たくさんの方々にサポートいただきました。4章のシミュレーションプログラム作成においては、湘南工科大学 宗秀哉先生、大阪大学 久野大介先生にご協力いただきました。東京農工大学工学府 卒業生の八重樫遼氏および修士2年（原稿執筆時点）の李天文氏には、執筆補助や実機検証、動作確認など、さまざまな面でご協力いただきました。技術評論社 土井優子氏には、企画から制作に至るまでサポートしていただきました。本当にありがとうございました。

本書の補足情報について

本書の補足情報は以下から辿（たど）れます。

URL https://gihyo.jp/book/2024/978-4-297-14157-8/support/

目次●TCP/IP技術入門 プロトコルスタックの基礎×実装[HTTP/3, QUIC, モバイル, Wi-Fi, IoT]

第2章

プロトコルの変遷×ネットワークの基本ツール

Column

TCP/IP技術入門

プロトコルスタックの基礎×実装

[HTTP/3, QUIC, モバイル, Wi-Fi, IoT]

第0章

本章では、コンピューターネットワーク（*computer network*）と通信の基本事項を取り上げます。あわせて、本書の執筆に至った背景と執筆の目的、また本書の全体的な構成や見通しについても触れていますので、ご自身が本書をどのように読むと効果的か、どの章をどう読むべきかといった点を考える材料としても参考にしてみてください。

コンピューターネットワーク&通信の基本

開発×研究のための基礎知識

0.1 コンピューターネットワーク&通信の今
ネットワーク技術を学ぶ意義

コンピューターネットワークは、私たちの生活を支えるITシステムに不可欠なものであり、今ではすでに社会インフラとも言える機能を果たすようになっています。本節ではまず、いまネットワーク技術について学ぶ意義や、本書の対象とする内容、想定する読者などについて記述します。

コンピューターネットワークとは何か　コンピューターネットワークの拡大

近年、コンピューター同士をつなぐためのコンピューターネットワークは拡大の一途(いっと)を辿っています。

ここで言う「コンピューター」とは、日本語で言えば(電子)計算機であり、何らかの制御装置、演算装置(プロセッサ)、記憶装置(メモリ)、入出力装置を備えた機械装置のことを指すのが一般的です。

このようなコンピューターは、データセンターにあるような大型のサーバーやデスクトップやラップトップのような個人用端末など、いわゆる「コンピューター」として連想されるものだけではありません。これらに加えて、私たちが日常的に用いるスマートフォンやタブレットのようなスマートデバイス、スマートウォッチに代表されるウェアラブル系のデバイス、さらにはRaspberry Pi(ラズベリー パイ)(ラズパイ)やArduino(アルデュイーノ)のようなマイクロコンピューター(マイコン)なども含まれます。また、ありとあらゆるモノがインターネット(*Internet*)に接続されるInternet of Things (IoT)と呼ばれるコンセプトが当たり前となった現在では、小型のセンサーや家電、自動車などを含めたさまざまなデバイスが、上記の「コンピューター」としての能力を備え、相互に接続されるようになっています。

上記のような(広義の)コンピューター同士をつなぐものを、「コンピューターネットワーク」(*computer network*)と呼びます **図0.1** 。物理的には、あるコンピューターと他のコンピューターとをメタルやガラスなどのケーブル **図0.2** 、あるいは電波などで相互に接続することで構築されますが、これが相互に接続されて拡大していくという性質があります。

とくにインターネットは、「ネットワークのネットワーク」などとも呼ばれ、世界中で構築されたコンピューターネットワーク同士を接続した、分散管理型の非常に大きなネットワークです 図0.3 。

図0.1 コンピューターネットワーク

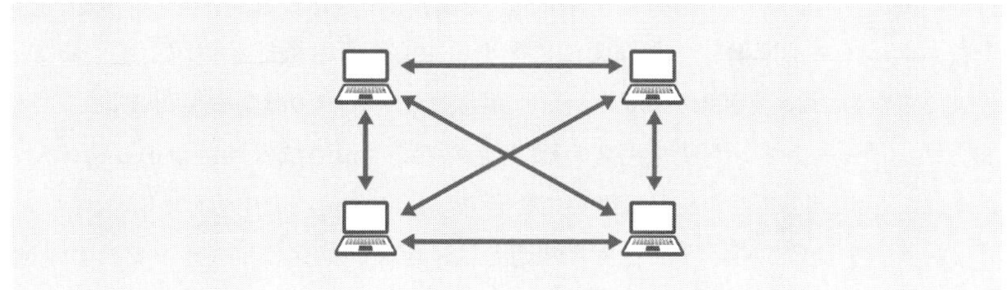

コンピューター同士がつながっている。

図0.2 メタルケーブル(左)と光ファイバーケーブル(右)

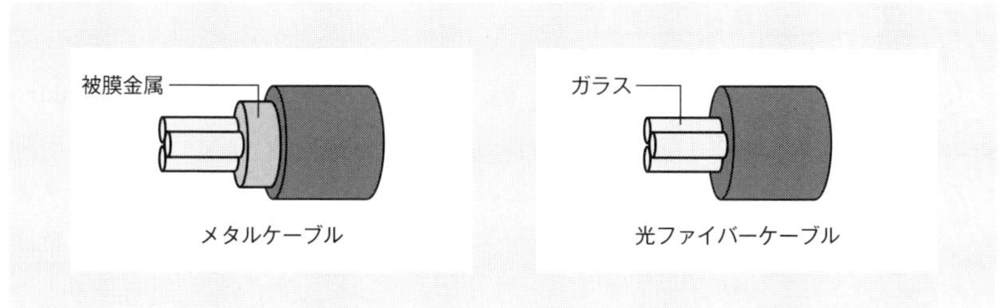

図0.3 分散管理型の大きなネットワーク

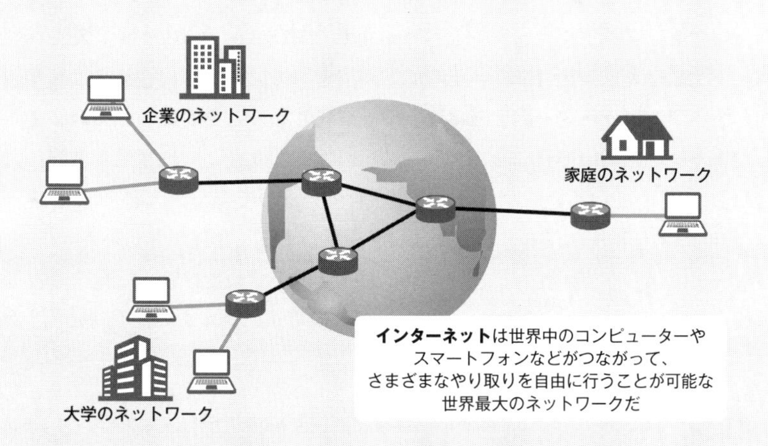

ネットワーク同士がつながった大きなネットワーク。

相互接続の重要性

今や、単独(*stand-alone*, スタンドアローン)で完結して動作するデバイスやコンピューターシステムは少なくなっており、相互接続を行うことがデフォルトのようになっています。

言い換えれば、すべての役割を果たす全知全能のコンピューターは存在せず、複数のデバイスが連携して動作することで、求められる機能を実現しています。これにはシステムの機能の高度化や、利用されるデータの種類や量の爆発的な増加、コンピューティングリソースの制限/活用などさまざまな要因がありますが、いずれにせよ、このトレンドは続いていきます。この流れの中では、多数のコンピューターを接続するネットワーク技術とは、現代のコンピューターシステムを支える根幹的な技術であると言えます。

重要さを増すネットワーク技術

複数のコンピューターが連携動作する概念として、IoTにはInternet of Everything(IoE)といった派生語がいくつもあるほか、今では常識あるいはインフラとなっているとも言えるクラウドコンピューティング、スマートホームやスマートシティなど「スマート○○」系の用語など、さまざまなものがあります。今となっては使われなくなりましたが「ユビキタスコンピューティング」のような言葉も、そもそもはコンピューターが遍在している状態を指す用語[*1]ですので、すでに当たり前のような状態になっていると捉えることもできます。

近年でも、ブロックチェーンをベースとしたWeb 3.0 (Web3, 9章で後述)など、次々と造語やキャッチコピー、トレンドが生まれていますが、これらは基本的にすべて、**コンピューター同士をネットワーク化する**ことを前提としています。

つまり、その実現方法やユースケース、具体的なサービスやビジネス的な売り方/見せ方としていろいろなものが提案されているのですが、「コンピューターネットワークが基盤になる」という点は共通しています。発展が著しいAI (*Artificial intelligence*, 人工知能)技術など、コンピューター上での受け答えに見える技術でも、そのユーザーインターフェースとしては何らかのフィジカル(*physical*, 物理

＊1 コンピューターがいつでも広くどこでも存在して利用できる環境を示す用語の一つ。「ユビキタス」(*ubiquitous*)は「偏在する」「至るところに存在する」といった意味。

的)なデバイスが用いられますし、システムのバックエンドでは多数のコンピューターが動作しています 図0.4 。実世界からビッグデータなどと呼ばれる非常に多くのデータを集め、深層学習などをはじめとしたデータ処理を行った上で、その結果に応じて何らかの応答を返したりデバイスを駆動したりする、その基盤となるのがネットワークです。

とくにリアルタイム性の高いサービスなど、具体的な要求を実現するためには、ネットワークシステムとして設計や実装を行う必要があるのです。

ネットワークの理解の難しさ　ネットワークは「目に見えない」、規模の大きさ、技術多様性

端的にまとめると、コンピューター同士がつながったものがコンピューターネットワークであり、多数のコンピューターが参加しているとても大きなネットワークがインターネットです。大まかな理解のためならそれで十分ですが、ネットワークの実態を理解する点においては案外取っつきが悪い面があります 図0.5 。

図0.4　フィジカルなデバイスとネットワーク

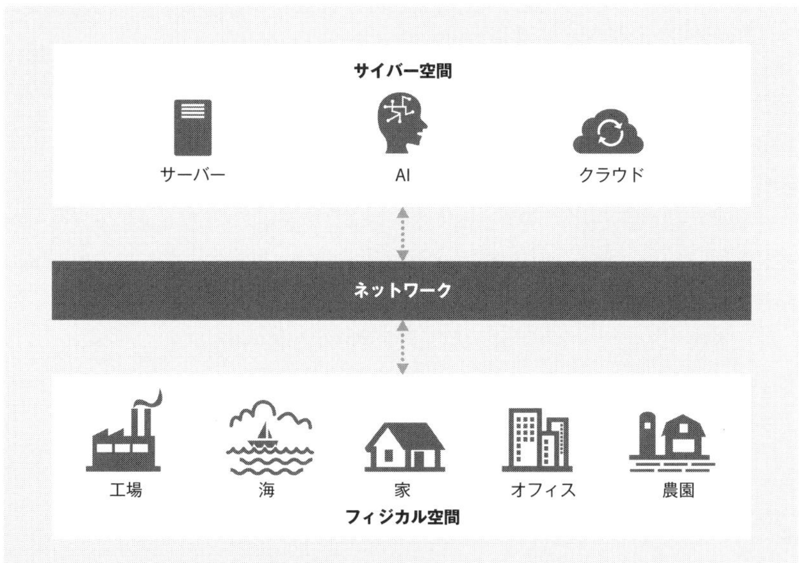

サイバーとフィジカルをつなぎ、基盤となるのはネットワーク技術。なお、サイバー(*cyber*)は学問の一種であるサイバネティックス(*cybernetics*)に関連して「コンピュータの」「インターネットの」といった事象を表す形容詞。

図0.5 ネットワークの理解の難しさ

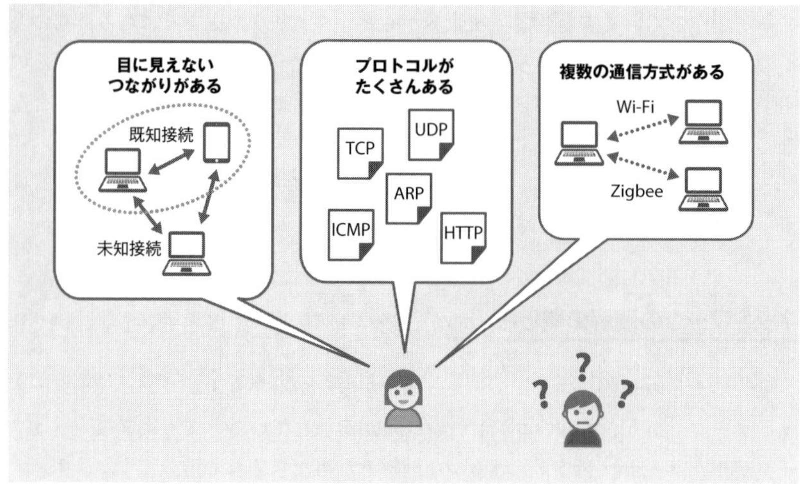

多数のデバイスの目に見えないつながり、複数の方式やプロトコルの存在により、ネットワークは捉えづらいという一面も持つ。

この理由の一つとして、単一のコンピューターとは異なり、ネットワークは基本的に「目に見えない」ものである点が挙げられます。これは、たとえばサッカーなどでも選手個人の動きは見て理解しやすいですが、選手間の連携のような部分については、理解したり評価したりするのが難しいといったことに似ているかもしれません。また、インターネットのようなネットワークともなると、参加するデバイスの数も膨大な数となるため、単純に規模が大きく全容の把握が困難、あるいは不可能に近いという面もあります。さらに、有線/無線など通信媒体にもさまざまなものがあるほか、同じ無線でもLTE(*Long-Term Evolution*)、Wi-Fi(ワイファイ)、Bluetooth(ブルートゥース)など数多くの方式が存在します。そのうえ、ネットワーキングの機能を提供するという意味では似たようなものなのに、TCP/IPなどプロトコルと呼ばれるものも数多く存在し、似たような機能を提供する異なるプロトコルなども多いといった点が煩雑さを高めています。

本書の対象範囲について

上記のとおり、コンピューターネットワークは私たちの生活を支えるインフラとしての重要性が増しており、その重要性は今後も高まっていくものと考えられ

図0.6 ネットワーク技術のトレンド

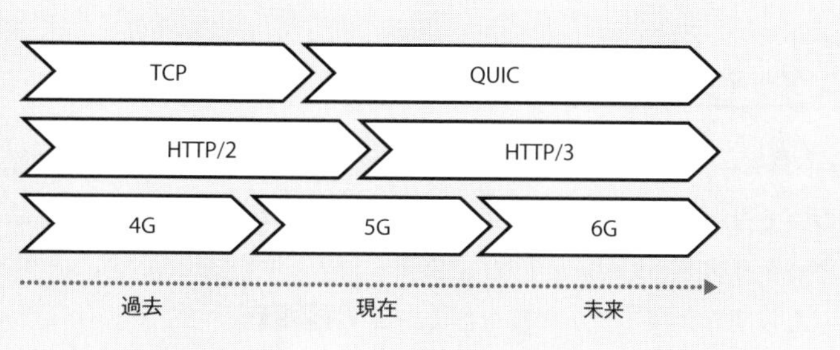

各種技術領域における進歩や置き換え。

ます。今後、いかなるシステムを設計、構築、利用する上でも、ネットワーク技術とは何らかの形で関わることになってきます。とくに、システムのリアルタイム性や信頼性、セキュリティなどの性能を担保するためには、通信方式や媒体、プロトコルなどの違いを理解したり、スループットや遅延(いずれも後述)などの品質に注意する必要があります。ここで、リアルタイム性とは、たとえば電話やWebミーティングで遅延なく快適に利用できるかといったことを指します。通信の信頼性とは、データを確実に正しく相手まで届ける機能です。スループットとは、一定時間あたりのデータの転送量を指し、いわゆる「速さ」のことです。

一方で大まかなトレンドを 図0.6 に示すとおり、ネットワーク技術そのものの発達も著しく、高速化や高機能化を続けています。

2024年現在、5Gの普及が進むとともに、次世代モバイルである6Gの研究開発が本格化しています。HTTP/3やQUICなどの新たなプロトコルが開発され、普及/置き換えが進んでいます。

0.2 [シンプル図解]基本のしくみ

プロトコル&プロトコルスタック、有線&無線、TCP/IP

一口に「ネットワーク技術」と言ってもその内容は多岐にわたります。個別の話題に入る前に、ここではまず、現在のコンピューターネットワークの基本的なしくみについて概観します。本節で扱う大まかな全体像のようなものが、本書を読む際の道しるべとなるようにできるだけ平易に噛み砕いて解説を行います。

インターネットの基本 インターネットの広がり

「インターネット」は、コンピューターネットワークの代名詞的な存在であり、その中でも最大規模のネットワークです。現在のインターネットには、パソコンやデータセンターのサーバー群、スマートフォンやスマートスピーカー、自動車などあらゆるデバイスが接続されています 図0.7 。

言い換えれば、手元のスマートフォンを使うことで、原理的にはインターネットを介してあらゆるデバイスと情報を交換することが可能であるとも言えます。日常生活でも、今や子どもからシニアの方まで、Webブラウジングや電子メール、SNS(*Social Networking Service*)、YouTubeなどの動画視聴、ゲームなど、さまざまな形でクラウドサーバーなどと通信するようなサービスを利用しています。また、ビジネス用途でも、従来からある電子メールやファイル共有などに加えて、Slackなどのチャットツールや、2020年以降すっかり定着したオンラインミーティングなど、インターネットは業務上欠かせないものとなっています。さらに今後は、地方創成/地域振興の取り組みの広まりとも相まって、働きながら休暇をとるワーケーションや、会社から離れたところで働くリモートワークの制度もより一般化する可能性があります。

図0.7 私たちの生活とインターネット

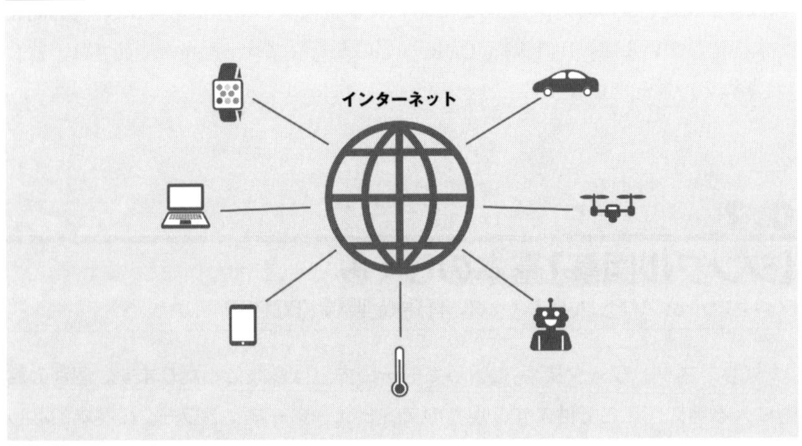

インターネットにあらゆるデバイスが接続されている。

プロトコルの重要性

このように「インターネット」は、私たちの日常生活やビジネスを根底から支えるインフラとなっています。ただし、インターネットには全体として特定の管理者が存在するわけではなく、ネットワーク同士を接続したものであり、「ネットワークのネットワーク」とも呼ばれます。

少しわかりにくいようですが、各ネットワークにはもちろん管理者がいます。これは、鉄道は路線ごとに異なった企業が運営していることと似ています。各企業は自社の路線の範囲を管理しますが、乗客は(料金の違いなどに目を瞑(つぶ)れば)とくに運営会社を気にせずに、一つの鉄道網として経路を考えて、自在に乗り換えなどを行って目的地まで辿り着くことができます。

このような**自律性**や**拡張性**がインターネットの特色である一方で、全体としての捉えにくさや、悪意のある攻撃者に対するセキュリティの重要性にもつながってきています。

また、この特性が、さまざまなデバイスやネットワークが支障なく相互接続するための、共通化された方式(プロトコル)の重要性にもつながっています。つまり人間同士でも、共通の言語がないと、正確にコミュニケーションすることが難しくなります。あるいは体育の時間にサッカーをするぶんには、いい加減なローカルルールでもまったく問題ないのですが、たくさんのチームで大会を実施するためには統一されたルールが必要です。そうしないと、恐らくトラブルになってしまい試合が成立しません。

このように、多種多様なデバイスやネットワークを相互に接続するための共通言語/仕様を「プロトコル」(*protocol*)と呼びます **図0.8** 。本書には、このようなプロトコルが数多く出てきますが、これらはうまく通信を成立させるために人間が考案し、議論して定めてきたルールです。よってネットワーキングの勉強には、決まりごとの学習という色が強くあるのも事実です。決まりごとの背景にある考え方や工夫などを理解しないと、ただ覚えるだけのマニュアルのようになってしまう恐れがあります。

図0.8 プロトコルの重要性

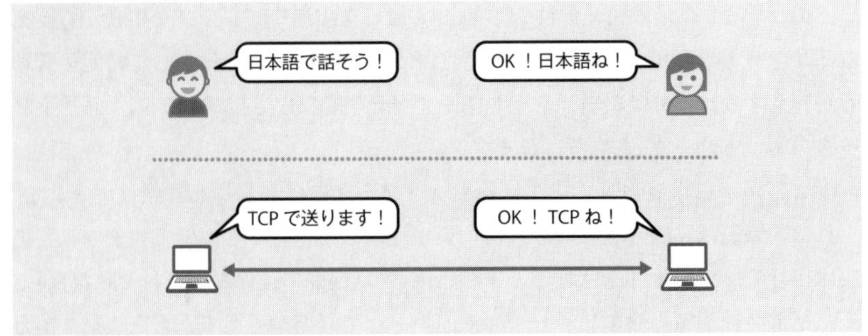

プロトコルがある＝言葉が通じる。

プロトコルスタックとは何か　プロトコルの階層構造

多種多様なコンピューターの間で話(通信)するためには、共通言語となる「プロトコル」が必要であることを述べました。ただし、実際には数多くのプロトコルが存在し、それぞれ提供する機能や対応機器、想定する利用環境なども異なります。何らかの機能を提供するコンピューターシステムを設計/構築するためには、適したプロトコルを選択して利用する必要が出てきます。さらに、このような通信用のプロトコルは実際には単独で動作するのではなく、それぞれ別の機能を持った複数のプロトコルの組み合わせとして利用されます。

詳しくは後述しますが、一般的に通信機能および各機能に対応するプロトコルは、「階層構造」としてモデル化されます。このようなプロトコルの階層構造は「プロトコルスタック」(*protocol stack*)と呼ばれます **図0.9** 。スタック(*stack*)とは、「積み上げたもの」を表す英単語ですので、言葉のイメージどおりの意味となっています。

階層化するメリット

プロトコルスタックの実装はOSによって異なりますが、統一的な表現方法として**OSI** (*Open System Interconnection*)**参照モデル** **図0.10** がよく用いられます。このようなモデルの詳細は次章以降に譲(ゆず)ります。ここでは、なぜこうしたモデルを用いて階層(レイヤー/*layer*とも呼ばれる)構造に整理する必要があるのか、また階層構造のイメージについてだけ焦点を当てます。

コンピューター間でのデータ通信を実現するためには、多様な機能が必要となります。たとえば、世界のどこかにある相手のコンピューターを識別/特定した

図0.9 **プロトコルスタック**

高レイヤー
HTTP
TCP
IP
Ethernet
RJ45
低レイヤー

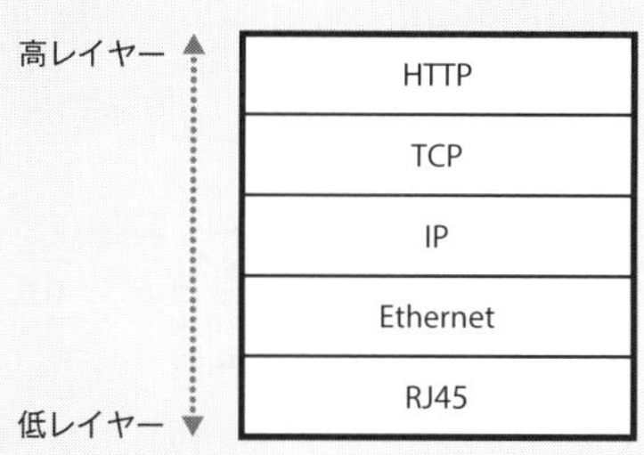

プロトコルが積み上がった階層構造。

図0.10 **OSI参照モデル(7階層)**

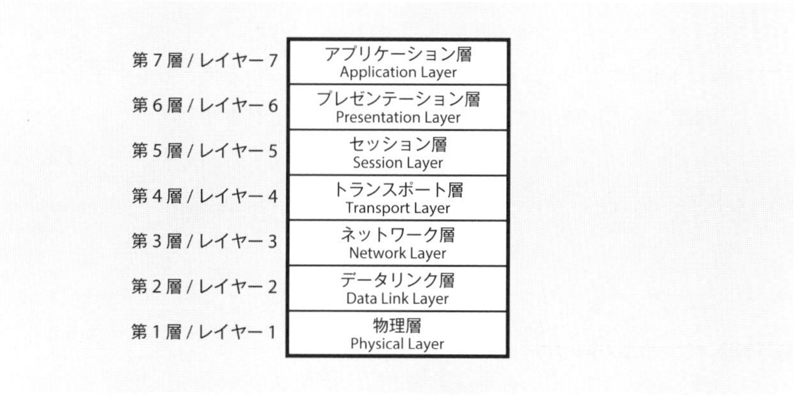

第7層/レイヤー7
アプリケーション層
Application Layer
第6層/レイヤー6
プレゼンテーション層
Presentation Layer
第5層/レイヤー5
セッション層
Session Layer
第4層/レイヤー4
トランスポート層
Transport Layer
第3層/レイヤー3
ネットワーク層
Network Layer
第2層/レイヤー2
データリンク層
Data Link Layer
第1層/レイヤー1
物理層
Physical Layer

り、そこまでデータを転送してもらったり、さらにはエラーやロスなくデータが届くように配慮したりといったことです。

こうした「多様な機能を分担して提供する」というのが階層化のおもなメリットです。一般的に、複雑な装置を作るときには、部品ごとに製造したり、交換したりできた方が便利です。たとえば自動車でも、タイヤ部分はタイヤだけで製造や交換が可能です。雪道を走行するときには専用のタイヤに交換することができ、冬になったからといって車ごと取り換える必要はないわけです。

これと同じように、通信に必要な機能を階層的に定義/整理しておき、各階層が担当すべき機能を切り分けておくことで、レイヤーごとの機能が限定/シンプル化されます。特定の機能を提供するプロトコルを検討/実装するのが容易になるとともに、プロトコルの交換も可能になります。タイヤを雪道用に交換するように、特定の目的のために、ある一つのレイヤーのプロトコルのみを入れ替えるといったことができます。

階層化のイメージ

プロトコルスタックについてイメージを広げるため、簡単な考え方の例を紹介しておきます。電話でのコミュニケーションをプロトコルスタックのように表してみたものが図0.11です。ただし、通常はレイヤーやプロトコルとは呼ばない事例なので、あくまで階層構造をイメージするための概念的なものになります。

Aさんと Bさんが電話をするとき、「言語」レイヤーのプロトコルとして日本語と英語があり、「電話機」レイヤーのプロトコルとしてスマートフォンと糸電話があるとします。このとき、「言語」レイヤーと「電話機」レイヤーとでは、担う機能が異なります。スマートフォンと糸電話では話ができないので、各レイヤーのプロトコルはA-B間で揃っている必要があります。その一方で、あるレイヤーのプロトコル選択は、他のレイヤーの制約は受けません。日本語を使って、スマートフォン同士で会話しても良いですし、あるいは糸電話で会話しても同じ内容の話ができます。

このように、機能を分けて考えられるのがプロトコルスタックのメリットです。

図0.11 プロトコルスタックのイメージ

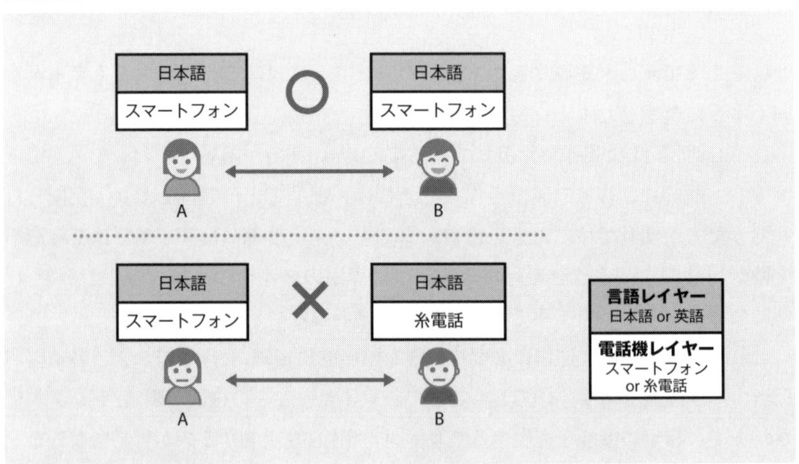

言語レイヤーと電話機レイヤーの例。

有線&無線の基本

プロトコルスタックについて、詳しくは次章以降で説明しますが、ここではその全体像だけシンプルに記述しておきます。

物理的な通信路と論理的な機能

階層の下の方、つまり低いレイヤーほど物理的な通信路に近く、言い換えればハードウェア寄りの機能を担います。逆に、高いレイヤーほど論理的/抽象的な機能、ソフトウェア寄りの処理を行います。

はっきりと一つ線を引いて分けるとしたら、OSI参照モデルにおけるレイヤー1〜3は物理的な転送経路を、レイヤー4〜7は論理的な機能を扱います **図0.12** 。つまり、デジタルデータも実際には物理的な信号として伝送されるわけですが、その信号がどういった媒体を通って伝わり、どういった経路(道のり)を進んでいくのかを決めるのがレイヤー1〜3ということです。郵便で言えば、東京から大阪まで手紙を送り届けるときに、物理的にどういった道のりで運ばれるのか(高速道路なのか、飛行機なのか)といったイメージですね。一方で高レイヤー側の「論理的な」というのは、普通郵便なのか、信頼性を保証する書留なのか、といったことを指すイメージです。同じ「郵便を送る」にしても、その送り方にはいろいろあるように、コンピューターネットワークにおけるデータ送信にもさまざまな種類があるのです。

図0.12 **レイヤーと機能**

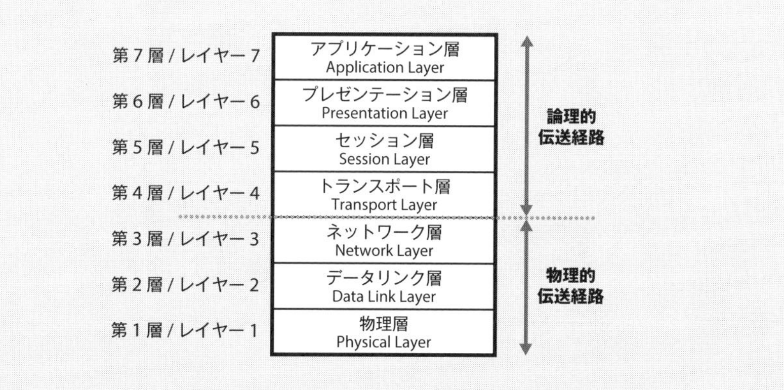

レイヤー1〜3は物理的な伝送経路、レイヤー4〜7は論理的な伝送経路。

物理レイヤーと伝送媒体

本節では、このような物理的なレイヤーの基本について、少しだけ触れておきます。ただし、本書では、物理的な通信については詳しくは扱わず、ここで少し解説するだけに留めておきます。本書がおもに対象とするのは比較的高めのレイヤー、つまり論理的/抽象的な機能を担う部分です。先述のとおり、高いレイヤーほど目に見えない抽象的な機能を扱うため、いまひとつ実感しにくく、取っつきが悪いという問題があります。そうしたときに、フィジカルには何が起こっているのか、システム全体としてはどういった構成になっているのかといったことをイメージできた方が理解しやすい場合があります。

さて、上記の説明の中で、物理的な信号を伝送する「媒体」という言葉が出てきました。コンピューターネットワークでいう媒体とは、情報を伝えるモノを指し、メディアとも呼ばれます。具体的な媒体としては、光ファイバーケーブル*2やメタルケーブル、空気や水などが挙げられます 図0.13 。

*2 光ファイバーケーブルは、光の透過率が非常に高い石英ガラスを屈折率の異なる2層構造にしたケーブルです。片方の端から送信機（レーザー）を用いて光信号を送信し、光ファイバー内を光が反射しながら通っていき、反対側の端に設置された受信機（フォトダイオード）で受け取るといった流れでデータを物理的に伝送します。

図0.13 さまざまな通信媒体

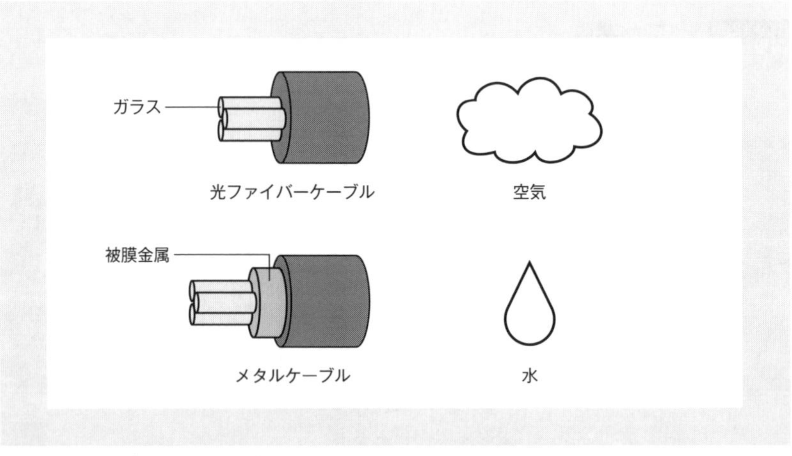

光ファイバーケーブル、メタルケーブル、空気、水などの通信媒体がある。

「有線」と「無線」

このような媒体によって物理的な通信路を大きく分けると、「有線」と「無線」があります。

有線(*wired*)とは、文字どおりデバイス同士を線=ケーブルで接続し、その中を通って情報が伝送される構成です。**無線**(*wirelss*)の場合にはケーブルを用いず、電波などを用いて情報を伝送します。

私たちが日常的に使うデバイスには、無線通信を利用する割合がどんどん高まっています。スマートフォンやラップトップはもちろん、イヤホンなどもワイヤレスが普通になっています。こうした身につけたり持ち歩くようなデバイスについては、ケーブルがない方が便利だからです。

一方で、有線通信には高速性や高い安定性といったメリットがあり、増え続けるデータを捌くためには欠かすことができません。データセンターで無数のサーバーやスイッチ(*switch*)、ルーター(*router*)間を接続したり、ISP(*Internet Service Provider*)＊3のルーター間を接続しているのも通信ケーブルです。また、最大級の通信ケーブルとしては、太平洋を横断するような海底ケーブルなどがあり、海外と通信するための基盤となっています。

有線通信 Ethernet

有線通信として比較的身近なのは、LAN(*Local Area Network*, ローカルエリアネットワーク)によく用いられるEthernet(イーサネット)が挙げられます。LANはオフィスや家庭内など、限定的なエリアに構築されるネットワークです **図0.14** 。Ethernetでは電線を2本対で撚(よ)り合わせたツイストペアケーブルや、光ファイバーケーブルがよく用いられます。

無線通信 Wi-Fi

無線通信には、非常に多くの種類があります。「Wi-Fi」と呼ばれる規格が有名ですが、あくまで数ある無線通信のうちの一部に過ぎません。

無線通信では一般的に、信号は電波(ただし、可視光や音波などを用いる手法もある)に乗せられ、アンテナから空間へ放射されます。その信号を乗せる周波数(搬送波)や、情報を伝送可能な量(帯域幅)は、物理的な制約を受けるとともに、

＊3　ここでのISPとは、一般ユーザーに対してインターネット接続サービスを提供している事業者のことです。

図0.14 オフィス内の有線LANのイメージ

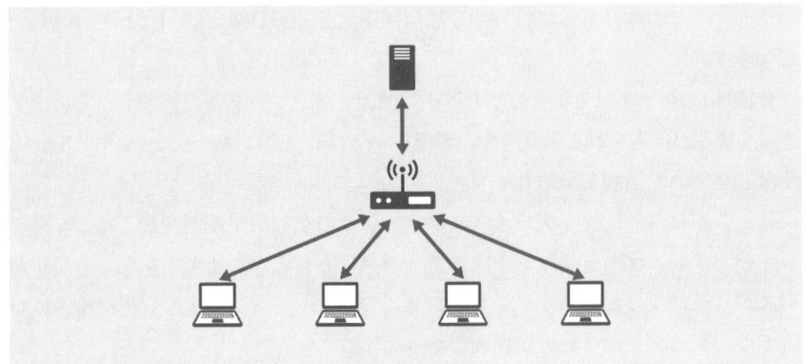

サーバー、スイッチ、デスクトップなどが有線接続されている。

法律でも制約されることがあります。通信に利用しやすい周波数はある程度限定されていて、ある意味ですべての人にとっての共有資源であり、好き勝手に使えるわけではないためです。

代表的な無線通信方式について、そのデータレート(伝送レート)と通信可能距離をマッピングしたものを 図0.15 に示します。利用する周波数や消費電力など

図0.15 さまざまな無線通信

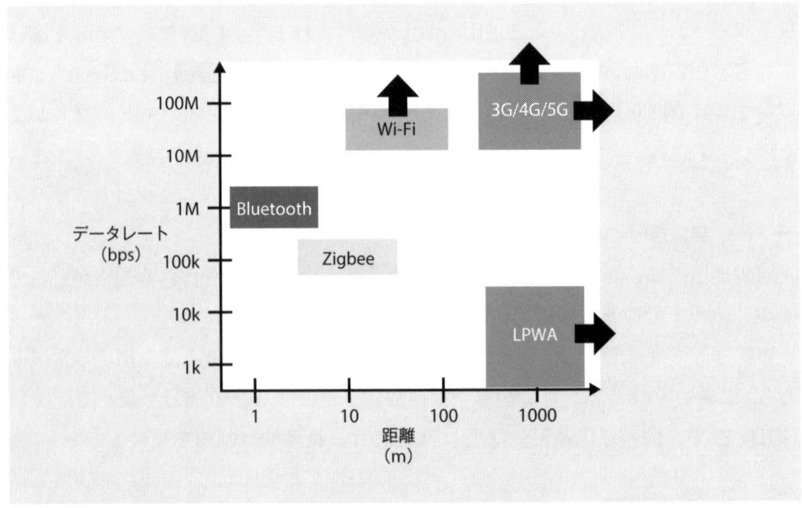

図中では、通信可能距離とデータレート(伝送レート)でマッピングしている。

仕様の違いによって、データレートや到達距離が大きく異なります。データレートとしては数十kbpsから100Mbps、Gbpsオーダーまで幅広く、通信距離についても数十cmからkmオーダーまで、さまざまな規格があります。ただし、いずれも規格上の目安であり、実環境ではこの限りではありません。

無線信号の強さは、基本的には送信アンテナで送信されたときに最も強く、伝搬距離が伸びるほど減衰します。そうすると、受信デバイスでの復調/復号、すなわちデータの読み取り/復元が難しくなります。そのため、同じ通信方式を用いた場合でも、距離が遠くなるほど通信レートは低下します。

また、電波は干渉などのノイズによってSNR (*Signal to Noise Ratio*) と呼ばれる値が減少します。信号の受信強度が同じでも、ノイズが大きいほど正しく信号を受信することが困難になります。私たちが人と話をするとき、周りが騒がしいと聞こえにくいのと同じです。ノイズの原因はさまざまで、環境によって大きく変動します。

周波数によっては直進性が高いなどの理由により、障害物に遮られると信号を受信できないような場合もあります。

以上のように、物理的な通信としては大きく分けて有線/無線の2種類がありますが、その中にも多くの種類があり、用途や環境に応じて適切なものを選択して利用することが必要です。

TCP/IPというプロトコルスタック TCP/IPとOS、ソケットAPIの関係

さて、先述のとおり、本書では高めのレイヤーのプロトコルを中心に扱います。

インターネットで利用されているプロトコルスタックは、**TCP/IP**と呼ばれます。TCP/IPを構成する代表的なプロトコルとして、(そのままですが) TCP (*Transmission Control Protocol*)やIP(*Internet Protocol*)が挙げられます。ただし、あくまでTCPとIPのみではなく、数多くのプロトコルから構成されるプロトコルスタックです。

TCP/IPの階層モデルを **図0.16** に示します。先に紹介したOSI参照モデルと比較すると、レイヤー名が異なるほか、とくに高レイヤー部分がシンプルになっていることがわかります。これは、OSI参照モデルは理論的な正しさを重視した抽

図0.16 TCP/IP階層モデル(4階層)

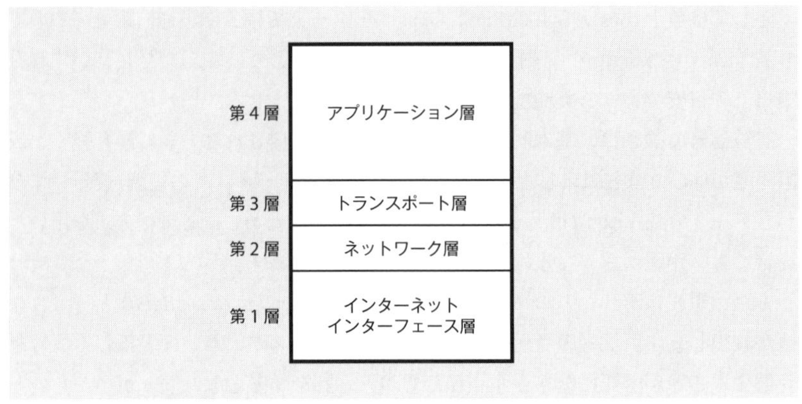

象的なモデルであるのに対して、TCP/IPは実装/実用を重視していることが要因であると言われます。つまり、高レイヤーの機能はアプリケーションプログラムでまとめて実装されてしまうことも多く、実用上は厳密に分けなくても問題ないといったことを表しています。

ソケットAPI

上記を言い換えると、**トランスポート層以下は**アプリケーションプログラムではなく、**コンピューターのOSに近い領域に実装される**ということを意味します。PCでもスマートフォンをイメージすると理解しやすいですが、デバイスが備える通信ポートやアンテナなどの物理的な通信インターフェース、またポート番号などの論理的な通信インターフェースは、多くのアプリケーションによって利用されます。

これはCPUやメモリなど他のリソースと同じく、**通信関連のリソースも共有される**ことを意味します。各アプリケーションが勝手にリソースを利用するとシステムが破綻してしまいますので、適切に利用できるようにOSがコントロールする必要があります。たとえば、さまざまなアプリケーションが生成するデータはIPパケットとして送出されますし、逆に受信したIPパケット内のデータを利用するためには、適切なアプリケーションに受け渡さなければなりません。

このような機能を実現する、アプリケーションプログラムとネットワーク機能とをつなぐためのプログラミングインターフェースを、**ソケットAPI**(*socket*

図0.17 ソケットAPI

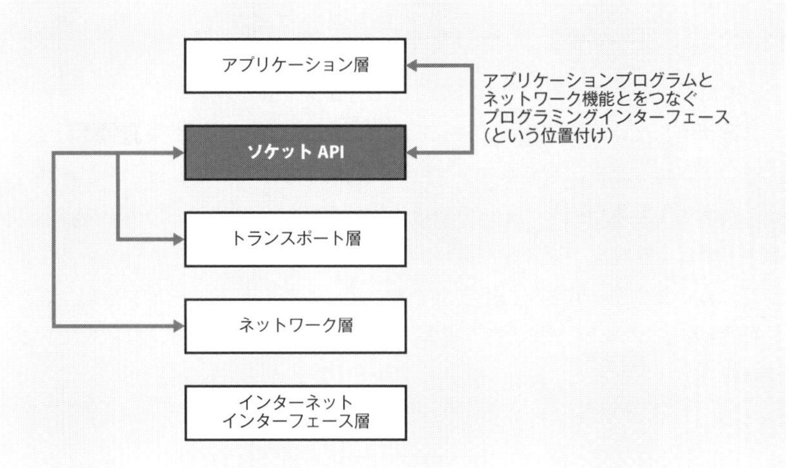

application programming interface)と呼びます。

図0.17 に示すように、TCP/IP階層モデルで考えると、ソケットAPIはアプリケーション層とトランスポート層の中間のような場所に位置します。通信機能そのものではなく階層モデル内の一つのレイヤーを担うわけではないのですが、デバイス内の機能間のコミュニケーションをサポートします。紙幅の都合もあり本書では取り上げませんが、専門の文献を参考にソケットAPIを用いた通信機能を実装してみると、データの送受信を体感しながらネットワーク技術を学ぶことができます。ネットワークは目に見えなくてピンとこないという方や実際のしくみに興味を持った方は必要に応じて実装にも挑戦してみると良いでしょう。

0.3 [研究開発のための]ネットワークの理論と現実
設計/運用、性能、評価の観点

ネットワーク技術は、IT/コンピューターシステムに不可欠となっています。ただし、これを単に利用することと、運用すること、そして新しい技術を研究開発することでは求められる能力や考え方が異なってきます。ここでは、本書のベースとなる考え方や目的について、少し詳しく述べていきます。

ネットワークの利用、運用、研究開発 日常生活におけるインターネットの利用から

今日(こんにち)では、あらゆるデバイスがインターネットを介して相互に接続し、データを送受信しています。私たちの日常生活でも仕事でも、コンピューターネットワークを利用しないのは難しいと言えるほどの状態になっています 図0.18 。

そして、ユーザーとしてネットワークを利用するぶんには、ほとんど知識は求められません。スマートフォンでSNSの動画を見るとき、どこのデータセンターからどのような経路を通ってパケットが転送されてきたかなどまったく気にする必要がありません。低学年の小学生でも、ゲーム機でインターネットを介した通信対戦ができます。カフェのフリーWi-Fiに接続しようとすれば、自動的にWebブラウザーが立ち上がり、細かい規約などをよく読まなくても接続できます。また、SuicaのようなICカードをタッチすればNFC(*Near Field Communication*)*4と呼ばれる近距離無線通信によってワイヤレスで決済が完了します。

今やインターネットは、水や電気に次(つ)ぐ生活インフラとして広く利用されるも

*4 より正確には、Suicaの場合にはNFCの中でもFeliCa(フェリカ)という規格が採用されています。

図0.18 日常生活の中のネットワーク

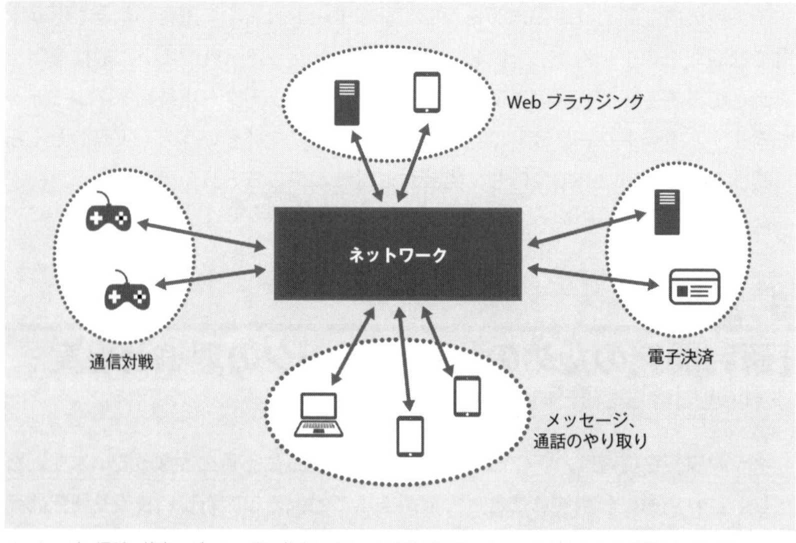

メッセージ、通話、検索、ゲーム、買い物をはじめ、日常生活でネットワークがあちこち利用されている。

のであるため、誰にでも使いやすいようにという配慮が進んでいます。

ネットワークの設計や運用

一方で、ネットワークシステムを設計/構築したり、それを運用するためには、関連技術に関する知識が求められます。ネットワークそのものを扱うネットワークエンジニアと呼ばれるエンジニアは当然として、いわゆるアプリ寄りのエンジニアやサーバーサイドのエンジニアでも、基本的な知識はある程度あった方が良いと考えられます。知識がないよりはあった方が良いというのは一般論としては当たり前のようですが、ここまで述べてきたように今日、ネットワークがあらゆるコンピューターシステムの基盤となっています。システムの性質にもよりますが、データ通信に関わる部分がブラックボックスでは、システム全体としての適切な理解や設計、問題の切り分けなどが困難となってしまいます。簡単な例としては、リアルタイム性の高いシステムを構築したいとき、どのようなプロトコルを使ってデータを送受信するかが性能に対して大きな影響を与えます。

トランスポート層のプロトコルとして、古典的には**UDP**(*User Datagram Protocol*)と**TCP**(*Transmission Control Protocol*)の2つがあり、特徴が大きく異なります 図0.19 。

UDPは通信相手とコネクション(*connection*, 接続)を確立せず、相手にデータが届いたかなど考慮しないシンプルなプロトコルであるため、データのロスが発生する一方でリアルタイムなアプリケーションに適しています。一方、TCPはコネ

図0.19 TCPとUDPの比較

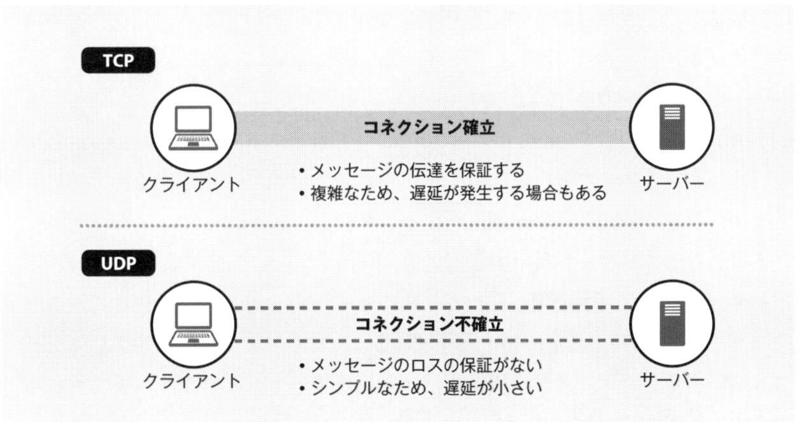

クションを確立し、相手にデータが届いたかを確認して確実にデータを送信する信頼性を備えますが、ロスが多い環境などでは遅延が発生することがあります。このような特徴を理解し、適切なプロトコルを利用してはじめて、所望の機能を実現するシステムを作ることができるはずです。

本書はまず、上記のようなコンピューターシステムに携わるエンジニア向けの基礎知識や考え方について解説します。

ネットワークと性能　ネットワーク技術の多様性

ネットワーク技術と言っても、実際には多種多様な構成要素や媒体、技術、プロトコルが存在します。適材適所という言葉があるように、それぞれ特徴が異なるさまざまな技術の中から適切なものを採用したり、あるいは弱点をカバーする工夫をしたりすることが重要です。

これは当然のことのようですが、本当に多くの関連技術があり、また現在進行形で新しい技術が次々に開発されています。その多様性ゆえに、何らかのシステムを検討する際に「常にこれをこうしておけばOK」といった最適な手法のようなものはありません。そのためマニュアル的なものを覚えるというよりは、体系的な理解によりベースとなる「考え方」のようなものを体得することが有効と考えられます。つまり、考え方そのものは陳腐化しにくいので、新しい技術を検討する必要が生じたときなどにも対応しやすくなります。

ネットワークの「つながり方」

システム全体の中で「ネットワーク」について考慮するとき、「つながればいい」というのが最もシンプルな考え方です。ただし、実際には想定する使い方によって求められる「つながり方」が異なってきます。

すなわち、ユーザーが利用するアプリケーションによって、求められる性能(要求条件)が違います 図0.20 。「スマートホーム」と呼ばれるような生活に役立つアプリケーションと、「産業用IoT」と呼ばれるようなものとでは、利用されるデバイスも違いますし、デバイスの接続方法、利用環境やサービスの流れまで異なってきます。外出中に自宅の中のIoTデバイスをコントロールしたい場合と、外から

図0.20 さまざまな「つながり方」

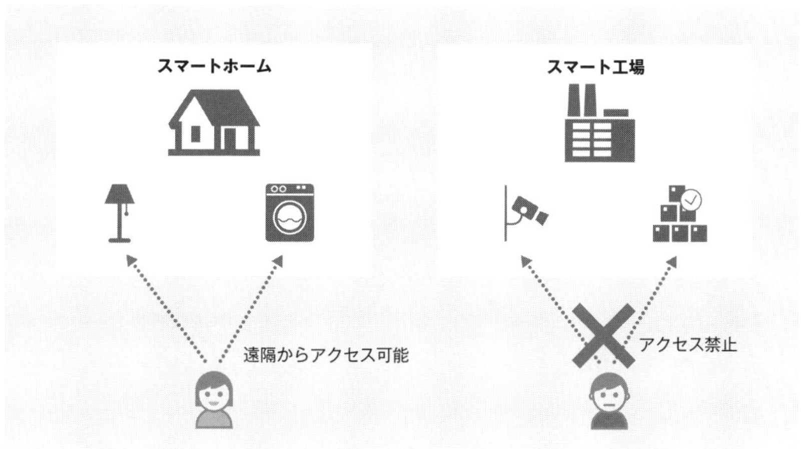

アプリケーションによって必要となるつながり方が違う。

のアクセスをシャットアウトし工場の中でセンサー情報をモニタリングしたい場合とでは、やはり求められるものが違います。また、多少途切れてもセーフな通信もあれば、少しのロスも許されない業務用システムなども存在します。

データ量/データサイズとバースト性

もう少し具体的には、たとえばアプリケーションによって生成/転送されるデータ量が大きく異なります。温度計などのセンサーデータと動画などでは、当然ながらデータサイズが大きく異なります 図0.21 。

ただの数値やテキストのようなデータは小さく、動画像データはデータサイズが大きくなります。また、総量のみならず、生起する頻度やタイミングなど、データ生成の時間方向の分布も重要です。定常的に少しずつデータが生成される場合と、時々大きなピークがくる場合とでは、たとえ平均値が同じだったとしても、システムの許容すべき最大値に差が出てきます。昼間は空(す)いている電車も、朝の通勤ラッシュ時には超満員であるといったことと同じです。このように時間変動が大きいことを「**バースト性**(*burstiness*)が高い」と呼びます。

図0.21 データサイズ

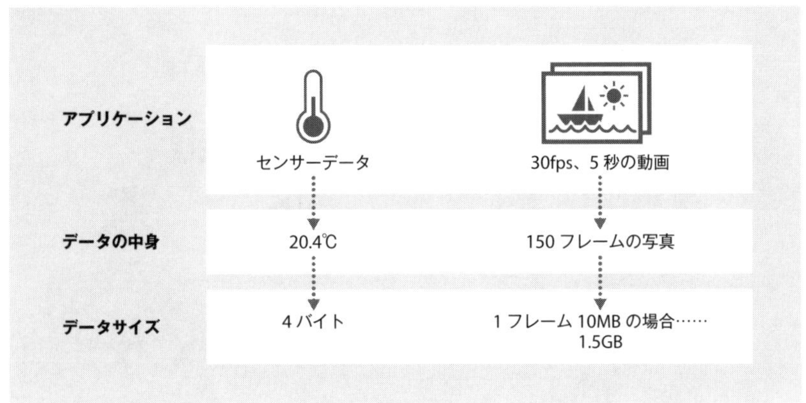

センサーデータと動画データのデータ生成における違い。

リアルタイム性と遅延 リアルタイム性、遅延、双方向性、信頼性

他の観点として、データ転送に求められる**リアルタイム性**(*realtime-ness*)も、アプリケーションによって大きく違います。たとえば、自動運転や機械の遠隔操作などであれば、非常に高いリアルタイム性が求められる一方で、1日に一度バッチ処理するようなデータであれば、毎晩まとめて送れば十分だったりします。郵便を送るとき、なんでもかんでも速達で送る必要はないということと同様です。データ転送や処理に要する時間は「遅延」(*delay*)、また遅延の揺らぎは「ジッタ」(*jitter*)と呼ばれます。

また、データのやり取りに**双方向性**があるかどうか、またその度合いもポイントになります 図0.22 。簡単な例を挙げれば、オンライン会議は双方向コミュニケーションですが、ウェビナーは(ほぼ)単方向です。Webブラウジングは通常、インターネット側のサーバーから手元のデバイスへダウンロードする方向のデータ量が多く、非対称性が高いです。

さらに、データのロスや順序の乱れが起こらないかを表す「信頼性」という観点もあります。データのロス(*loss*)とは大まかに、送信デバイスで物理的な信号として送出されたデータが、何らかの原因(ノイズ)によって受信側で正常に復元できないことです。人と会話しているとき、すぐ近くを電車が通ると声が聞こえにくくなるといったことと同じです。ノイズの具体例としては、デバイス内の電子の熱振動によって生じる熱雑音や電波干渉などがあります。また、順序の乱れと

図0.22 データ送受信の非対称性

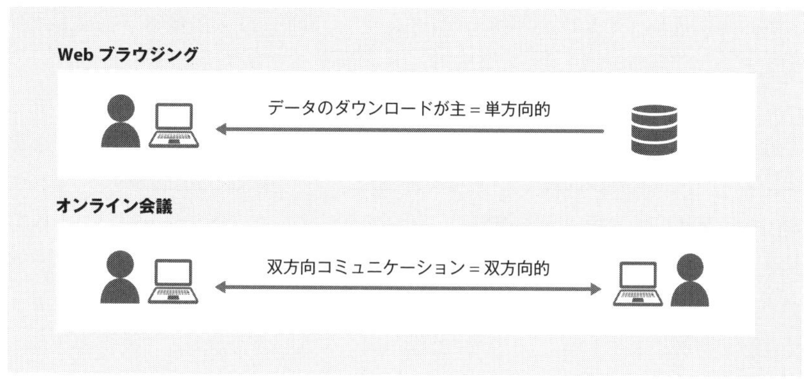

アップロードとダウンロードにおける非対称性。

は、パケットの順番が途中で入れ替わってしまうことを指します。データの順番が変わってしまうと、正しく利用できなくなってしまいます。

――消費電力やセキュリティなど

また、長期的には**消費電力**(*power consumption*)や**セキュリティ**(*security*)の観点も重要になってきます。常時接続が必要かどうか、あるいは非同期的なコミュニケーションが可能かといったアプリケーションの特性も、消費電力などに大きな影響を与えます。運用面を考慮すると、操作性や安定性といった観点も重要となってきますが、本書ではあまり扱いません。

また性能とは少し異なる観点ですが、最終的にはコストも重要な指標となります。所望の性能を達成できる範囲で、コストが低いにこしたことはありません。ただ、コストについても本書の主題ではありません。

ネットワークの評価 ネットワークの性能指標

ネットワークシステムの研究開発という観点では、ネットワークの性能(パフォーマンス)について評価をする必要があります。ネットワークのパフォーマンスを測定する指標として、**スループット**(後述)や**遅延**のほか、**ジッタ**(先述のとおり遅延の揺らぎ)、**ロス率**などがよく用いられます。

ただし、ある通信路について理論値としての**最大スループット**は標準規格として定められていますが、実際には最大値が出ることはほとんどありません。これには、多くのデバイスが通信路を共有するのが一般的ですので混雑状況などの影響を受けること、経路上のどこかにボトルネックとなる箇所が存在し得ること、など複数の原因があります。

同じく、遅延についても物理的な信号の伝搬に要する時間は常にかかってきますが、ネットワークが混雑する(輻輳(ふくそう)と呼ぶ)とデータ転送の待ち時間が多くなり、遅延が大きくなってきます 図0.23 。道路が混雑すると自動車が渋滞して、目的地までの移動時間が長くなってしまうのと、原理的にはまったく同じです。道路のキャパシティ(*capacity*, 容量/許容量)は変わらないので、混雑状況の影響を大きく受けてしまいます。また、とくに道幅が細いような箇所があると、そこがボトルネックになり、そこを通り抜ける速度が支配的な要因になったりします。

このように、「状況によって様相が変わる」のがネットワークの評価における厄介な点の一つです。

―――セキュリティの観点

また、セキュリティが関わるプロトコルであれば、「安全性」が主要な指標となります。プロトコルとして定義された手順などについて、しくみとして安全性が担保されるのかといったことです。あるいは暗号などでは数学的に性能を保証す

図0.23 ネットワークの輻輳と遅延の関係

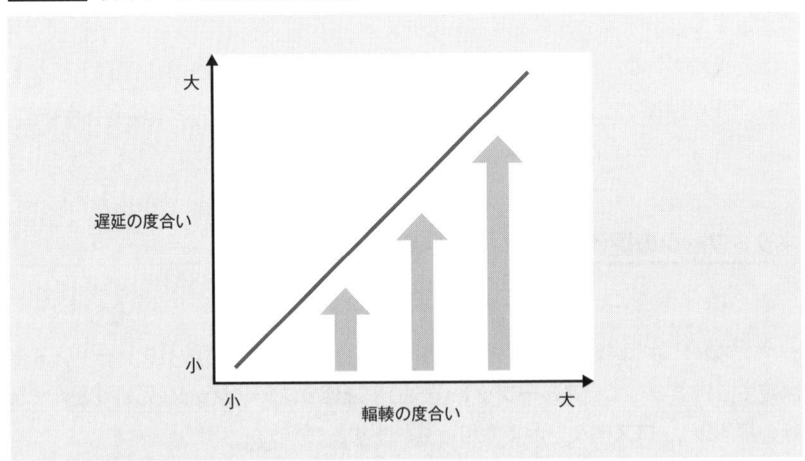

輻輳するほど遅延が延びる。

る場合があります。ただし、暗号鍵交換など一連のシーケンスを完了させるまでの時間など、遅延に近いような指標についても実用上は重要になってきます。

まさに近年、遠隔地のサーバーとのメッセージ交換の回数を少なくしコネクション確立までの時間を短縮するという目的でQUIC（後述）という新しいプロトコルが開発されたという経緯もあります。

構成要素の多さ、ブラックボックス性

ネットワーク評価の困難さの大きな要因は、その「構成要素が多い」こと、そして基本的に内側の様子が見えない「ブラックボックス的な性質」です。

たとえば、社内LANからインターネットを通じて遠隔地のデータセンターからデータをダウンロードし、ユーザーの手元のノートPCで閲覧する状況を考えてみます 図0.24 。自身のノートPCのほかに、他の社員のPCがWi-Fiのアクセスポイントに接続されるでしょうし、社外へ接続されるまでにも、社内LANを構成するEthernetのケーブルやスイッチ、ルーター、ファイアウォール（*firewall*）*5、ゲートウェイ（*gateway*）*6などが存在します。データのリクエストが社外へ出てから

*5 ネットワーク同士の接続、コンピューターやネットワークのセキュリティ確保などで、通過させたくない通信を阻止する防火壁の役割を担うシステムを指します。

*6 それぞれ異なる通信手段を持つネットワーク間でも通信できるように、ネットワーク同士の通信の中継を担うシステムを指します。

図0.24 ネットワークの構成要素の多さ

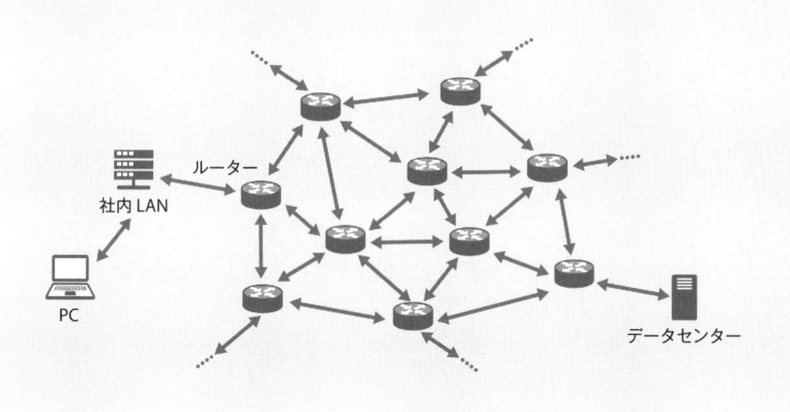

PC↔社内LAN↔ルーター↔ルーター↔ … ↔データセンターまで多く要素で構成されている。

は、いくつものルーター、それらをつなぐケーブルを通ってデータセンターへと到達します。膨大な数のサーバーやストレージが設置されたデータセンター内では、これまた数多くのスイッチ等から構成されるデータセンター内ネットワークを通って宛先へと辿り着きます。宛先サーバーから所望のデータが送信されると、今度は大まかには逆の経路を辿って手元のノートPCまでデータが届き、エラーなどがなければ、ようやく閲覧可能となります。

ここで、上記のダウンロードの中で遅延が発生した場合について考えてみます。遅延が発生すると、データの読み込みなどに時間がかかるようになるので、その現象自体は体感的にも十分にわかります。その一方で、その原因がどこにあるのか、上記の経路上のどこに問題があるのか、ユーザーの手元のノートPCからはわかりません。少し考えただけでも、単に一次的にWi-Fiの接続状態が悪くなっただけなのか、社内LANのどこかでトラブルが発生しているのか、インターネット上のルーター間のリンクが混雑しているのか、あるいはサーバーの負荷が上がりレスポンスが遅くなっているのかなど、さまざまな可能性があります。

ネットワークは他の多くのデバイス、サービスと共用されており、経路上をさまざまな通信トラフィックが行き交います。どこか一つのリンクが混雑しているだけでも、そこがボトルネックになり大きな遅延が発生する可能性があります。

評価シナリオの設計について

このように、コンピューターネットワークの内部は複雑かつ目に見えないため、その評価も一筋縄ではいかない面があります。ある状況で十分なパフォーマンスを示していたとしても、他のユーザーの利用状況などにも影響を受けることから、他の時間帯には性能が低下するといったことも十分に起こり得ます。

こうした特性を考慮すると、新たな機器、プロトコル、アプリケーションなどを導入する際に、実環境でどういった挙動を示すことになるのかを予見するのは簡単なことではありません。期待値のような一般的なケースを想定する、最悪ケースを想定するなど、よく用いられる考え方もありますが、最終的には設計思想によるので、絶対的な解はありません。本書では、このような評価の方法や考え方についても必要に応じて扱っていきます。

0.4 本章のまとめ

現在、コンピューターネットワークは重要な社会インフラであり、ネットワーク技術はそれを支える基盤となるものです。

本書は、初学者にもわかりやすく、ネットワーク技術の基礎から最新動向まで解説することを目的にしています。本章では、次章以降で本格的な解説を始める前の準備として、ネットワーク技術を学ぶ意義などを詳しく述べました。

先述したように、ネットワークシステムは一般的に複雑かつブラックボックスな面があります。本書を一度読んだだけでは、ピンとこない部分が多くあると思います。本書ではコンピューターシミュレーションや実機検証、評価の考え方なども紹介しますので、自分の手で実行してみるといったことも、時には有用だと思います。

Column

本書で登場するネットワークの主要な単位について

コンピュータネットワークを理解する上で、さまざまな単位が登場します。

まず、現代の一般的なコンピュータにおいてデータ量を示す基本的な単位は「ビット」です。**ビット**(*bit*)はデジタルデータの最小単位であり、「0」または「1」のいずれかの値を持ちます。この「ビット」8個のセットを「バイト」と呼びます。**バイト**(*byte*)はデータサイズの表現などでよく利用される単位です。なお、「バイト」は「オクテット」(*octet*)と呼ばれることもあります。意味としては同じなのですが、場面に応じて慣用的に用いられることがあります。

ネットワークにおいてデータ転送速度を示す基本単位は「bps」です。**bps**は「bit per second」の略であり、1秒間に何ビットのデータが転送されるか、つまり「ビット毎秒」を意味します。bpsの値が大きいほど高速なネットワークとなり、10^6を表すメガをつけた**Mbps**や、10^9を表すギガをつけた**Gbps**などの単位もよく見かけます。

一方で、**周波数**(*frequency*)は無線通信においてとくに重要な単位であり、無線信号が1秒間に振動する回数を示します。周波数の違いは物理的な性質の違いとして表れ、通信の**到達距離**や**ビットレート**(1秒間に転送/処理できるデータ量、bps)などの性能にも直接関わってきます。単位は基本になりますが学習の初期など単位に着目してみると、より深く考えるきっかけにつながるかもしれません。

第1章

本章では、コンピューターネットワークに関する基礎知識について簡潔にまとめました。本書を通してよく用いられる用語やプロトコルスタックに関する基礎知識に加えて、ネットワークの評価に関わるツールについても紹介します。さらに研究開発に関わる知見として、評価の考え方や方法についても取り上げていきます。

コンピューターネットワークとプロトコルスタック

基本用語、OSI参照モデル、TCP/IPモデル

1.1 基本用語の整理
プロトコル、プロトコルスタック、階層化

コンピューターネットワークの分野においては、(ご多聞に漏れず)似たような紛らわしい言葉や独特の用語が出てきます。ここではまず、基本的な用語について整理しておきます。おもに本書の後の章の理解の助けになることを意識してまとめています。

プロトコル さまざまなデバイスの相互接続

コンピューターネットワークは、複数のコンピューター(ニュアンスによってデバイス、ノードなどとも呼ぶ)が相互に接続されて成立します。相互接続を行う目的は、それぞれのデバイスが持つデータを送受信したり、遠隔から制御するメッセージを送ったり、などさまざまです。

そして、ネットワークにはさまざまな種類のデバイスが接続される可能性があります。というよりは、さまざまなデバイスを接続できるように作った方が便利です。デバイスの型番によってインターネットに接続できたり、できなかったりする、といったことは非常に不便だからです。つまり作られた時期、目的、価格、メーカーも異なるような、多種多様なデバイス同士が、相互にデータを送受信できるようにする必要があります。そのために必要となるのが「プロトコル」です。

―――プロトコル＝共通言語

プロトコル(*protocol*)とは、簡潔に言えば「データを機械的に処理するための決まりごと」です。決まりごととして決められているのは、データの処理手順やメッセージのフォーマットです。

これは、人間同士のコミュニケーションにも共通言語(あるいは共通認識)が必要であることと同じです 図1.1 。お互いが好き勝手な言語を使っていては、コミュニケーションが正しく成立しません。人間同士が対面で会話する場合には、もちろん非言語的なコミュニケーションの成立も期待されますが、手紙など遠隔ではそうはいかないですよね。

つまり、さまざまなデバイス同士が話(通信)をするためには、共通言語＝プロ

図1.1 プロトコル=共通言語によるコミュニケーション

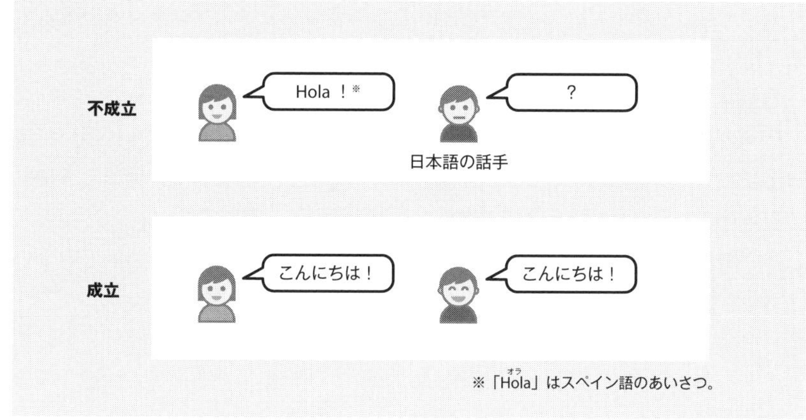

トコルが必要なのです。もちろんセキュリティ上の理由などから、特定のデバイスしか接続できない閉じられたネットワークもありますが、そのような場合にも「特定のデバイス」間での共通言語は必要です。

プロトコルスタック 機能の分割

デバイス間でのデータ通信には、共通言語となるプロトコルが必要であることを述べました。ただし、実際にデータ通信を実現するためには、非常に多くの決まりごとや機能が必要となります。また、通信の内容や通信環境、デバイスの特徴などさまざまな要因によって、最適な決まりごとは異なってきます。通信に必要な機能をすべて網羅するようなプロトコルを作ってしまった場合、こうした微調整を行うことが難しくなってしまいます。

そこで、「機能ごとにプロトコルを定義して、それらをうまく組み合わせて使う」という考え方が採用されています。人間同士のコミュニケーションで喩(たと)えると、友達との日常会話と年の離れた先輩との仕事上の会話とで、完全に異なる言語を使うよりも、語尾を「ですます調」に変えるくらいで調整できた方が便利だよねといった具合です。

プロトコルの階層化とプロトコルスタック

先述のとおり、プロトコルの組み合わせを階層(*layer*, **レイヤー**)的に表現したものを、**プロトコルスタック**(*protocol stack*)と呼びます。スタック(*stack*)は、積み上げたものを表すというのは先に触れたとおりで、まさにプロトコルを積み重ねて階層構造として表したものというイメージです。

図1.2に、代表的なプロトコル階層モデルとしてOSI参照モデルとTCP/IP階層モデルと、主要なプロトコルの例を示します。なお、これらのモデルについては次節以降で詳しく紹介します。いずれのモデルにおいても、データ通信を実現する複雑な手順とそれを担う多様な機能を階層構造として表しています。

言い換えれば、「各レイヤーが特定の機能あるいは手順を担っている」ということです。各レイヤーについて、具体的にはそれぞれ数多くのプロトコルが開発され、利用されています。実際にデータ通信を行う場合には、各レイヤーについて利用するプロトコルを選択し、具体的なプロトコルの組み合わせとして通信機能を構成するのです。

――階層化のメリット

上記のような階層構造をつくるメリットとして、レイヤーごとの機能が限定され、シンプル化されるため、プロトコルの検討や実装が簡易になることが挙げられます。また、あるレイヤーでの変更が他のレイヤーに対して影響を及ぼさなくなる点も、大きなメリットと言えます。つまり一部の機能のみを変更するために、あるレイヤーのプロトコルのみを入れ替えるといったことが可能になります。先の例で言えば、語尾を「ですます調」に変えるだけでも比較的フォーマルな言い方

図1.2 代表的な階層モデルとプロトコルの例

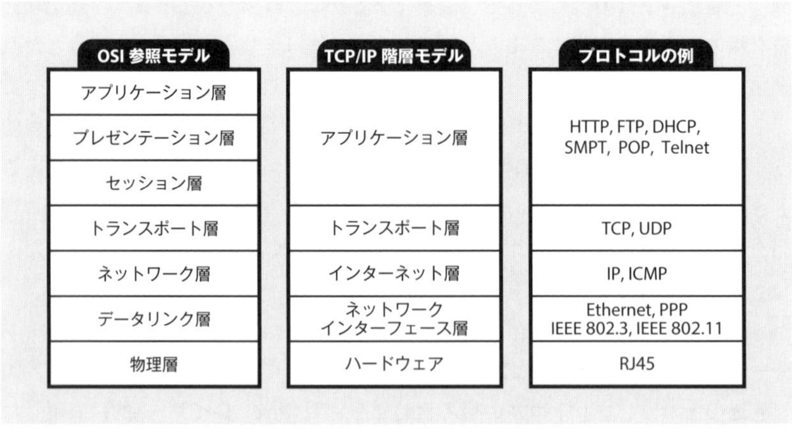

OSI参照モデル	TCP/IP階層モデル	プロトコルの例
アプリケーション層	アプリケーション層	HTTP, FTP, DHCP, SMPT, POP, Telnet
プレゼンテーション層		
セッション層		
トランスポート層	トランスポート層	TCP, UDP
ネットワーク層	インターネット層	IP, ICMP
データリンク層	ネットワークインターフェース層	Ethernet, PPP IEEE 802.3, IEEE 802.11
物理層	ハードウェア	RJ45

に変わるといったことです。

ただし、図1.2に例示したとおり数多くのプロトコルが存在し、それぞれ提供する機能が異なります。システムを設計/構築するためには、どのプロトコルを利用すべきかを適切に選択しなければなりません。各レイヤーの役割や各プロトコルの特性などを理解しておかないと、正しく通信の目的を果たすことができなくなります。TPO(*Time, Place, Occasion*)に合わせた言葉遣いをしないと不都合が出ることがあるといったことと同様ですね。

1.2 [さまざまなプロトコルスタック]OSI参照モデル 7つのレイヤー

ここからは、具体的なプロトコルスタックについて記述していきます。「OSI参照モデル」は、データ通信に求められる複雑な機能を丁寧に整理した理論的に優れたモデルであり、最も有名なプロトコルスタックの階層モデルと言えます。そのため、本書のような文献で学習用によく用いられるのみならず、実際のコンピューターシステムにおける機能の整理やディスカッションでも用いられます。

レイヤー構成

通信機能を表す階層構造であるプロトコルスタックの標準的なモデルとしてよく用いられるのが、**OSI参照モデル**です。「OSI」は開放型システム間相互接続(*Open Systems Interconnection*)の略称であり、国際標準化機構(*International Organization for Standardization*、ISO)によって制定されました。データ通信に求められる複雑な機能を丁寧に整理した、理論的に優れたモデルであると言えます。

OSI参照モデルのレイヤー構成を、改めて図1.3に示します。本モデルは7階層から構成され、低いレイヤーほど物理的な通信路に、高いレイヤーほど論理的な機能に、それぞれ近い役割を持っています。本節では各レイヤーの担う機能について、もう少し詳しく記述していきます。

図1.3 OSI参照モデル

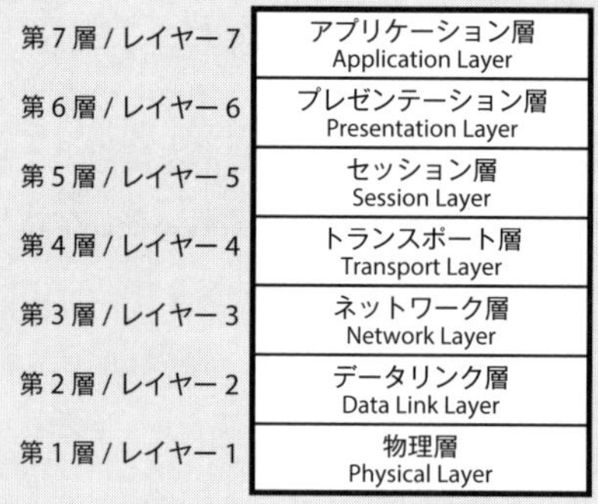

第7層/レイヤー7	アプリケーション層 Application Layer
第6層/レイヤー6	プレゼンテーション層 Presentation Layer
第5層/レイヤー5	セッション層 Session Layer
第4層/レイヤー4	トランスポート層 Transport Layer
第3層/レイヤー3	ネットワーク層 Network Layer
第2層/レイヤー2	データリンク層 Data Link Layer
第1層/レイヤー1	物理層 Physical Layer

[第7層]アプリケーション層

最上位である第7層の**アプリケーション層**(*application layer*)は、通信を行う**アプリケーションとユーザーとをつなぐ**役割を担います。ユーザーが入力したデータを受け取って次のプロセスに回したり、逆に他所から受信したデータをユーザーに提示します。

これだけだと抽象的でわかりにくいのですが、代表的なアプリケーション層のプロトコルであるHTTP(*Hypertext Transfer Protocol*)を例に挙げると、イメージしやすくなるでしょう。HTTPはWebブラウジングで利用されるプロトコルであり、普段あまりプロトコルなど意識しないユーザーにも馴染みがあるものと思います。

Webブラウジングの際の**URL**(*Uniform Resource Locator*)に注目すると、基本的には「`https:`」ないし「`http:`」で始まっています。これらはHTTPというプロトコルでWeb上のリソースにアクセスすることを意味する表記(スキーム/*scheme*と呼ばれる)で、SSL/TLS(*Secure Socket Layer/Transport Layer Security*)で暗号化する場合には「`https:`」が用いられます。

HTTPでは、クリックやタップなどユーザーによる操作を入力し、それに対応したデータを取得するリクエストが、クライアントからWebサーバーに対して送信されます 図1.4 。このリクエストを受けたWebサーバーは、対応するレスポンスを返します。その結果として、クライアントとなるデバイスは、Webサーバーからダウンロードされたデータをユーザーに対して提示します。

図1.4 HTTPのリクエストとレスポンス

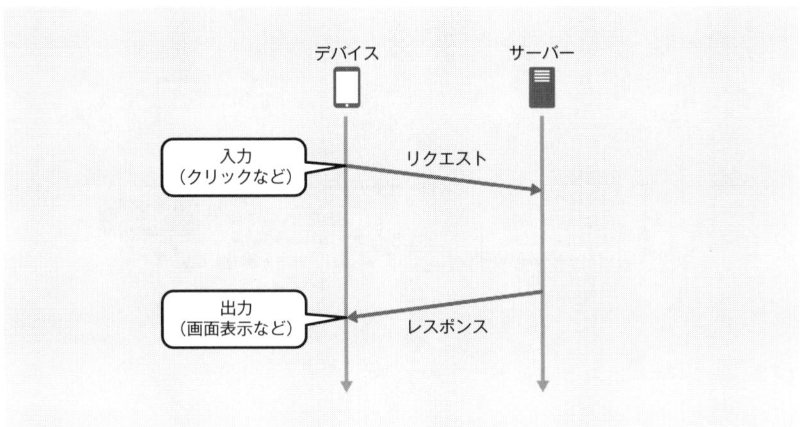

ユーザー(操作)➡入力➡リクエスト➡サーバー➡レスポンス➡出力➡ユーザー(閲覧)の流れ。

[第6層]プレゼンテーション層

プレゼンテーションという言葉は「表現」といった意味を持っています。第6層の**プレゼンテーション層**(*presentation layer*)は、その名のとおり、符号化(*encoding*)や圧縮(*compression*)の方式など**データの表現形式**に関わる機能を提供します。

データの文字コードの指定などがプレゼンテーション層の代表的な役割です。たとえば、文字のエンコード方式にもさまざまなものがあり、ASCII、UTF-8、Shift_JISなどが代表的なコードとして挙げられます。情報の符号化とは一般的に、たとえば平仮名やアルファベットといった文字などのデータを、コンピューターで扱える形式に変換することを指します。その変換の方法にはさまざまなものがあり、それを文字コードとして指定します。テキストファイルを開いたときに文字化けして読めなかった経験があるかと思いますが、それは文字コードが違っていた可能性が高いです **図1.5** 。

文字に限らず、このようにデータの表現形式が異なれば、正しく読み取ることができなくなってしまいます。データの表現形式をネットワーク共通の形式に変換し、異なる表現方式のアプリケーション間の通信を可能することが、プレゼンテーション層の役割です。

図1.5 文字コードと文字化け

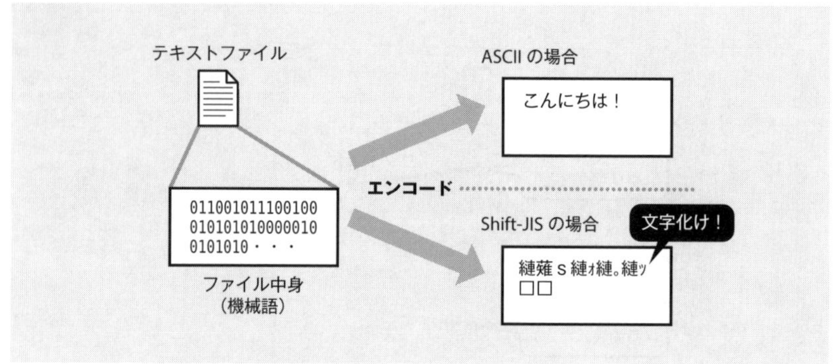

文字コードが異なると文字化けが起きる。

[第5層]セッション層

一般的に、通信の開始から終了までを一つの**セッション**(*session*)と呼びます 図1.6 。

簡単に言えば、「電話をかけて通話状態になってから通話を切るまで」が一つのセッションといったイメージです。一般的に、特定のデバイス間で同時に複数のセッションを確立し保持することも可能です。たとえば、Webブラウザーを複数

図1.6 通信セッションのイメージ

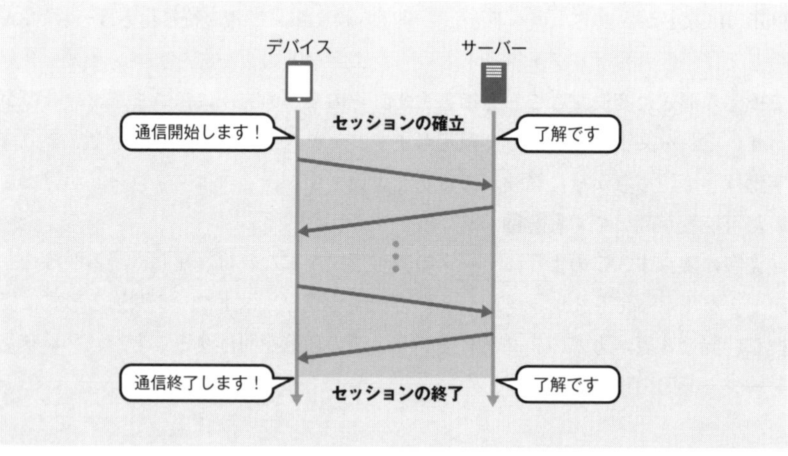

通信セッションの確立から終了までの流れ。

起動して異なる処理を行うような場合が挙げられます。

セッション層(*session layer*)の役割は、**デバイス間のアプリケーションレベルでのセッションを管理する**ことです。セッションを開始するための要求(リクエスト)や、それに応えるための応答(レスポンス)などを定義し、遠くのデバイス同士でセッションの開始や終了ができるようにします。

ただし、セッション層のプロトコルとしてISO 8327などが定義されてはいますが、独立して浸透したものはあまりありません。実際には、たとえばHTTPを利用する際にはWebブラウザーの機能の一つとして実装されるなど、**他レイヤーの機能と抱き合わせで実装されることが多い**です。

[第4層]トランスポート層

トランスポート層(*transport layer*)の役割は、**通信しているデバイス間**(エンドツーエンド/*end-to-end*と呼ばれる)**の通信管理**です。つまり、途中で経由するネットワーク機器などの物理的な経路に依存しない、エンドツーエンドの論理的な通信路におけるデータの取り扱い方などを定義します。

より具体的には、データの到着保証や到着順序の管理、ネットワークの混雑(輻輳)によるデータ消失を防ぐための輻輳制御(*congestion control*)、これらを実現するためのコネクション管理などといった機能が挙げられます。

TCPとUDP

トランスポート層プロトコルとして代表的なものは、コネクション型の「TCP」と、コネクションレス型の「UDP」です **図1.7** 。

TCPはエンドデバイス間でコネクションを確立し、信頼性を実現します。データが通信路上でロスしたと判断した場合には、同じものを再送します。また、通信レートを向上させつつ輻輳を防ぐためにデータ送信量を調整するための輻輳制御アルゴリズムなども実装されます。

一方でUDPは、コネクションを確立せずにデータを送信します。そのためデータの到達性は保証しませんが、その分だけ軽量であり、コネクション確立の手間がかからないため低遅延であるといったメリットがあります。

図1.7 TCPとUDPの大まかな違い

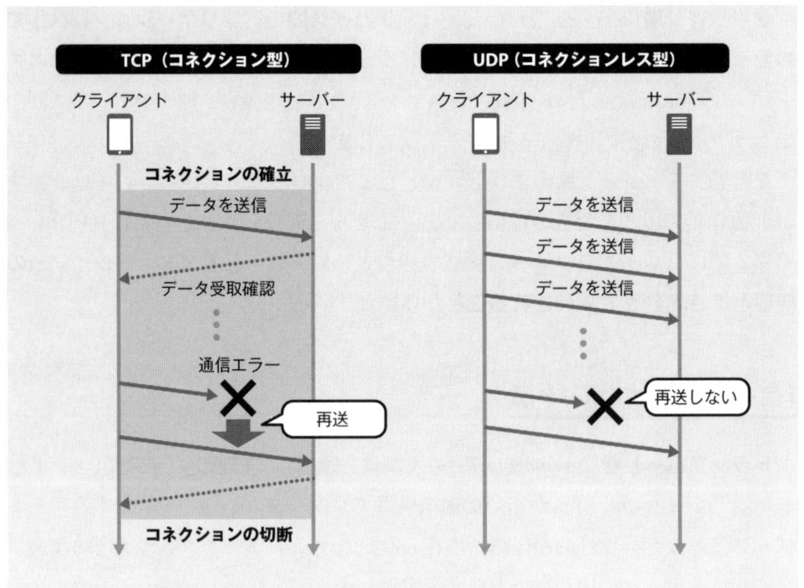

TCPはコネクション型、UDPはコネクションレス型である。

QUICの登場

これまで、インターネット上の通信ではTCPが多く用いられてきました。ただし、近年では、パケットエラーに伴うパフォーマンス低下現象である**HoLブロッキング**（*Head of Line Blocking*）や、コネクション確立時のハンドシェイク手順による**RTT**（*Round Trip Time*）の長さなど、TCPの課題が顕在化してきていました。

これらの課題に対して、Googleが開発した**QUIC**はUDPベースで動作し、高速にコネクションを確立しながら、TCPのような信頼性やTLS/SSLと同等のセキュリティを実現しています。QUICは2021年にIETF（*Internet Engineering Task Force*）によって標準化され、QUICによる高速なHTTP接続は「HTTP/3」と呼ばれます。QUICはすでにChromeなどのWebブラウザーを中心に利用が広まっており、今後もさらなる普及が見込まれます。このようなプロトコルの動向や詳細については、本書の後半で詳述します。

[第3層]ネットワーク層

第4層以上が**論理的な通信路**に関わるレイヤーだったのに対して、第3層以下のレイヤーでは、**物理的な通信路**を規定します **図1.8** 。

ネットワーク層(*network layer*)では、エンドツーエンドの転送経路を管理し、送信元から宛先まで正しくデータを転送します。具体的には、ネットワーク上の住所にあたるアドレス情報の管理や、経路を選択するためのルーティングなどの機能が含まれます。ネットワーク層の代表的なプロトコルとして、IP(*Internet Protocol*)やICMP(*Internet Control Message Protocol*)があります。

IP

IPでは、データは「パケット」(*packet*)と呼ばれる小さなまとまりとして転送されます。これによって多くのデバイスが共用する回線の利用効率を向上させるとともに、何らかのエラーが生じた際にもその影響範囲を一部のパケットに抑えることができます。なお、このように消失したパケットの再送を行うのはトランスポート層プロトコルの役割です。

IPではエンドデバイスおよびネットワーク上の通信機器には**IPアドレス**が付与され、このIPアドレスを用いてパケットを中継します **図1.9** 。すべてのパケットに対して、送信元や宛先を表すIPアドレスの情報が付与されます。ネットワーク機器はIPアドレスごとの転送先情報を、**ルーティングテーブル**(*routing table*, 経路

図1.8 物理的な通信路と論理的な通信路

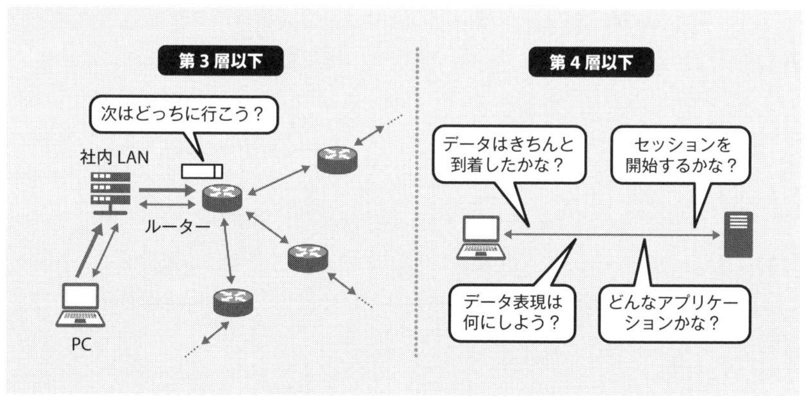

図1.9 IPパケットの転送

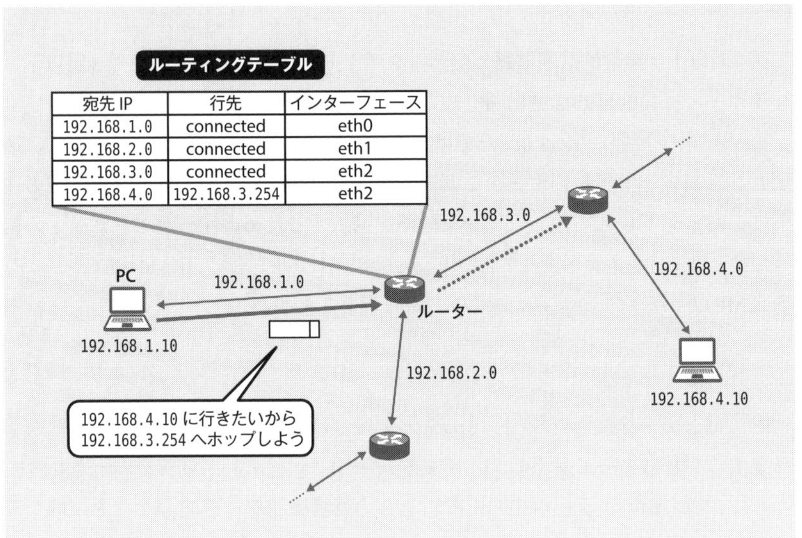

ルーター間での(ホップバイホップ/*hop by hop*の)IPパケット転送の様子。

制御表)として保持しており、これを参照することで次の転送先を決定します。このような手順については、次節以降で詳しく述べます。

[第2層]データリンク層

ネットワーク層がエンドツーエンドのネットワークを提供するものだったのに対して、第2層の**データリンク層**(*data link layer*)は、物理的に接続されるローカルな範囲での通信を提供します。この関係性を 図1.10 に示します。

インターネットでは一般に、エンドデバイス間の通信経路上には複数のデータリンク層ネットワークが含まれます。オフィスや家庭内などに構築されるデータリンク層ネットワークは「LAN(ラン)」と呼ばれることが多いです。オフィスなどでよく用いられる有線LANでは、「Ehternet(イーサネット)」と呼ばれる規格がよく用いられ、その具体的な仕様はIEEE 802.3にて定められています。また近年広く普及している無線LAN(Wi-Fi)はIEEE 802.11により規格化されており、これは特定周波数の電波で通信を行います。

なお、Ethernetにしても無線LANにしても、正確には次に述べる物理層をも含

図1.10 ネットワーク層とデータリンク層の関係

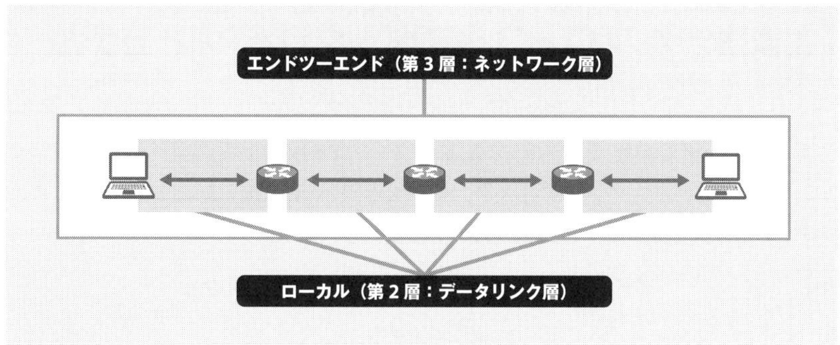

複数のデータリンクで(エンドツーエンド/*end-to-end*)の経路が構成される。

んだ規格です。これは、データリンク層は物理的な接続を前提としていることから、伝送媒体と完全に切り離して考えるわけにいかないためです。

テレワークなどで広く利用されるVPN（*Virtual Private Network*）で用いられるPPTP（*Point-to-Point Tunneling Protocol*）やL2TP（*Layer 2 Tunneling Protocol*）などのプロトコルも、このレイヤーに該当します。

[第1層]物理層

第1層である**物理層**（*physical layer*）は、その名のとおり物理的な伝送媒体を指します。

有線の伝送媒体としては、光ファイバーケーブルやツイストペアケーブル、同軸ケーブルなどがよく用いられます。

無線であれば、「空間」が伝送媒体となります。とくに無線の場合には、信号は電波に乗せられ、アンテナから空間へ放射されます。その信号を乗せる周波数(**搬送波**)や情報を伝送可能な量(**帯域幅**)は、物理的な制約を受けて規格化されるとともに、各国の法律でも制約されることがあります。通信に利用しやすい周波数はある程度限定されていることから、ある意味ですべての人にとっての共有資源であり、好き勝手に使えるわけではないためです。

1.3
[さまざまなプロトコルスタック]TCP/IPモデル
実装/実用志向の標準化とそのしくみ

本書のテーマである「TCP/IP」は、現在のインターネットで標準的に利用されているプロトコルスタックです。大まかにはOSI参照モデルと対応しますが、より実装/実用志向であるという特徴があります。ここでは、TCP/IPモデルに関する基礎知識について解説します。

IETFによる標準化とRFC

OSI参照モデルと同様の階層型プロトコルのモデルとして、**TCP/IP**があります。現在のインターネットで実際に用いられるアプリケーションのほとんどは、OSI参照モデルではなく、このTCP/IPに準拠しています。OSI参照モデルがISO(*International Organization for Standardization*, 国際標準化機構)で標準化されているのに対して、TCP/IPは**IETFで標準化**が行われています。

標準化の思想として、OSI参照モデルは通信に必要な機能を理論的にきれいに整理するということに重きを置いています。これに対して、TCP/IPは実装すなわち実際にネットワーク機器で動作することを重視しています。つまり、IETFにおけるプロトコルの標準化プロセスでは、その**プロトコルが実際に動作する機器が存在する**ことが求められます。そのため、プロトコルの検討から実装、販売までのスピードが速く、TCP/IPに準拠した製品が流通するようになったと言えます。

IETFによって検討/策定された仕様は、**RFC**(*Request For Comments*)として発行されます。ここでは詳しくは述べませんが、RFCとして非常に多くの文書が発行されており、TCPやIPなどインターネットの根幹を成すプロトコルに関するものからジョーク(所謂(いわゆる)ジョークRFC)まで、さまざまなものがあります。RFCの各文書には一意の番号が振られ、特定できるように管理され、インターネット上に公開されています。TCP/IPに関わるプロトコルは、基本的にはすでに発行されたRFCのいずれかに記載されています。それらを参照することで、しくみとしては誰でも、各プロトコルを理解したり、実装することができます。

レイヤー構成　TCP/IP階層モデルとOSI参照モデル

TCP/IP階層モデルを 図1.11 に示します。なお、本モデルはDARPAモデル[*1]とも呼ばれます。

参考用に、OSI参照モデルとの対応関係も図示してあります。OSIの最下層である物理層にあたるハードウェアの部分は、TCP/IPでは明示的には扱われませんが、便宜的に記してあります。OSIの第2層であるデータリンク層および第3層であるネットワーク層に該当するのは、それぞれネットワークインターフェース層、インターネット層です。これらの層は、基本的に名称が異なるだけで、定義されている機能は同じです。また第4層のトランスポート層については、名称も機能もまったく同じです。

大きく異なるのは第5層以上であり、こちらはTCP/IP階層モデルではアプリケーション層という一つのレイヤーになっています。**セッション層以上の機能は個々のアプリケーションによって実装される**と大まかに理解しておけば問題ありません。たとえばHTTPで言えば、セッション確立や文字コードの変換、動画の圧縮形式なども含めて、アプリケーション側で処理するのが一般的な実装です。

*1　DARPAはDefense Advanced Research Projects Agency(米国国防総省の国防高等研究計画局)の略。インターネットの原型であるARPANET(*Advanced Research Projects Agency Network*)を開発。

図1.11 TCP/IP階層モデル

	 TCP/IP 階層モデル	OSI 参照モデル	
レイヤー4	アプリケーション層	アプリケーション層	第7層/レイヤー7
		プレゼンテーション層	第6層/レイヤー6
		セッション層	第5層/レイヤー5
レイヤー3	トランスポート層	トランスポート層	第4層/レイヤー4
レイヤー2	インターネット層	ネットワーク層	第3層/レイヤー3
レイヤー1	ネットワークインターフェース層	データリンク層	第2層/レイヤー2
	ハードウェア	物理層	第1層/レイヤー1

TCP/IP階層モデルとOSI参照モデルとの対応関係。

要するに、基本的な考え方はOSI参照モデルと同じで、実用上は大雑把でも問題ない部分をシンプル化したものがTCP/IPモデルだと思えばOKです。

TCP/IPを構成するプロトコル

「TCP/IP」というプロトコルスタックの名称のとおり、TCPとIPはそれぞれ、TCP/IPにおけるトランスポート層、インターネット層の代表的プロトコルです。しかしながら、図1.3のとおり、TCPとIP以外にも多くのプロトコルが存在します。

つまりTCP/IPとは、TCPやIPというプロトコルを含む、さまざまなプロトコルから構成されるプロトコルスタックです。

なお、OSI参照モデルのレイヤーをまとめる意図でこのような層構成になったわけではなく、あくまで結果的にこのような対応関係になっている、ということについては書き添えておきます。また、流通している機器で採用されていないからOSI参照モデルは不要、ということでもありません。OSI参照モデルは理論的に丁寧に構築されたモデルであるため、基礎知識の習得や、システム仕様の検討などの際には、今なお用いられることがよくあります。

[補足]非TCP/IPプロトコル

ちなみに、IoT向けのプロトコルや無線通信技術には、このTCP/IPプロトコルスタックに則(のっと)ったものもあれば、そうでないものもあります。

TCP/IPを採用しない無線技術を用いた場合、TCP/IPを一切用いなくてもローカルなデバイス同士で通信を行うことはできます。ただし、インターネットはTCP/IPで動作していることから、インターネットを介してデータ転送を行う場合には、何らかのゲートウェイ等を用いてTCP/IPに乗せ換えるといった処理が必要になります。地方のローカル線では専用のIC乗車券を用いるけれど、東京へ出るときにはターミナル駅での乗り換えからSuicaを使うといったイメージが近いかもしれません。あるいは、Suicaを利用できる路線が増えていっても、ローカルな路線では専用のプロトコルを用いる必要がある、という見方をしてもよいでしょう。

いずれにせよ、TCP/IPは現在のインターネットにおいて採用されているプロトコルスタックであるため、まずは基礎知識として、TCP/IPについて知っておく必要があります。

パケット交換の基本 パケット交換と回線交換

TCP/IPでは、**パケット交換**(*packet switching*)という方法を採用しています。そもそも交換とは、限りある通信回線リソースを多くの利用者、デバイスで共用するためのしくみです。

昔ながらの電話回線においては、図1.12 に示す**回線交換**(*circuit switching*)が採用されていました。加入者の固定電話に対して、電話局から1本ずつ回線を引いてあり、電話局同士は複数の回線で接続されています。そしてユーザーが電話をかけると、電話局で回線をつなぎ変え、相手の電話まで物理的に回線を接続します。このとき、電話1呼が回線1本を占有利用するため、ある電話局が同時に扱うことのできる電話の数は、他の電話局への回線数によって制限されます。その代わりに、つながってさえしまえば、回線を占有しているため他の電話の影響を受けることはありません。

これに対して、回線を占有利用しないのが**パケット交換**です 図1.12 。インターネットでは、接続されるデバイス数が非常に多く、また各デバイスの通信レートがそこまで高くない場合も多いです。たとえば100Mbpsの回線を、1Mbpsの通信アプリケーションが占有していたとしたら、残りの99Mbpsは未利用のままとなり、非常に効率が悪くなります。

よってパケット交換方式では、送信データを「パケット」と呼ばれる単位に分割し、各パケットに「ヘッダー」(*header*)という荷札のようなものを付与して送信します。ルーターなどの中継機器では、パケットヘッダーに記載された宛先アドレ

図1.12 パケット交換と回線交換

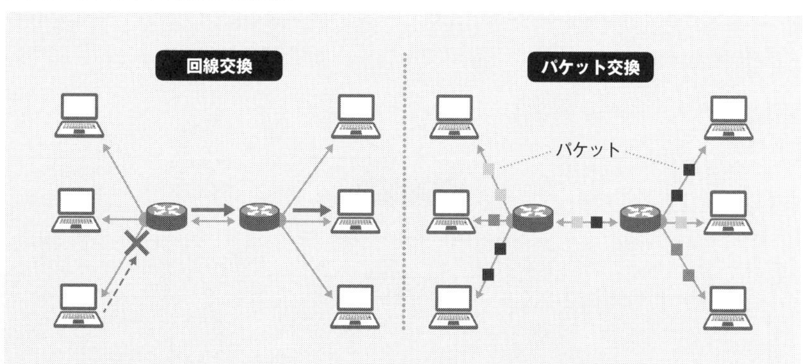

パケット交換と回線交換の比較。

スなどを参照して、パケットごとに転送処理を行います。この手法では、回線を占有することがないため、数多くのデバイスで通信路を共用することができ、回線を効率的に利用できるというメリットがあります。ただし、デメリットとしては、他の通信の影響を受ける可能性があることが挙げられ、たとえば回線が混雑した際には遅延が増大する恐れがあります。

パケット転送　パケットと、ヘッダー&ペイロード

さて、パケット交換においては、デジタルデータは「パケット」と呼ばれる単位で転送/処理されます。

このとき、パケットは大きく分けて**ヘッダー**と**ペイロード**(*payload*)から構成されます 図1.13 。ヘッダーとは宛先や送信元などの制御情報を記載する部分であり、ペイロードはデータ本体です。なお、最後尾にエラーチェックなどに用いるトレーラー(*trailer*)を付与することもあります。トレーラーとは、カプセル化において末尾に付与される制御情報を指し、フレームチェックシーケンスによるエラー検出などが代表的な利用例です。

ヘッダーに記載する内容やビット数などは、プロトコルに応じて厳密に定められており、機械的に処理されます。郵便はがきの上部に郵便番号を記入する7桁の空欄があるといったことと同じです。ヘッダーの中身はプロトコルごとに異なるのですが、ヘッダーというものを用いてパケット転送を制御するという手法そのものはごく一般的です。

IPアドレス　IPアドレスの役割と、IPv4&IPv6

TCP/IPの主要プロトコルであるIPで用いられる**IPアドレス**(*IP address*)につい

図1.13 パケットとヘッダー

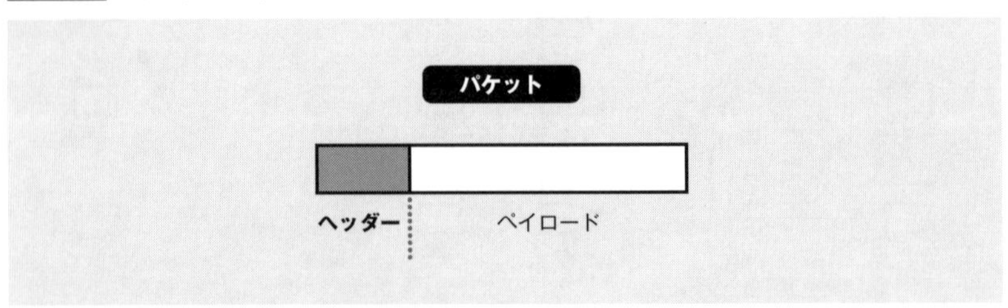

パケットはヘッダーとペイロードから構成される。

て取り上げ、それを通してパケット転送の概要についておさらいします。

IPはレイヤー3のインターネット層(OSI参照モデルではネットワーク層)に属する代表的なプロトコルで、最も基本的な機能であるパケットを相手に転送するための役割を担っています。このIPでパケットの送信元や送り先を特定するための住所、すなわちアドレス情報として用いられるのが「IPアドレス」です。

2024年現在、IPはIPv4とIPv6の2つのバージョンが利用されています。最大の違いは、それぞれが持つ「アドレスの数」(「アドレス空間の大きさ」と呼ばれる)です。**IPv4アドレス**は2進数表記で32ビットで構成されるため、表現可能なアドレス数が少なく(2の32乗=約43億個)、デバイス数の増加に従ってアドレス数が枯渇し始めました。これに対して、**IPv6アドレス**は128ビットの2進数から成るため、2の128乗=約340澗(かん)(1澗は1兆×1兆×1兆)のアドレスを利用でき、事実上、無制限にアドレスを利用できます。長い時間をかけて、徐々にIPv6への置き換えが進んでいますが、当面は並存していくものと思われます。

IPアドレスの基本　ホスト部、ネットワーク部、サブネットマスク

またIPv4には、馴染みがあったり、表記や判読がしやすいといった学習の観点でのメリットがあります。そこでここでは、**図1.14** に示すようにIPv4アドレスを例に用いて簡潔に要点だけを記述します。

前述のとおりIPv4アドレスは32ビットから成り、人間による可読性を高めるため8ビットごとに分けて10進数で表記(たとえば「`192.180.1.1`」など)されます。32ビットのうち前半が**ネットワーク部**、後半が**ホスト部**となります。ネットワーク部とは、その名のとおりネットワークそのものを表し、ホスト部はネットワーク内のデバイスを特定します。人名で喩えれば、ネットワーク部は苗字にあたり、ホスト部は名前にあたると言えます。

ネットワーク部とホスト部を分割する方法として、**サブネットマスク**(*subnet*

図1.14 IPアドレスとサブネットマスク

			ネットワーク部	ホスト部
IPアドレス	192.180.1.1	→	11000000 10110100 00000001	00000001
サブネットマスク	255.255.255.0 or /24	→	11111111 11111111 11111111	00000000
		2進数表記		

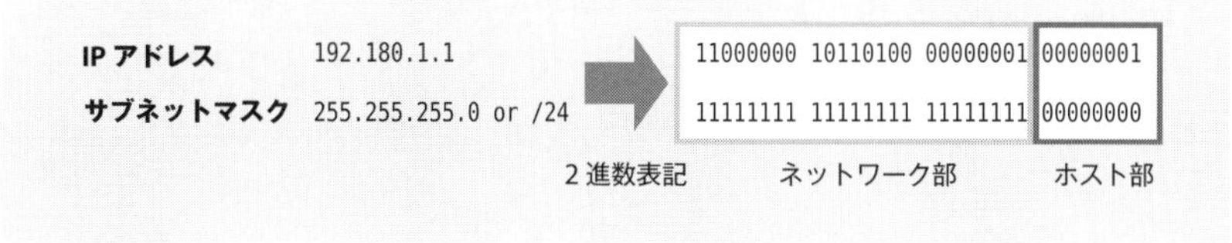

IPv4のIPアドレスとサブネットマスクの例。

mask)が用いられます。サブネットマスクも32ビットから成るビット列であり、ネットワーク部にあたる桁を1、ホスト部にあたる桁を`0`とします。サブネットマスクの表記方法には、**10進数表記**と**プレフィックス表記**の2通りが存在します。たとえばネットワーク部が24ビットである場合、10進数表記では`255.255.255.0`となり、プレフィックス表記では「`/24`」となります。なお、これらは単純に表記方法の違いであり、意味には違いがありません。

ルーターにおけるパケット転送 ホスト部とネットワーク部の役割

ルーターはパケットヘッダーに記載してある宛先IPアドレスを参照し、その「ネットワーク部の値」に基づいて当該パケットの転送処理を行います 図1.15 。このような方法は、32ビットすべてを参照せずともアドレスの検索や転送処理を実行できるため、ルーターの負荷軽減に寄与しています。

ホスト部については、あるネットワークの中では自由に割り当てることができます。ただし、ホスト部がすべて`0`あるいは1のアドレスは特殊なアドレスとして予約されており、ホストには割り当てられません。前者は「ネットワークアドレス」(*network address*)と呼ばれネットワークそのものを表し、後者は「ブロードキャストアドレス」(*broadcast address*)と呼ばれ、すべてのホストにパケットを送信するために用いられます。

図1.15 IPアドレスを用いたパケット転送

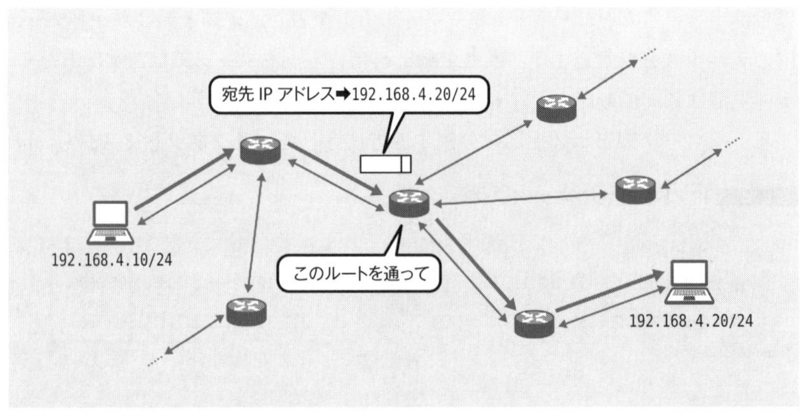

IPアドレスを参照してルーターが転送処理を行う。

グローバルアドレスとプライベートアドレス

別の観点として、IPアドレスにはグローバルアドレス(*global address*)とプライベートアドレス(*private address*)の2種類があります。

グローバルアドレスとは、世界で唯一のアドレスとなるものであり、正式に申請して割り当てられます。

これに対し、**プライベートアドレス**はローカルな(インターネットに直接接続されていない)ネットワーク内で自由に利用してよいアドレスです。プライベートアドレスが用いられる理由としては、アドレスを効率的に利用すること、セキュリティを担保すること、などがあります。

NATとIPアドレス

組織内でプライベートアドレスの割り振られたデバイスからインターネットに接続するためには、グローバルアドレスへのアドレス変換が行われる必要があり、これをNAT(*Network Address Translation*)と呼びます 図1.16 。

DNSとIPアドレス ドメイン名とIPアドレスとの対応付け

さらに、IPアドレスが1と0から成るビット列であることはすでに述べましたが、たとえば私たちがWebブラウザーを使ってインターネット上のWebページに

図1.16 NATによるIPアドレス変換

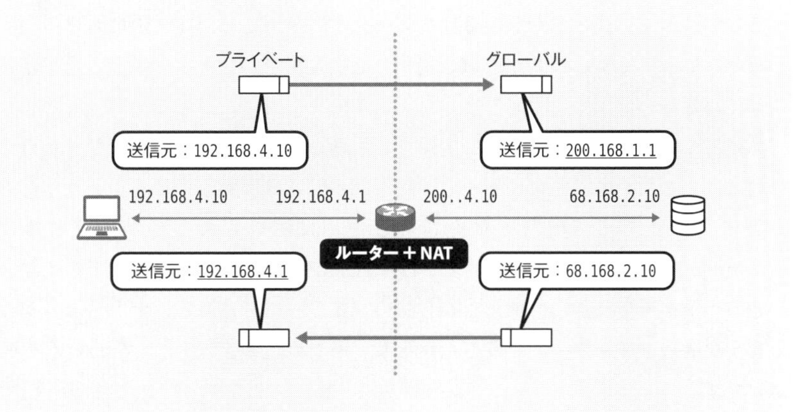

グローバルアドレスとプライベートアドレスのアドレス変換。

アクセスする際には「https://」などから始まるURLを用います。これはDNS（*Domain Name System*）というしくみにより、インターネット上のホスト名や電子メールのアドレスに用いられるドメイン名と、IPアドレスとを対応付け変換が行われているためです。すなわち、ドメイン名は人間が利用しやすいように文字情報として設定されていますが、コンピューター間で実際にアクセスに用いられているのはIPアドレスです。このドメイン名とIPアドレスとの対応付けを担うのがDNSなのです。

1.4 プロトコルスタックとパケット転送の流れ

カプセル化とパケット転送、パケットフォーマット、TCPのコネクション管理

ここまでに代表的なプロトコルスタックとプロトコルを紹介しました。しかしながら、少し抽象的でピンとこないという印象を持つケースも多いでしょう。

そこで、本節ではプロトコルスタックが実際どのように機能するのか、データがパケットとして転送される際の手順を追いながら解説します。順を追って確認することで、各レイヤーの役割などを理解しやすくなるはずです。

カプセル化

ここでは、インターネットにおけるデータ通信を想定し、TCP/IPにおける通信手順を見ていきます。TCP/IPでは、通信に必要な機能がレイヤー構造として定義されていることはすでに記述しました。

各レイヤーでは、各レイヤーに関係する処理のみを行い、他のレイヤーが行う処理には立ち入らず、他レイヤーの情報も基本的には参照しません。そうした考え方に基づいて通信機器を動作させるために用いられるのが**カプセル化**（*encapsulation*）という手法です。すなわちTCP/IPでは、データに対してレイヤーごとのヘッダーを順番に付加しながら次のレイヤーに受け渡し、マトリョーシカのような構造を作ります。こうしたマトリョーシカ化のことを「カプセル化」と呼ぶのです。

図1.17 に示すように、上位層から順番にカプセル化を行いながら、下位層へ

図1.17 カプセル化のイメージ

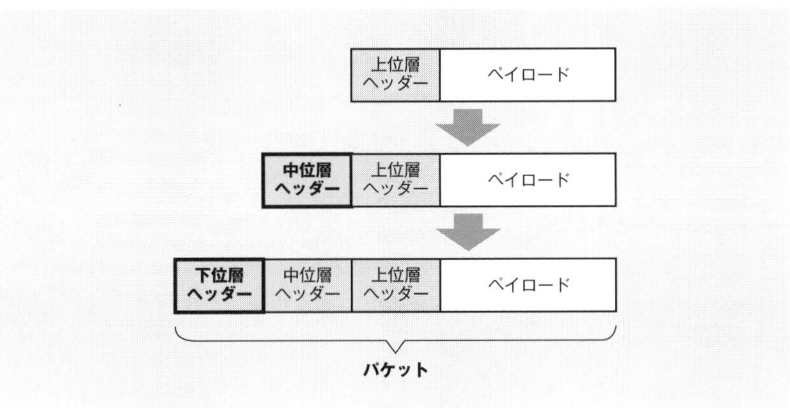

各レイヤーのヘッダー情報を付与してカプセル化していく。

とデータを受け渡してパケットを生成します。このカプセル化によって、各レイヤーに対応する機能/装置では、該当するヘッダーのみを付与したり参照したりすれば済みます。そのため、各階層の機能が少なく、処理や実装が簡略化されるというメリットがあるのです。

パケットフォーマット カプセル化とヘッダー構成

前述のようなカプセル化によって生成される、TCP/IPにおける典型的なパケット構造の一例を **図1.18** に示します。

トランスポート層にはTCPを用い、データリンク層はEthernetで構成した場合です。本来送りたいデータに対して、上位のレイヤーから順にヘッダーが付与されていきます。すなわち、送信データに対して、TCPヘッダー➡IPヘッダー➡Ethernetヘッダーという順番でカプセル化が行われます。

各ヘッダーには、各レイヤーの処理で必要となる情報が格納されています。TCP

図1.18 TCP/IPにおける典型的なヘッダー構造

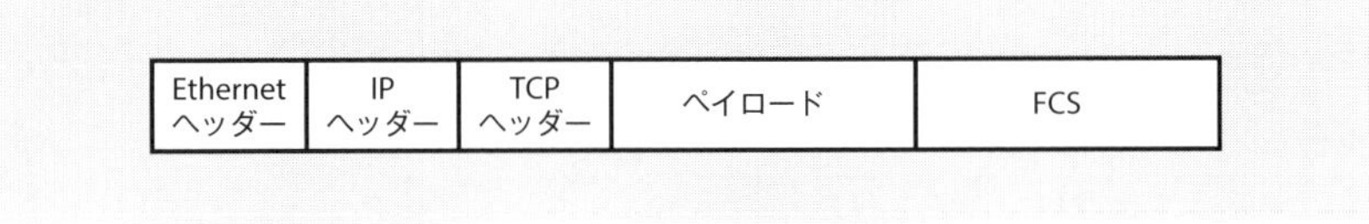

Ethernet ヘッダー	IP ヘッダー	TCP ヘッダー	ペイロード	FCS

ヘッダーにはデータの順序番号や再送制御(後述)に関する情報、IPヘッダーにはエンドツーエンドのパケット転送に必要なIPアドレスに関する情報、Ethernetヘッダーには LAN内のフレーム転送に必要なMACアドレス関連の情報、といった具合です。MACアドレスとは、ネットワークに接続できるすべての機器に割り当てられている一意の番号のことであり、製造時に付与されます。

ヘッダーとペイロード

ヘッダーはあくまで制御情報であり、本来送りたいデータの伝送には直接寄与しません。そのため、伝送効率を下げる要因ともなり、これを**オーバーヘッド**(*overhead*)と呼びます。

たとえば上記の例で、Ethernetフレームにおけるペイロードの最大サイズは1500バイトと定められています。そのうちIPヘッダーが20バイト、TCPヘッダーが60バイトだったとすると、本来送信したいデータは1420バイトとなります。

一般的にはヘッダーに記載する情報が増えるほど、きめ細かな制御ができるのですが、伝送効率を高めるという観点ではトレードオフの関係があります。伝送レートの限られた通信を使うような場合には、このような伝送効率がボトルネックになってくることもあり得ます。よって利用するプロトコルを考える際には、そのプロトコルの提供する機能に加えて、ヘッダー長などのオーバーヘッドについても考慮する必要があります。

パケット転送手順　カプセル化の手順

さて、ここまでに説明したパケット転送の手順について、一度整理しておきましょう。図1.19 に示す事例を用いて、順を追って記載します。インターネット上のサーバーから、LAN内のクライアントPCに対してパケットを送信します。

まずサーバーでは、アプリケーションプログラムのデータを、上位レイヤーから順番にカプセル化していきます。つまりトランスポート層ではTCPなどのヘッダー、インターネット層ではIPヘッダー、ネットワークインターフェース層ではEthernetなどのヘッダーを付与します。このとき、宛先IPアドレスは目的地のクライアントPCのIPアドレスを指定します。ただし、先述のNATが適用されている場合には、LAN内で設定されたグローバルIPアドレスを記載することとなります。カプセル化されて作成されたパケットは、ネットワーク上へと送出されます。

図1.19 パケット転送の流れ

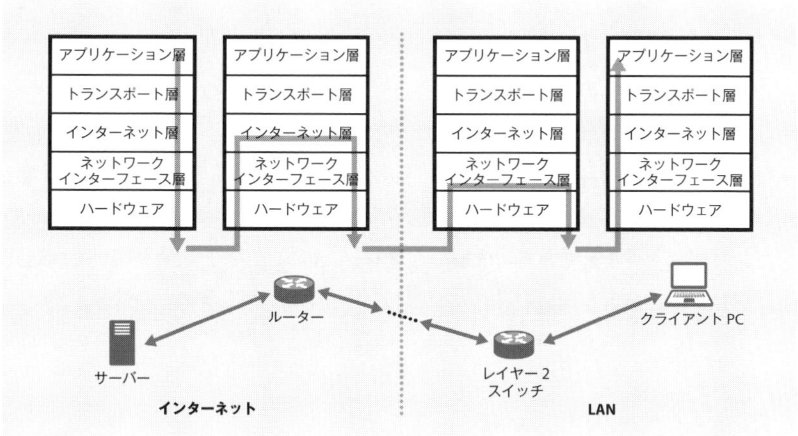

カプセル化してパケット転送し、ルーターで中継する。

ルーターでのパケット転送

次に、各ルーターでのパケット転送について見てみましょう。ルーターとはそもそも、レイヤー3(*layer 3*, L3)で動作し、パケットのIPアドレスを用いてエンドツーエンドのパケット転送を行うための機器の名称です。

ルーターはIPアドレスと転送先ポートの対応表である「ルーティングテーブル」を備えており、受信したパケットのヘッダーに記載された宛先IPアドレスをルーティングテーブルから検索し、適切なポートから送出します。つまり、受信したパケットをインターネット層まで受け渡し、次の転送先を決定して新たに次のネットワークインターフェースに対応したヘッダーを付与して送出します。

なお、このとき用いられるルーティングテーブルは、一般的には専用のプロトコルを用いて自動的に作成されます。このような専用プロトコルを**ルーティングプロトコル**(*routing protocol*)と呼びます。ルーティングプロトコルにもさまざまなものがありますが、RIP(*Route Information Protocol*)、IGRP(*Interior Gateway Routing Protocol*)、BGP(*Border Gateway Protocol*)などが有名です。

他のルーターとの間で経路情報を交換し、IPアドレス(ネットワークアドレス)ごとの転送先ポートを計算します。

———レイヤー2スイッチでのフレーム転送

LANに辿り着いたパケット(Ethernetフレームなど)は、レイヤー2(*layer 2*, L2)スイッチなどにより中継されます。

レイヤー2スイッチは、ネットワークインターフェース層(OSI参照モデルではデータリンク層)で動作する機器の名称です。受信したフレームのMACアドレスを参照し、適切なポートに対してフレームを送信する機能を備えます。ここではインターネット層の情報を用いません。なお、レイヤー2スイッチは通常はルーティングプロトコルを用いず、受信したフレームのMACアドレスを用いて転送先を学習します。つまり未知の送信元MACアドレスについては、その受信ポートを学習することで、MACアドレスとポートの対応関係をフォワーディングテーブルに記録します。また、宛先MACアドレスが未知の場合にはすべてのポートに対してブロードキャストを行います。

宛先のクライアントPCがデータを受信すると、下位から上位レイヤーへ向けて処理を進めます。まず受信したフレームの宛先MACアドレスが自分であるかを確認し、次のレイヤーへと受け渡します。インターネット層では、宛先IPアドレスなどの確認を行い、ヘッダーを除去してさらに上位レイヤーへと渡します。トランスポート層ではポート番号を用いて通信アプリケーションを識別します。最終的に、すべてのヘッダーを外したデータが、受信側のアプリケーションに届きます。

TCPのコネクション管理 コネクション管理の意義

さて、パケット1個の転送の流れについては以上なのですが、ここで少しだけ、もう少し大局的な通信の流れについても記述しておきます。

送信データがパケット1個で済むことは稀であり、通常はパケットの送受信では**複数のパケット送受信**を含む一連の通信となるためです。そのようなエンドツーエンドの制御を担うのは「トランスポート層」であり、ここではTCPを例に説明します。TCPのコネクション管理の大まかな流れを **図1.20** に示します。

TCPでは、まず**コネクション**を確立します。つまりコネクション確立を要求するメッセージを相手に送り、その可否を返答します。

無事にコネクションが確立されるとデータ送信を開始しますが、このときデータの位置を表す**シーケンス番号**(*sequence number*)を付与します。このシーケンス

図1.20 TCPのコネクション管理

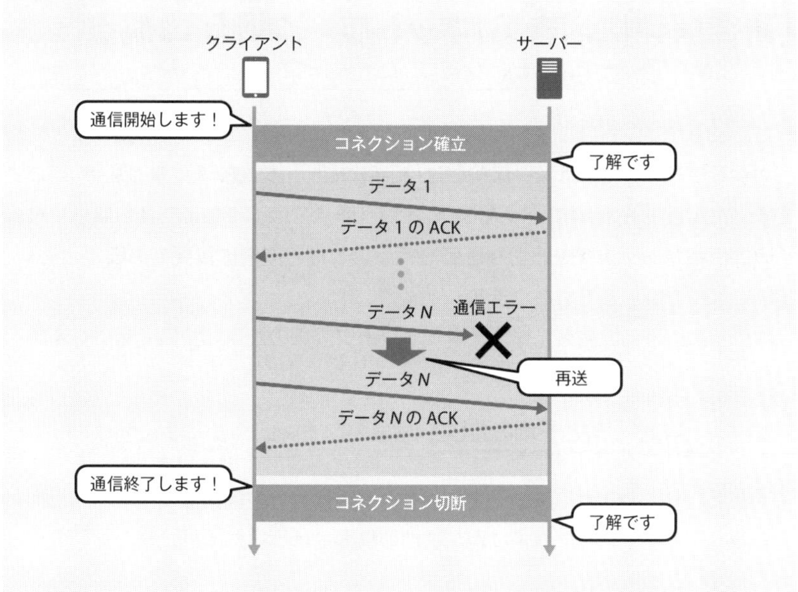

TCPのハンドシェイクで、コネクション確立➡データ送信/ACK➡コネクション切断を行う。

番号を用いることで、受信側ではデータの順番や、抜けているデータがあるかどうかなどを知ることができます。そして、パケットロスなどにより未受信となっているデータについては、再送する、すなわちもう一度送ります。すべてのデータ送信が終わると、専用のメッセージを用いてコネクションを終了します。

コネクションとポート番号

なおトランスポート層においては、**ポート番号**(*port number*)を用いて通信アプリケーションを識別します。ポート番号は16ビットの整数であり、0番〜65535番まであります。つまり、あるクライアントとサーバー間において、異なる通信(たとえばHTTPとFTPなど)を並行して実行することができるのは、これらの通信をポート番号によって識別できるからです。

とくによく使われるプロトコルについては、使用するポート番号があらかじめ定められているものがあり、これをウェルノウンポート番号(*Well-known port*)と呼びます。代表的なものとしては、HTTPで使う80番、FTPの20, 21番、SMTPの25番、DNSの53番などがあります。

1.5 [研究開発に活きる]ネットワーク評価の観点

到達性&パフォーマンスとその適切な評価について

ここまで、プロトコルスタックに基づくパケット転送について解説しました。

ネットワークの役割は第一義的には「相手までデータを無事に送り届ける」ことです。ただし、その「パフォーマンス」という観点では、単なる到達性以外にも多くの評価軸があります。適切な評価を行うことは、非常に重要であるとともに、実際には難しいことでもあります。

本節では、研究開発を見据(みす)えたネットワーク評価の観点について記述します。

ネットワークの多様性と評価の難しさ　多種多様な構成要素や媒体、技術、プロトコルの存在

ネットワークの評価を難しくするおもな要因は、その**多様性**です。ある場面に最高のパフォーマンスを示す技術が、別の場面ではまったく役に立たないといったことも起こり得ます。

一概に「ネットワーク」と言っても、実際には多種多様な構成要素や媒体、技術、プロトコルが存在します。とくにインターネットのような大規模なネットワークでは、数多くのデバイスが接続され、さまざまなアプリケーションのデータが流通しています。その全容はまったくわからず、誰にも把握できないブラックボックスであると言っても過言ではありません。

ネットワークのブラックボックス性

しかしながら、そのようなブラックボックスを構成する諸要素が、みな独立して動作するわけではなく、相互に影響を及ぼすことがあります。ローカルには、Wi-Fiのアクセスポイントが混雑していると通信が遅くなる、といった経験が誰しもあるかと思います。災害時やチケット販売など、特定のタイミングに通信が殺到することで、うまくアクセスができないといったことも起こります。

そして、そもそもどこがボトルネックになっているのかすら簡単には特定できないというケースも多くあります。通信媒体、接続デバイスの種類や量、流通するデータ、ユーザーの使い方といった多くの要素が絡み合うため、簡単に解析できるわけではないのです。

ネットワーク技術の評価と設計

逆にコンピューターシステムの設計という観点では、適材適所という言葉があるように、それぞれ特徴が異なるさまざまな技術の中から適切なものを採用し構成することが非常に重要です。ただし、上記の多様性ゆえに、何らかのシステムを検討する際に「常にこれをこうしておけばOK」といった最適な手法のようなものはありません。

したがって、「より良い」設計を考える、といった「評価」の観点が重要になってきます。しかしながら、どのように構築/運用するのが最適かは、シチュエーションによって変わるため、適切な評価を行うことは一般的に難しいです。

以下では、評価の観点や手法について記述していきます。ネットワークの評価における代表的な指標としては、**データ量**、**リアルタイム性**(**遅延**)、**双方向性**、**信頼性**(**ロス率**や**再送**)などがあります。ネットワークの**高速性**が高いほど多くのデータを転送できますし、**低遅延性**が高いほどリアルタイムなデータ共有を実現できます。

そのため性能としては「大は小を兼ねる」部分はあるのですが、一般的にリッチなネットワークほどコストが高くなります。紙幅の都合で、本書では全体像や考え方をメインに解説するにとどめ、各要素について詳しい説明はより各論を扱う専門的な書籍に譲ります。

[代表的な評価軸]データ量とスループット　スループットとは何か

単位時間あたりに転送されるデータ量を**スループット**(*throughput*)と呼びます。したがって、単位としては、データ量はbit数であるのに対して、スループットはbps(*bit per second*)で表されます。

アプリケーションによって生成/転送されるデータ量が大きく異なります。温湿度計などにより取得されたセンサーデータと、Webカメラにより撮影された動画などでは、当然ながらデータサイズが大きく異なります。ただの数値やテキストのようなデータは小さく、動画像データはデータサイズが大きくなります。

データ生成のタイミング

また総量のみならず、生起する**頻度**や**タイミング**など、データ生成の時間方向の分布も重要です。同じ1メガバイトのデータを生成するにしても、生成頻度が

1秒ごとか1分ごとかといったことによってデータの総量は大きく変わります。

たとえば 図1.21 に示すように、定常的に少しずつデータが生成される場合と、時々大きなピークがくる場合とでは、様相が異なります。実際的な影響としては、たとえ時間平均値が同じだったとしても、システムの許容しなければならない容量に差が出てくることが考えられます。昼間は空いている電車も、朝の通勤ラッシュ時には超満員であるといったことと同様です。

先に少し触れたとおり、このように時間変動が大きいことを「バースト性が高い」と呼びます。ピークの大きさは「バーストサイズ」などと呼ばれます。また、バーストサイズの変動が大きいこともあれば、バースト間隔についても規則的な場合もあれば不規則な場合もあります。

ネットワークの通信レート

ネットワークの**通信レート**は、媒体や通信方式によりさまざまです。たとえば、同じ無線でもIEEE 802.11ax（Wi-Fi 6）では理論上最大9.6Gbpsであるのに対し、Bluetoothでは24Mbpsです。また、実環境では電波の干渉や減衰などさまざまな制約がありますので、実際の通信レートはもっと低くなります。必要な通信レートに応じて、採用する通信方式を選択する必要があります。

ここで上記のように、特定のデバイスについてのみ考えるのであれば、当該デバイスの生成する最大バーストサイズに耐えられるようにネットワークのキャパ

図1.21 データ生起のバースト性

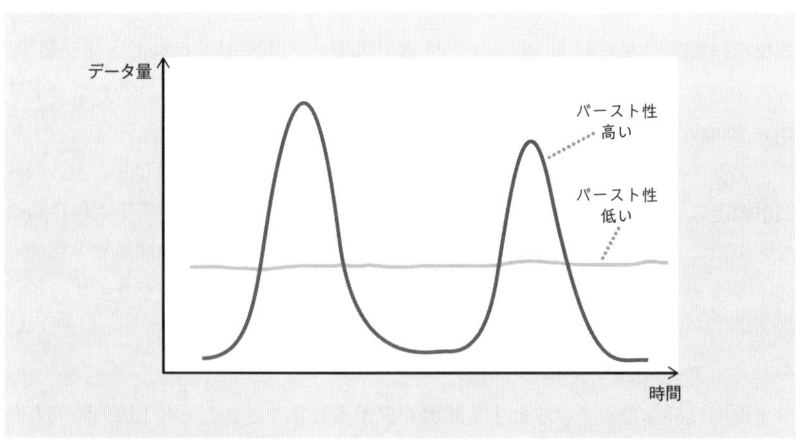

データ生起の時間方向の分布に違いがある。

シティを設定すれば十分です。しかしながら、システムの要求条件を検討する際には、一般的にネットワーク上には多くのデバイスが収容されることをも考慮する必要があります。つまり複数デバイスのピークが重なれば巨大なバーストが生まれますが、一方でピークがズレれば平滑化されることになります。オフピーク通勤によってラッシュの混雑が緩和されるのと同じ原理ですね。このようにデータ量ひとつをとっても、時間分布まで考慮して考えるといった視点が肝要です。

[代表的な評価軸]リアルタイム性と遅延　要求されるリアルタイム性

データ転送に求められる**リアルタイム性**も、アプリケーションによって大きく違います。リアルタイム性の要件は、**取得されたデータをいつまでに処理する必要があるのか**に応じて定まります。たとえば、自動運転や機械の遠隔操作などであれば、非常に高いリアルタイム性が求められます。一方で、1日に一度バッチ処理するようなデータであれば、処理の開始前までに到着すれば十分です。

データ転送や処理に要する時間は「遅延」と呼ばれます。この遅延の大きさの許容量が、アプリケーションの要求条件に応じて定まることになります。

遅延の構成要素

ここで、ネットワーク上の**遅延**の構成要素を 図1.22 に示します。

通信データの送信から目的地での受信に要するEnd-to-End (E2E) 遅延は、経路上のネットワーク機器(スイッチやルーターなど)におけるパケット処理により生じる**処理遅延**、各ネットワーク機器での転送待ち行列によって生じる**キューイング遅延**、そして信号の物理的な伝搬に要する**伝搬遅延**から構成されます。

上記の構成要素のうち、処理遅延についてはネットワーク機器の高機能化などによって低減が可能ですが、伝搬遅延は信号の伝搬距離によって定まります。無線信号であれば1kmあたり約3.33μs(*microsecond*, マイクロ秒)、光ファイバー中であれば1kmあたり約5μsとなることが知られています。そのため長距離の通信においては、この物理的な伝搬遅延が無視できない値となります。たとえば、太平洋を横断する海底ケーブル中の伝搬遅延は50ms (*millisecond*, ミリ秒) を超えます。いわゆるクラウドサービスでは、ユーザーの手元のデバイスからは遠隔地にあるデータセンターに設置されたクラウドサーバーとの間で通信が行われることが多いため、この物理的な伝搬遅延が大きくなりがちです。こうした課題もあっ

図1.22 ネットワーク上の遅延の構成要素

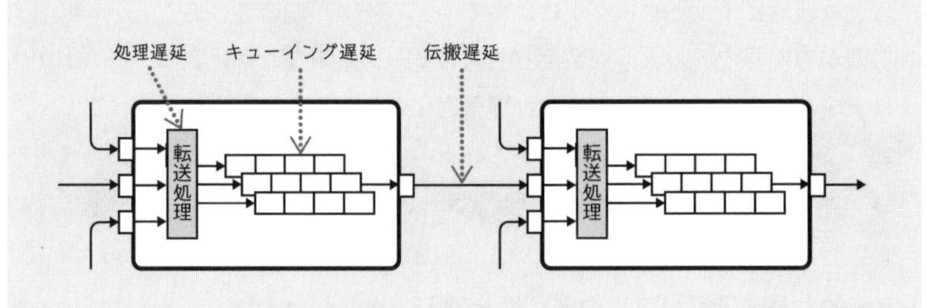

E2E遅延は処理遅延、キューイング遅延、伝搬遅延から構成される。

て、デバイスに近いところでデータ処理を行うエッジコンピューティングが流行するようになりました。

[代表的な評価軸]信頼性とは何か　パケットロス、ノイズ

データ転送の**信頼性**とは、データの**ロス**や**順序の乱れ**が起こらないことを指します。

データのロスとは大まかに、送信デバイスで物理的な信号として送出されたデータが、何らかの原因によって受信側で正常に復元できないことです。正常に受け取れないため、受信側から見れば失われた(=ロス)ことになるのです。このような現象はさまざまな原因によって発生しますが、抽象的には「ノイズ」(*noise*, 雑音)と呼ばれます 図1.23 。人と話しているすぐ近くを電車が通ると声が聞こえにくくなる、というのと同じようなことです。

ノイズの具体例としては、デバイス内の電子の熱振動によって生じる「熱雑音」や「電波干渉」などがあります。身近な例として、2.4GHz帯のWi-Fiを利用している最中に近くで電子レンジを使うと通信レートが低下します。これは電波が干渉するためであり、通信中のデバイスから見れば、電子レンジの発する電波がノイズになっているというわけです。

エラーと誤り訂正

ノイズによる**エラー**は常に少なからず発生するため、信頼性を担保するためさまざまな対策が行われています。

図1.23 データ伝搬中のノイズ

データ伝搬中にノイズが影響してくる。

代表的な手法として**誤り訂正符号**(*error detection and correction code*, ECC)があります。元々のデータを他のデバイスへ向けて送出する際には、通信路符号化と呼ばれる符号化が行われます。このとき冗長なデータを付加して送信することで、受信側でエラーを含んだデータを受け取った際に誤りを検出し、さらに訂正も可能にする手法です。ただし、含まれるエラーが多すぎれば訂正できなくなってしまうため、当然限界はあります。

━── エラーと再送

また、もう一つの代表的アプローチが**再送**(*resend*)です。再送とは、文字どおり同じデータを送り直すことです。受信側が明示的に再送要求をする場合もあれば、一定の条件で送信側がロスと判断する場合もあります。再送により信頼性を実現する技術の代表格がTCPであり、そのあたりの詳細は次章以降で記述します。

信頼性は高いに越したことはありませんが、信頼性よりリアルタイム性を重視する場合には敢えて再送を行わないプロトコルも存在します。実際にはアプリケーションの特性によって定まる信頼性の要件に対応できるように、誤り訂正や再送などを複合的に用いることが求められます。具体例として5GのURLLC(*Ultra-Reliable and Low Latency Communication*)では、「32バイト以上のパケットデータ量の99.999%以上の送信成功率」および「無線区間1ms以下の遅延」を同時に満たすことが要件として定められています。

[代表的な評価軸]攻撃とセキュリティ　さまざまな攻撃

現在のコンピューターネットワークおよび接続されるデバイスは、さまざまな種類の攻撃リスクに晒(さら)されています。攻撃に対するセキュリティは広く社会的な課題として認識されています。近年はネットワークに接続されるIoTデバイスが急増しており、そのようなデバイスの性質として、ライフサイクルの長さや監視の難しさなどが挙げられます。そのようなIoTデバイスに感染していきボットネットを形成するマルウェアとして2016年に出現したMiraiが有名ですが、その亜種は今なお増え続けています。形成されたボットネットは、攻撃者からの命令に応じて特定のターゲットに対しサービスを停止させるDDoS（*Distributed Denial of Service*）攻撃を仕掛けます。さらに代表的なセキュリティリスクとしては、上記のマルウェア感染のほか、不正アクセス、盗聴、なりすまし、中間者攻撃、などさまざまなものがあります。

デバイスの認証や暗号化

たとえばデバイス同士で通信するDevice-to-Deviceと呼ばれる形態では、図1.24に示すように相手が正当なデバイスであるかを認証しなければ、不正デバイスからのアクセスのリスクがあります。

このようなリスクに備えるために、セキュリティを担保するための手法も多く存在します。ユーザーやデバイスの**認証**を行ったり、**暗号化**を行うためのプロトコルがよく用いられます。また、物理的なデバイスの紛失や盗難、データ漏洩などのリスクもあり、人為的なミスも関わってくるため、**業務フロー**の適正化や管理体制なども重要となります。

図1.24 不正デバイスの脅威

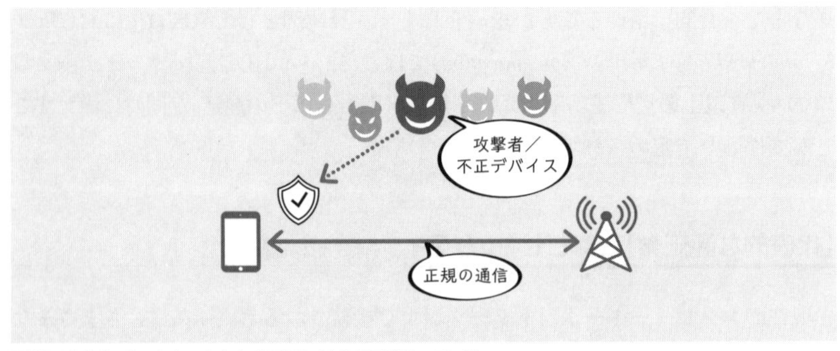

正当なデバイスを、あちこちにある不正なデバイスが狙っている。

[代表的な評価軸]コストと運用性 ネットワークのコストとは何か

コンピューターネットワークにおいて、**コスト**は非常に重要な観点です。

極端な話、超高速な専用回線を大量に準備できれば、多くの問題は解決します。それが非現実的なのは、基本的にはコストが高いためです。すなわち、限られたリソースで求められる性能を達成するという、ある種のやりくりが重要なのです。

コストは当然安いに越したことはありませんが、一口にコストと言っても、さまざまな費用が含まれます。単純に販売価格が最も安い製品を購入したら、あとで修理費用のほうが高くついたといったこともあります。よって、**初期投資**の安さ以外の観点も考慮して検討する必要があります。あるデバイスをインターネットに接続するために、環境によってはゲートウェイやルーターなどの設備や、電源の確保、光ファイバーケーブルの引き込みなどの工事が発生する場合もあります。つまり、受け皿となる**インフラの整備状況**なども考慮する必要があります。もともとインフラが整備されている地域、環境であればそれを利用することができますが、新たに整備が必要な場合にはかなりの費用がかかります。また、長期的な運用においては、**消費電力**や**給電**も関わってきます。

リソース共用とキャパシティ

また、システムの**スケール**(*scale*)や、他のシステムとの**設備共用**などの観点も考慮した方が良い場合もあります。極端な例を挙げれば、個々のデバイスをそれぞれLTEなどに接続すれば、個々に回線が必要となります。一方で、Wi-Fiアクセスポイントを1つ導入し、各デバイスはそのアクセスポイントに接続するようにすれば、デバイス数が増加するほど割安になると言えます。

このような割り勘効果の大きさは、システムのスケールと直結します。もちろん、接続デバイス数が増えればパフォーマンスが低下する恐れもあるため、きちんとキャパシティを検討する必要があります。つまりシステム全体としての低コスト性と、クオリティ担保とのトレードオフがあります。

運用体制

さらに、利用者の技術レベルなどに応じて、採用すべき技術が異なってくることもあります。すなわち、コストが安かったとしても、扱うのが難しかったりトラブルが起きやすいような技術も存在します。

そんなとき、利用者が限定されていれば自己解決できる一方で、あまり詳しくない人が利用者となる場合には、そのような技術を採用することにはリスクがあります。少々コストが高くなるとしても、安定性が高くセッティングや修理が簡易な手法を選ぶことも検討すべきだと考えられます。つまり、このような現実的な制約についても、他の制約条件とも合わせて検討することが重要です。

1.6 [研究開発に活きる]ネットワーク評価の方法
理論解析とシミュレーション

前節では、ネットワークの評価にはさまざまな観点があることを紹介しました。重要なことは、評価対象や目的に応じて適切な評価方法を選択することです。また、評価の条件なども、きちんと考える必要があります。そこで本節では、研究開発向けのネットワーク評価の方法について解説します。

[さまざまな評価方法]理論的な検討 理論解析の意義について

まず最も基本的かつ重要なのが**理論的な検討**です。理論と聞くと難しそうな印象を持ってしまいますが、そのイメージどおりの数学的な解析から、手順を順番に洗い出して確認するような簡単なものまで、いろいろな方法があります。

適切な手法がどれか、ということはケースに応じて変わってきます。ただ、いずれの方法を用いるにしても、そのポイントは、特定のプロトコルや手法の挙動について丁寧に確認し、限界性能や期待値など、その性能について一定の保証を得ることです。つまり、たとえば「なんとなく良さそうだから」とか「試しにつないで動かしてみたら大丈夫そうだったから」といった状態では、システムを実際に稼働させるには不安です。「これなら(故障などのトラブルがない限りは)意図したとおりに動く」という何かしらの根拠があれば、安心できるのではないでしょうか。物理的な性能やプロトコルのしくみを理論的に解析することで、そのような根拠を得ることができるのです。

――回線速とスループット

読者の方にも馴染みのある「理論」として、ネットワークの**回線速度**が挙げられます。光回線の速度について「下り最大通信速度1Gbps」と表記されていたり、Wi-Fi 5と呼ばれるIEEE 802.11acの最大通信速度が6.9Gbpsであるといったものです。このような値は、符号化/変調の方式や使用する周波数などの物理的な制約などといった諸要因から計算によって求められた理論上の最大値です。ただし、現実的にはこれほどのスピードが出ないという話は聞いたことがあるかと思います。

なぜなら現実では、同じ媒体を複数のユーザーで共有しますし、電波干渉やノイズなども存在します。またインターネット上でのスピードテストを行う場合には、ネットワーク上の別の箇所がボトルネックになる場合も多いです*2。

他に回線を共有するデバイスがなく、電波環境などが最良の状態であるなど、最高の状態を用意できれば、**理論値**に近い**スループット**が出る可能性があります。「現実的には出ないスピードなら書かなくていいのでは」という意見もあるかもしれませんが、やはり「性能」を表す指標は必要です。最大速度以外だと、細かなスペック表を書くことは可能だと思いますが、それでは標準の文書あるいは仕様書のようになってしまい、可読性が低くなりすぎます。あまりにも影響を与える要因が多すぎるので、期待値などを出すことも難しく、やはり最大速度を書くのが適切でしょう。

――遅延とパケットロス率

スループットのほかに、「遅延」や「パケットロス率」などもよく指標として用いられます。法人向けのサービスなどではSLA(*Service Level Agreement*)として規定されることも多いです。

遅延については、先に述べた遅延の構成要素(伝搬遅延など)を考慮することで、「期待値」や「最悪値」を求められる場合があります。遅延の考え方は、自動車で移動するときに道路が混雑して渋滞するほど時間がかかるのと似ています。最悪値とは、最も渋滞が激しいときの所要時間ですので、年に一度くらいしか発生しないようなケースである可能性もあります。そのため、最悪値ではなく「99%値」などが用いられる場合もあります。

*2　すなわち、何のスピードを測定しているのか、測定したい箇所を厳密に測定できているのかについて改めて考えてみた方が良いかもしれません。

ネットワーク機器にパケットが到着する際のキュー長や待ち時間、すなわちキューイング遅延を数学的に解析する手法としては**待ち行列理論**が有名です。待ち行列理論は、店舗での受け付けやコンピューターのタスク処理など、幅広い事象に対して適用できる一般的な数学的手法です。ここでは詳細は述べませんが、到着レートや処理時間を仮定することで、平均待ち時間を算出することができます。キューイング遅延の最悪値については、流入するフローの数やそれぞれのバースト性と、出力レートなどの関係から見積もることが可能です。

パケットロスはさまざまな原因で生じますが、一定の条件の下であれば、FEC(*Forward Error Correction*)などの符号化やARQ(*Automatic Repeat Request*)といった再送制御(後述)によってロス率を抑えることができます。つまりサービスとしては、ある条件を想定した際にパケットロス率を一定以下に抑えますが、その値も計算によって保証するのです。

計算量

他の観点として、ある種のアルゴリズムについては、その**計算量**をオーダーとして求めることで、その実行時間を見積もることも行われます。

ネットワーク上で用いられている暗号についても、その安全性は計算量的に保証されています。つまり、(量子コンピューターが用いられるようになるまでは)暗号解読に必要な計算量が多く時間がかかりすぎるため、通信している間に解読することができない、ということです。

また、認証などセキュリティ系のプロトコルであれば、基本的にはその手順によって安全性を保証します。いずれも理論的に性能が評価/保証されているのです。

[さまざまな評価方法]シミュレーション シミュレーションの意義について

ただし、理論的な検討にも限界があります。たとえば少し複雑な環境になってくると、すべてを数式で表現することは困難です。すなわち、数多くのデバイスから構成される大規模なネットワークシステム全体を、数学的に解析することは現実的には不可能です。あるいは、たとえ評価したいのが単一の無線リンクの性能だったとしても、デバイスが移動する場合の伝搬環境の変化など、理論的に解析するのが困難なこともあります。

こうしたケースに対して有効なのが、**シミュレーション**(*simulation*)という手法です。シミュレーションとは、基本的にはコンピューター上でプログラムを組み、模擬的な環境において計算/評価を実行することです。シミュレーションであれば、手軽にデバイスの数を増やし、大規模なネットワークを容易に模擬できます。また、変数の値を変えることで、さまざまなパラメーターを用いた場合の検証を行うことができます。

シミュレーションにおける注意点

シミュレーションであれば、フローごとのスループットや全パケットの遅延やロスの有無を測定することも簡単です。

ただし、適当に実行しても何らかの結果が出てくる(出てしまう)という点には注意が必要です。下手をするとネットワーク内で何が起こっているのかがブラックボックスになってしまう、という欠点があります。シミュレーションの実行結果を無心に受け入れてしまうと、重大なエラーや問題を見過ごすことにもなりかねません。極端な例として、「バッファ溢(あふ)れによるパケットロスがまったく発生しない」という結果を得たときに、それで安心してしまったとしましょう。そのとき、他の項目を確認してみると、実は遅延が大きくなり続けていたことを発見します。その原因を探ってみると、実はバッファサイズが無限大に設定されていて、無限にパケットが蓄積していただけだったといったことすら起こります。

このように、結果をそのまま鵜呑(うの)みにせず、正しく動作しているか、一体何が起きているのか、常に確認や検証を行うことが重要です。すなわち検証段階では、理屈どおりにシミュレーションを実行できているか、理論的な検証も必須であると言えます(理論を考えるのが面倒だからと言って、シミュレーションだけで済ませるわけにはいかないということですね)。

実装方法の観点

また、シミュレーションと一口に言っても、利用可能なツールや実装方法はさまざまです。

何を考慮して何を考慮しないのか、計算量やメモリの使用量、実行速度なども鑑みて、目的に応じて正しい設計を行うことがポイントです。たとえば、単一のリンクを丁寧に評価するリンクレベルのシミュレーションなのか、ネットワークシステム全体を模擬するシステムレベルのシミュレーションなのか、によって作り方や使い方が大きく異なります。

どちらを用いるのが適切なのかは、何を評価したいのかによる、つまりケースバイケースなので一概には言えません。あるトポロジーやパラメーター設定で良好なパフォーマンスを確認できたとしても、評価条件はそれで十分なのかといったことにも注意が必要です。

新たなアルゴリズムをテストしている場合など、条件を変えた際に思いがけない挙動が発生したりすることはよくあります。ありとあらゆる条件を考慮する必要はないのですが、評価が「得意な」条件に偏っていないか、対応すべき環境に対応できているかといった点に注意する必要があります。条件の変更が容易なのはシミュレーションの特長でもあるので、丁寧に検証することが重要です。

[さまざまな評価方法]実装可能性と実機検証の意義について

スループットや遅延など代表的な項目は「理論」と「シミュレーション」で評価できる一方で、評価しきれない項目も存在します。

実装可能性

とくに重要なポイントは、**実装可能性**です。何らかの新技術を考案するのが研究開発ですが、そのアイデアを実機に搭載する際に、どのように実装するのか、どのくらいのコストがかかるのかを考える必要があります。あるいはそもそも、現実的な技術や予算で実装できるのかといったことを検討する必要があるかもしれません。既存のASIC(*Application-specific Integrated Circuit*)などの回路では不十分な場合には新たに開発しなければなりませんが、莫大なコストが必要となりますし、そもそも作れる企業も非常に限られます。

実機検証　実機での評価項目

そして実装した後には、**処理速度**や**安定性**などが重要な評価項目になってくると言えます。また他の機器との**相互接続性**も、このステップにおいて検証する必要があります。

なお、研究開発上は**実機検証**、「実機で検証している」という事実そのものが評価されることも多いです。いくらアイデアとしておもしろかったり、理論上の性能が優れていたとしても、実機で動いていないものは机上の空論の域を出ないと言うか、迫力が出ないという面があるのです。

ネットワーク技術はやはりインターネットという巨大な既存システムに接続するのが前提になりますし、きちんと動く、ということが重視される面があります。以上のようにいくつかの評価方法が存在し、これらを選択的に用いることで適切な評価を行います。

1.7 本章のまとめ

本章では、コンピューターネットワーク技術の基本となる用語や代表的なプロトコルスタックなど、次章以降のベースとなる基礎知識について、広くおさらいしました。

データを機械的に送受信するための決まりごととしてプロトコルが定義され、データ通信を実現する機能をレイヤー構造として表したものがプロトコルスタックです。とくに、代表的な階層モデルであるOSI参照モデルと、インターネットで広く利用されているTCP/IPについて紹介しました。

またインターネットにおけるパケット転送の手順についても、プロトコルスタックと対応させて丁寧に記述しました。

さらに、ネットワークのパフォーマンスを評価するための評価の観点と手法についても概観しました。

ネットワークの中は基本的にブラックボックスなので評価が難しい面はあるのですが、とくに今後の研究開発を担うエンジニアの(卵の)方には、ぜひ体得してほしいと思っています。とはいえ、やはり文章で読んだだけでは実感しづらいものだと思います。次章以降では実際に手を動かして、ネットワークの状態を可視化し、プロトコルの特徴などを実感してみましょう。

第2章

TCP/IPなどのネットワークプロトコルは、インターネットの普及とともに爆発的に広まりました。通信データ量の多いストリーミングサービスなどアプリケーションの発展、モバイル中心への利用形態の変化、高速化やクラウドコンピューティングへの移行といった通信環境の変化、といったさまざまな要因とともに、ネットワークプロトコルも発展を続けてきました。

本章では、そのような変遷を辿ることによって、現在使われているプロトコルの思想やしくみを理解していきます。その上で、よく利用される基本ツールを使って、実際にネットワークの状態を見ながら各プロトコルの特徴や課題について体感してみましょう。

プロトコルの変遷×
ネットワークの
基本ツール

歴史とツールで辿る
通信環境&
主要プロトコル

2.1 インターネットアプリケーションの進化

モバイルの普及から無線高速化、クラウド、エッジ、ストリーミングの進展まで

インターネットは、さまざまなモバイル/IoTデバイスの開発、無線の高速化などによる通信環境の改善、クラウドやSNS、ストリーミングなどサービスの普及が相互に作用しながら進化を続けてきました。ここでは具体的なネットワーク技術の話に入る前に、近年のインターネットアプリケーションについて簡単におさらいしてみます。

さまざまなインターネットサービス 私たちの生活とインターネット

改めて書くまでもないかもしれませんが、インターネットはすでに、私たちの日常生活に必須のインフラとなっています。とくにスマートフォンは、世界中で子どもからお年寄りまで普及しています。電話やメッセージによる人とのコミュニケーションのほか、調べものや勉強、行政サービスなどを含めた事務手続き、ゲームや動画視聴などのエンタメまで、幅広く利用されています 図2.1 。

ここに列記した利用方法でも、ほぼすべてがインターネットを使ってリアルタイムにデータ通信をしていると言えます。近年はパソコンを使わずにスマートフォンですべて済ませる大学生がいるという話もあるくらいに高性能化、アプリによる多機能化が進んでいます。

図2.1 さまざまなインターネットサービス

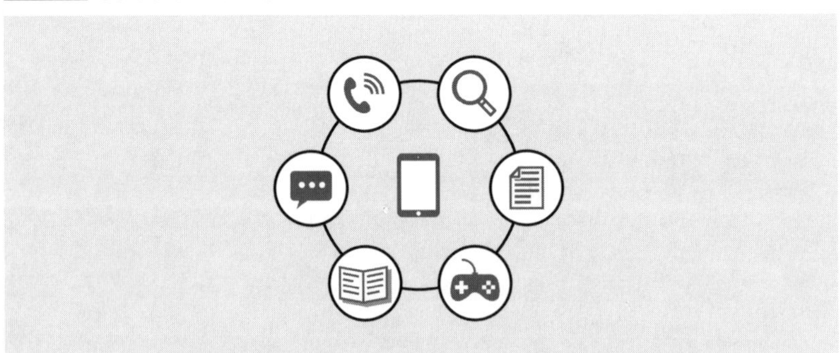

電話、検索、ゲーム、動画視聴、オフィスワークなどいろいろなインターネットサービスがある。

オフィスワークとインターネット

一方で、やはりオフィスワークではパソコンを用いて、企業システムやデータへアクセスすることが多いです。その中で、2020年前後のCOVID-19(新型コロナウイルス感染症)の影響によるオンラインへの移行、ハイブリッドワーク化は記憶に新しいところです。オンラインでの打ち合わせ、テレワークやワーケーションなど、ネットワークを介した活動への流れは今後も継続/拡大する方向に進むと考えられます。

さらに学校教育においても、全国の児童生徒に1人1台のコンピューターと高速ネットワークを整備するGIGAスクール構想が、文部科学省の主導により2019年に始まっています*1。オンラインでの授業参加など多様な学習方法を支えるのは、やはりネットワーク技術であると言えます。

スマートフォンのアプリケーションと無線通信

一般的なスマートフォンには、4Gや5Gなど通信事業者の提供するモバイルネットワークへの接続のほか、Wi-FiやBluetooth、NFCなど多くの無線通信機能が実装されています 図2.2 。

このうちBluetoothやNFCは、ワイヤレスイヤフォンや電子マネーのタッチ決済などローカルな通信に用いられる近距離無線通信の規格です。

インターネットには一般的に、モバイルネットワークやWi-Fiを経由して接続されます。さまざまなアプリの普及による多機能化に伴って、ユーザーの1日に占めるスマートフォン利用時間は長時間化しています。動画のストリーミングな

*1 「GIGAスクール構想の実現について」
URL https://www.mext.go.jp/a_menu/other/index_00001.htm

図2.2 スマートフォンの無線通信

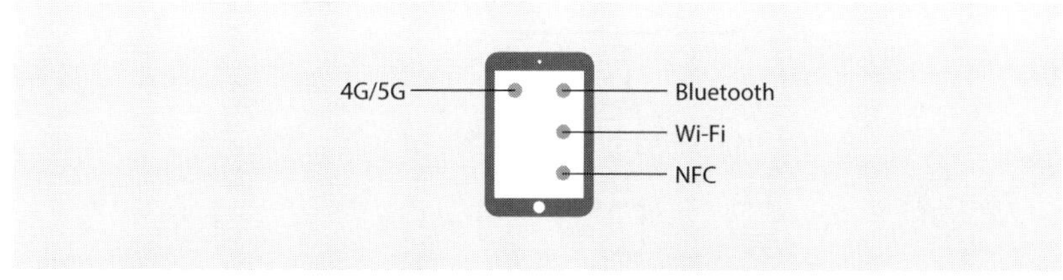

スマートフォンには5G、Wi-Fi、Bluetooth、NFCなどさまざまな無線通信機能がある。

ど、データ量の大きいアプリの利用も増えており、モバイル通信のデータ量は増加の一途を辿っています。ネットワーク側から考えると、利用アプリに応じてデータの総量だけでなく、時間分布が変わってくる点にも着目する必要があります。たとえば、テキスト中心のWebサイト閲覧であれば、断続的に少量のデータを通信するだけです。一方で動画ストリーミングサービスであれば、ある程度の時間継続してデータをダウンロードし続けることになります。このような違いは、ネットワークのキャパシティや制御方法を考えるときに重要な要素となります。

クラウド/エッジコンピューティング　クラウドコンピューティングとは何か

コンピューティング機能をネットワーク経由で利用する、という手法は古くから存在します。ただ当初は、高い計算能力を備えたコンピューターが高額だった時代に、そのリソースを分け合って利用するために遠隔からログインするような使い方が主流でした。

それが2006年から2008年頃にかけて、Google App EngineやAmazon EC2などの登場とともに、**クラウドコンピューティング**（*cloud computing*）として一気に普及しました。クラウド型でないシステムでは、手元のコンピューターなどにプログラムをインストールするなどして、その機能を利用します。一方でクラウドコンピューティングでは、サービス事業者側のデータセンターにシステムが構築され、ユーザーはインターネットを介してアクセスし、その機能を利用します 図2.3 。

図2.3 クラウドコンピューティング

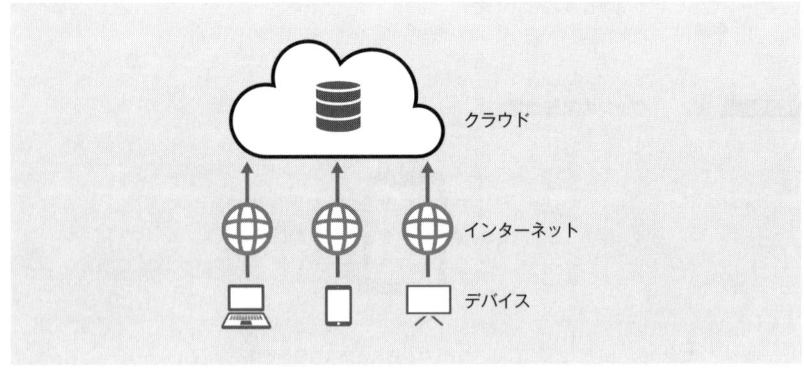

――クラウドコンピューティングの事例と動向

代表的な例としては、Googleの提供するGmailやGoogleドライブなどが挙げられ、ユーザーはデータセンターに保存された電子メールや電子ファイルをインターネット経由で閲覧/更新します。この形態では、ユーザー側の環境で用意するリソースが少なくて済むことから、さまざまなシステムの開発/運用において一般的に用いられてきました。

クラウド事業者のデータセンターには、大量のサーバーやストレージ等の設備が集約的に設置され、巨大化が進みました。これは、ユーザー側のデバイスからインターネットを介して遠距離のデータセンターにアクセスする通信が非常に多くなることを意味します。

ただし近年では、オンプレミス回帰、あるいは脱クラウドなどと呼ばれる流れも顕在化しています。おもに、データ量増大によるコスト増大やセキュリティ関連の課題がその要因となっています。

――エッジコンピューティングの登場

一方で、クラウドではサーバーやストレージが巨大なデータセンターに集約配置されるため、ユーザーのデバイスとデータセンター間で通信を行う際の信号の伝搬遅延が無視できない値になります。光ファイバー内では光信号の伝搬には1kmあたり5μs秒程度かかるため、100kmの距離を往復すれば、伝搬遅延だけで1msかかります。

低遅延性が必要なシステムなどの需要が出てくるにつれて、クラウドコンピューティングよりもデバイスに近いところでデータ処理を行う**エッジコンピューティング**（*edge computing*）という概念が現れました。エッジコンピューティングとは、サーバーやストレージを分散配置することで、ユーザーデバイスの近くでデータを処理しようとするものです **図2.4** 。呼び方はいくつか存在しますが、分散配置されたエッジサーバーを用いて、デバイスからアップロードされたデータに対する処理を行うシステムを指します。

エッジコンピューティングの恩恵としては、データの「地産地消」による低遅延化のほか、クラウドへ転送されるデータ量の削減なども挙げられます。

図2.4 クラウドコンピューティングとエッジコンピューティング

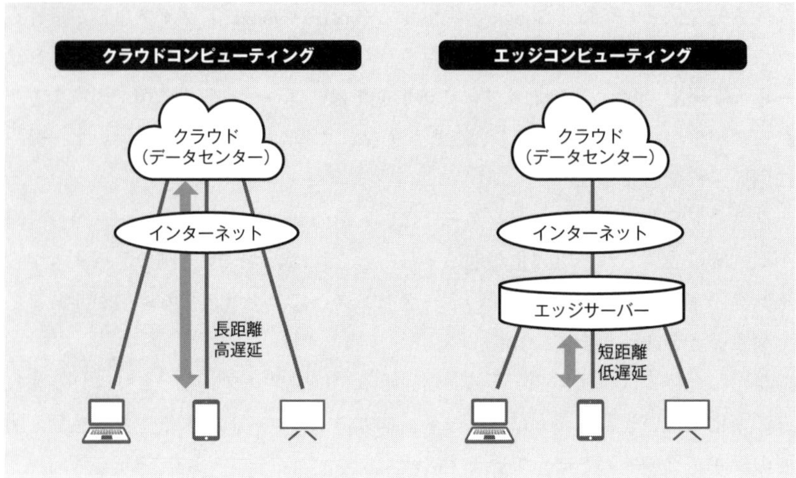

IoTの一般化 IoTの登場～現在

2015年頃から、IoT(*Internet of Things* = モノのインターネット)という用語やサービスが一種のバズワードのような形で広まりました。

さまざまなモノをネットワークに接続して制御するというコンセプト自体は1980～1990年代から存在するのですが、スマートデバイスの一般化や新たな無線通信プロトコルの普及などに従い、この時期IoTという名前で急速に広まりました。原稿執筆時点では、フィジカルなデバイスがネットワークに接続されている状態はすでに当たり前のようになっており、その点にわざわざ言及することは少なくなっているように思います。

センサーなどの小型デバイス 図2.5 では、電力やコンピューティングのリソースに制約がある場合が多いため、消費電力や通信速度を抑えることも多い点が一つの特徴です。

IoTデバイスのインターネット接続形態

また、IoTの理解において一つのポイントとなるのは、**直接インターネットに接続するデバイス**と、**ゲートウェイを介して接続するデバイス**が存在することです。

ユーザーとして利用する分にはあまり意識する必要はないのですが、システム

図2.5 さまざまなセンサーデバイス

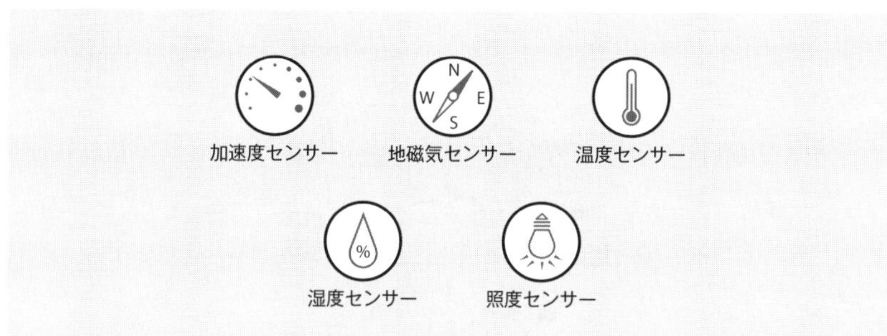

の構成としては大きく異なります。前者ではデバイス自体がTCP/IPのプロトコルを利用してインターネット上のサーバー等と直接IPパケットをやり取りします。一方で後者は、デバイス自体は非TCP/IPのプロトコルで無線通信を行うため、ゲートウェイを介してプロトコルを変換した上でインターネットへと接続します。代表的なものとして、Bluetoothによる通信などが挙げられます。

2.2 通信環境の変化と主要プロトコルの進化
デバイスの多様化、標準化とデファクトスタンダード、Wi-Fi、輻輳問題

前節で触れたような現代のアプリケーションを支える通信技術/プロトコルは、ユーザーの使い方なども含めた通信環境の変化と相まって進化してきました。ここでは、そのような通信環境の変化と主要プロトコルの進化の歴史や方向性について、簡潔におさらいしてみます。

通信環境の変化 通信デバイスの多様化

ネットワークに接続するデバイスについては、多様化が進んでおり、今後もその傾向は顕著になっていくでしょう。従来はPCやスマートフォンなどといった、高機能あるいは多機能なデバイスが主でしたが、近年ではさまざまなセンサーや家電、スマートデバイスが登場しています 図2.6 。

図2.6 多種多様な通信デバイス

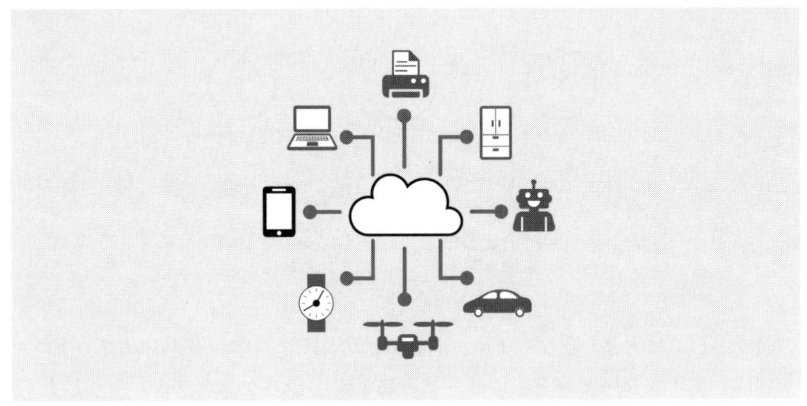

スマートフォン、PC、ウェアラブルデバイス、家電、ドローン、ロボット、自動車など。

スマートデバイスに関する明確な定義はないですが、一般的にはインターネットに接続可能な多機能なデバイスを指し、スマートウォッチ(時計型)、スマートグラス(メガネ型)などのウェアラブルデバイスが代表例です。自動車やドローン(*drone*, 遠隔操縦式や自律式の無人航空機器)、ロボットなどもほぼ常に通信を行うデバイスとなっており、とくに自動運転など高度な制御を行うデバイスであるほど、低遅延性や信頼性などの要求が厳しくなる傾向があります。スマート家電であれば、スマートフォンなどを用いてインターネット越しに状態などをモニタできるのみならず、家の外から制御メッセージを送るような使い方も多いです。こうしたデバイスについては、温度や湿度などについては安定した環境で用いられ、電源供給などの問題はあまり発生しないといった特徴があります。一方で、環境センサーなどであれば、寒暖差の激しさなど厳しい屋外環境などに長期間設置されることもよくあります。

デバイス利用環境の多様化

このようなデバイスの多様化は、すなわち通信を行う端末の性能や、それが利用される環境の多様化に直結しています。

歴史的には、通信端末の性能(具体的には処理速度やメモリ量)は基本的に向上を続けてきました。今後も、スマートフォンやPC等の性能は向上していくと考えられます。その一方で、IoTで用いられるセンサー等のデバイスは一般的に処理性能が低いものが多く、利用される環境によって不安定だったり低速なネットワークが用いられる場合もあります。また給電や消費電力についての制約が大きい場合もあります。

つまり通信デバイスの多様化に伴って、高性能化に向けた方向のみならず、制約のある環境下での通信といった観点も重要性を増します。たとえば、高性能なデバイスに最適化された複雑な処理などは、処理能力の低いデバイスで実行できない場合もあります。

主要プロトコルの進化 ARPANETの発足とRFC

現在のインターネットの原型となるパケット交換ネットワークは、1968年にアメリカのARPA(*Advanced Research Project Agency*, 高等研究計画局。現在のDARPA)で発足したARPANETです。1969年にはStanford Research Institute(スタンフォード研究所, SRI)、University of California, Los Angeles(カリフォルニア大学ロサンゼルス校, UCLA)、University of California, Santa Barbara(カリフォルニア大学サンタバーバラ校, UCSB)、University of Utah(ユタ大学)という4ノードを接続するネットワークが構築されました **図2.7** 。

また、インターネット技術の標準化で発行されるRequest for Comments(RFC)と呼ばれるプロセスについても、本プロジェクトではじめて採用されました。

UNIXの開発

さらに同じく1969年、「UNIX(ユニックス)」と呼ばれるOSがAT&Tのベル研究所で開発されました。ソースコードが大学や研究機関に無償配布され、自由に改変できるOSと

図2.7 初期のARPANET

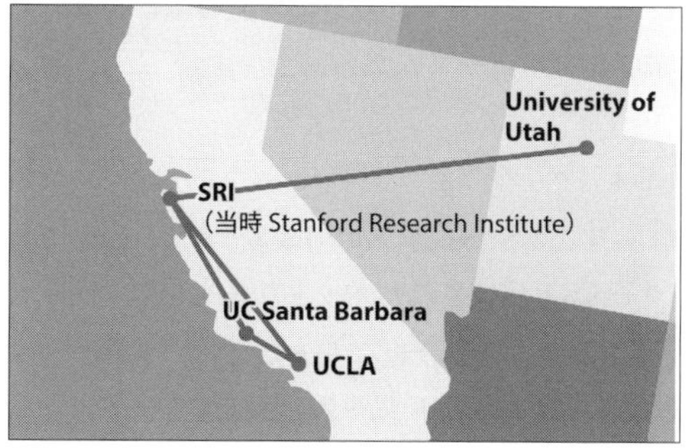

参考 URL https://ja.wikipedia.org/wiki/ARPANET/

してさまざまなバージョンが開発されるなど、とくに研究機関や教育機関で広く普及しました。また、その頃には、さまざまなネットワークプロトコルが乱立し、相互接続などについての問題が顕在化していました。

―― TCP/IPの誕生

この課題に対して、統合的なプロトコルとして**TCP/IP**の開発が始まり、最初の仕様はRFC 675（*Specification of Internet Transmission Control Program*）として1974年に発行されました。

TCP/IPの基本的な考え方は、ネットワークの機能を必要最小限に低減し、シンプル化することです。それによって低コスト化や相互接続性、保守性の向上を目指しています。1980年頃までにはTCP/IPの基本的な形が完成し、1983年初頭にはARPANETの通信プロトコルがTCP/IPへと完全に切り替えられました。また同じく1983年には、UNIX系OSがTCP/IPを標準サポートするようになり、その後のTCP/IP普及へとつながります。

―― 輻輳の顕在化 輻輳制御アルゴリズムTahoeの発表

一方でこの頃になると、ネットワーク上を流れるデータ量が増加し、「輻輳（ふくそう）」という課題が顕在化してきました。輻輳が悪化すると、最悪のケースではネットワークがダウンしてしまいます。

これを防ぐため、1988年にTCP向けのTahoe（タホ）という輻輳制御アルゴリズムが発表されました。Tahoeでは、送信側端末で徐々にデータ送出量を増加させ、輻輳を検知すると、送出データ量を低減させます。つまり、それまで各端末がデータを最大限に送出することを中心に考えていたのに対して、**状況に応じてデータ送出量を調整する**考え方が導入されたことになります。TCPに対する輻輳制御の導入という観点で、Tahoeは非常に重要なアルゴリズムだと言えます。

―― インターネットの誕生 TCP/IPネットワークの浸透

1980年代後半になると、ARPANETとNSFNET（*National Science Foundation Network*, 全米科学財団ネットワーク）が相互接続されたネットワークを指す固有名詞として**インターネット**という言葉が使われるようになりました。つまり、相互接続されたネットワークが世界規模のTCP/IPネットワークを構成するようになりました。

そして1990年には、WWW（*World Wide Web*）が提案され、Webページ、Webブラウザーが開発されました。WWWでは、Webページを構成するドキュメントはHTML（*HyperText Markup Language*）等の「ハイパーテキスト」と呼ばれる言語を用いて記述され、広く普及するようになりました。ハイパーテキストとは、ドキュメントの中に別のドキュメントへのリンク（ハイパーリンク，*Hyperlink*）を埋め込むことで、ネットワーク上に存在するドキュメント同士を相互に参照可能にするしくみです。

また、この頃にはISP（インターネットサービスプロバイダー）が創業され、インターネット接続の商用化が進みます。WWWはインターネットにおける主要なアプリケーションとして広まり、それと同時にTCP/IPはインターネット上で利用される通信プロトコルとして急速に普及していきました。

Windowsとインターネットの普及　デファクトスタンダードOSへのTCP/IP標準搭載

1995年になると、MicrosoftがデスクトップOSであるWindows 95を発売しました。Windows 95は、それまでのOSと比較して革新的なGUI（*Graphical User Interface*）を備えており、デスクトップOSのデファクトスタンダードとなるほどに普及しました。

そして、**TCP/IPプロトコルスタック**の歴史において重要だったポイントが、このWindows 95（OSR2以降）にTCP/IPが**標準搭載**されたことです。それまでインターネットなどに馴染みがなかった一般のユーザーに対して、「TCP/IPを用いたインターネット接続」という方式が普及していくことになったのです。

無線通信の進化と一般化

この時代までは有線通信が盛んに用いられてきましたが、2000年頃から、徐々に**無線通信**が普及してきます。無線通信には、いわゆる「Wi-Fi」と呼ばれるIEEE 802.11系列の無線LAN技術のほか、モバイル通信、その他の通信方式が含まれます。1999年にIEEE 802.11b（2.4GHz帯）、そしてIEEE 802.11a（5GHz帯）が策定されました。その後もIEEE 802.11g、IEEE 802.11n（Wi-Fi 4）、IEEE 802.11ac（Wi-Fi 5）、IEEE 802.11ax（Wi-Fi 6）、など数多くの標準が策定され対応製品が販売され、高速化を続けながら普及しています **図2.8** 。

いわゆるモバイルに関しては、1980年代の第1世代（*first-generation*, 1G）では通信速度は数十kbpsであり、自動車電話サービスやショルダーホン（*shoulder phone*,

図2.8 Wi-Fiの進化

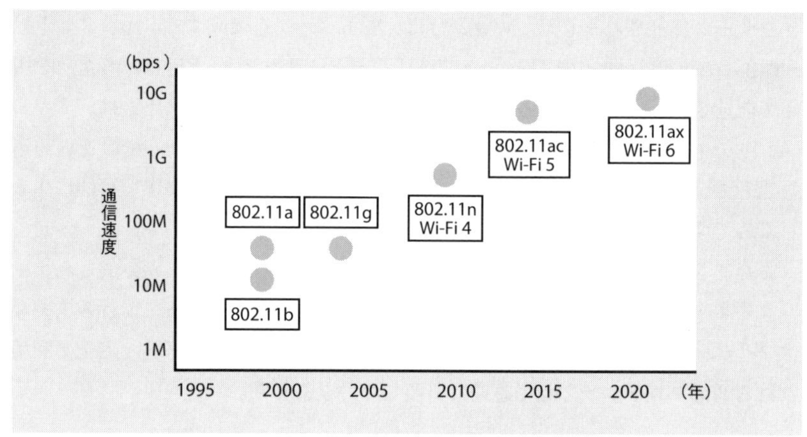

年号と通信速度で見るWi-Fiの進化。

車外兼用型自動車電話機)といった時代でした。

第2世代(2G)になるとパケット通信化され、電子メールやインターネットも利用可能となりました。

第3世代(3G)では通信速度が上がり、2010年頃から3.9GであるLTEが普及し始めると通信速度は数十Mbpsに達し、動画サービスなどが広まりました。

第4世代(4G)であるLTE Advancedでは、通信速度は最大で約1Gbpsに達するほどになっています。

そして、2018年には第5世代(5G)の仕様が策定され、世界的に普及が進んでいます。5Gの特徴として一般的に「大容量」「低遅延高信頼」「多端末」という3点が挙げられます。通信速度は理論値で20Gbpsに達するなど、4Gと比べても10倍以上の高速化が行われます。

そして、2022年現在では、第6世代(6G)の研究開発が進められています。その一方で、LPWA(*Low Power Wide Area*)と呼ばれる無線通信プロトコルにも注目が集まっています。LPWAには統一的な定義はなく、低消費電力で長距離データ通信を行うための通信方式の総称です。通信距離としては数百mから数kmをカバーすることが目標とされており、代表的な規格としてはLoRaWAN、SIGFOX、NB-IoTといったものがあります。いずれの規格においても消費電力を小さくするために通信速度を抑えており、数十kbps程度の低速で断続的に通信を行うことが特徴です。

2.3 ネットワークの基本ツール
ping/Wireshark/iPerf/Nmap

さて、ここからは実際にネットワークの状態や各プロトコルの動作を確認してみましょう。

何度か触れたとおり、通常はネットワーク内はブラックボックスですし、一般的に実感が伴わないと、どんな技術もピンとこないものです。本節では、よく利用される有名かつ便利なツールを使ったネットワークの可視化を扱います。

[入門]ping

ping(*Packet Internet Groper*)は、2台のコンピューター間でのネットワーク接続を確認するためのネットワーク診断ツール(コマンド)です。ICMPというOSI参照モデルのネットワーク層で動作するプロトコルを用います。

pingを用いて送信元からテストパケットを送信し、宛先までパケットが無事に届くかどうか、すなわち**到達性**をテストすることができます。これを「疎通(そつう)確認」などと呼ぶことがあります。pingはほとんどのOSで使用することができ、到達性のみならず**応答速度**なども確認できます。

pingの基本

さて、ここでは実際にpingを使いながら確認方法を学んでいきます。Windowsではコマンドプロンプト、macOS/Ubuntuではターミナルからコマンドを実行することにより使用できます。pingの基本的な書式は、以下のとおりです。

```
ping ␣ <相手先のIPアドレス/ドメイン名>
```

IPアドレスとドメイン名

pingのコマンドラインでも登場しましたが、**IPアドレス**や**ドメイン名**は、インターネット上での住所にあたります。IPアドレスは「`192.168.0.1`」などのように、ドットで区切られた10進数で表記されます。これはコンピューターで機械的に処理するための値であるため、人間にとって覚えやすいものではありません。そこで**ドメイン**(*domain*)という、人間にとってわかりやすいアドレス情報が定義されます。たとえば、「https://www.example.com」といったURLであれば、「example.com」の部分がドメインです。IPアドレスとドメインはDNS(*Domein Name System*)によって紐付けられますが、その詳細についての説明はここでは割愛します。

pingの送信

試しにコマンドプロンプトやターミナルを使って、以下の❶のようにexample.comにpingを送信してみましょう。❷のような結果が表示されたら、example.comへパケットが到達したことを確認できます。

```
% ping example.com ←❶
PING example.com (93.184.216.34) 56(84) バイトのデータ ←❷
64 バイト応答 送信元 93.184.216.34 (93.184.216.34): icmp_seq=1 ttl=51 時間=161 ミリ秒
64 バイト応答 送信元 93.184.216.34 (93.184.216.34): icmp_seq=2 ttl=51 時間=161 ミリ秒
64 バイト応答 送信元 93.184.216.34 (93.184.216.34): icmp_seq=3 ttl=51 時間=161 ミリ秒
64 バイト応答 送信元 93.184.216.34 (93.184.216.34): icmp_seq=4 ttl=51 時間=161 ミリ秒
^C
--- example.com ping 統計 ---
送信パケット数 4, 受信パケット数 4, パケット損失 0%, 時間 3004ミリ秒
rtt 最小/平均/最大/mdev = 161.064/161.153/161.308/0.092ミリ秒
```

この実行結果の見方について、それぞれ解説していきます。

- IPアドレス
  今回はexample.comというドメイン名で宛先を指定したが、実際にはDNSによって取得した「宛先IPアドレス」に対してデータを送信している。上記の実行例❷「PING example.com (93.184.216.34) 56(84) バイトのデータ」は、example.comのIPアドレスである93.184.216.34に対して、56バイトのデータを送信したことを示している

- icmp_seq
  pingコマンドを実行すると、いくつかのパケットが送信される。各パケットには識別用の「シーケンス番号」が付与されており、「icmp_seq」として表記される。icmp_seq=1とは、1番めのpingパケットに対する返答だということを示している

- ttl(*Time to Live*)
  「ttl」とは、送出したパケットがネットワーク上で生存できる時間のこと。ただし実世界上の時間ではなく、経由するルーターの数(ホップ数)として表される。1ホップ転送されるたびにttlが1減算され、ttlの値が0になった際には消去することで、ネットワーク上に永遠にパケットが存在し続けることを防ぐ

- 時間(*time*)
  パケットを送出してから、当該パケットへの応答を受信するまでの往復時間を表す。い

わゆるRTTのこと。「time」に表示される時間が短いほど、RTTすなわち遅延が短くレスポンスが良いことを示す

- ping統計(*ping statistics*)
  結果のサマリーが出力される。今回の例では、4つのパケットを送出して4つの応答パケットを受信し、パケットロス率は0.0%だ。そしてRTTの最小値、平均値、最大値、標準偏差が表示されている

pingを使ったネットワークの疎通確認　pingのおもな用途

以上のようにpingを使って、対象となるIPアドレスすなわち宛先ホストに対して、無事にパケットが届くのか、そして届くとしたらどのくらい確実に、速く届くのか、といったことを確認できます。

たとえば、スイッチングハブ(*switching hub*)でいくつかのPCを有線接続したようなローカルネットワークであれば、物理的につながっているかといったことは簡単に目視できます。一方で、Wi-Fiなどの無線通信を利用した場合などは、何とどのように接続されているのか、目で見て確認するということができません。また、社内ネットワークであるとか、他のロケーションとの通信といった場合になれば、もしすべての機器が物理的なケーブルで接続されていたとしても、その全容を把握するのは困難となります。ルーターやファイアウォールの設定によって、パケットが転送されず破棄されることもあります。あるいは、ケーブルが断線したりする可能性もあります。

したがって、どこまでデータを送受信できるのかというのは、そこまで自明ではありません。それに対して、pingのようなツールを用いることで、宛先IPアドレスまでの疎通状況を明示的に確認することができるのです。

[入門]パケットキャプチャ　Wiresharkを使ったパケットのキャプチャ

ここまで、パケットにはIPアドレスが記載されていて、それが宛名として用いられるといったことを記述してきました。ただ、これを文章や図として見ているだけだと、あまり実感が伴わないかと思います。この実感しにくさが、ネットワーク技術に関する学習のやりにくさでもあります。

そこで、ここでは実際に「パケットの中身」を見てみましょう。ネットワーク上を流れるパケットを捕まえることを、**パケットキャプチャ**(*packet capture*)と呼びます。パケットをキャプチャして、その中身を確認するための代表的なツールが

Wireshark[*2]です 画面2.1 。Wiresharkは「ネットワークアナライザー」などとも呼ばれるソフトウェアです。

――パケットキャプチャの結果例

さっそく自分のPCが送受信しているパケットをキャプチャしてみましょう。キャプチャを開始すると、次々にパケットの内容が記録されていきます。実際には 画面2.2 のような画面が表示され、 画面2.1 で選択したインターフェース「eno1」[*3]から送受信されたパケットのリストと、各パケットの詳細を確認できます。

❶パケットリスト
　順番にキャプチャされているパケットのおもな情報が書かれたリスト

❷パケット詳細
　選択されたパケットに関するすべての詳細情報

❸パケットバイナリデータ
　選択されたパケットを16進数で表記した生データ、右側はASCII（アスキー）表示

*2 URL https://www.wireshark.org

*3 ネットワークインターフェースはデバイスとネットワークの接点です。物理的にはNIC（*Network Interface Card*）として取り付けられています。「eno1」の「eno」は「EtherNet Onboard」の略で、LANケーブル、Wi-Fiなどの Ethernet規格、かつOnboard（オンボード）はマザーボードに直接組み込まれているインターフェースを指します。「eno1」の「1」は識別番号です。すなわち、ここでは「観測対象となるポートを選択していることになります。

画面2.1 Wiresharkの初期画面

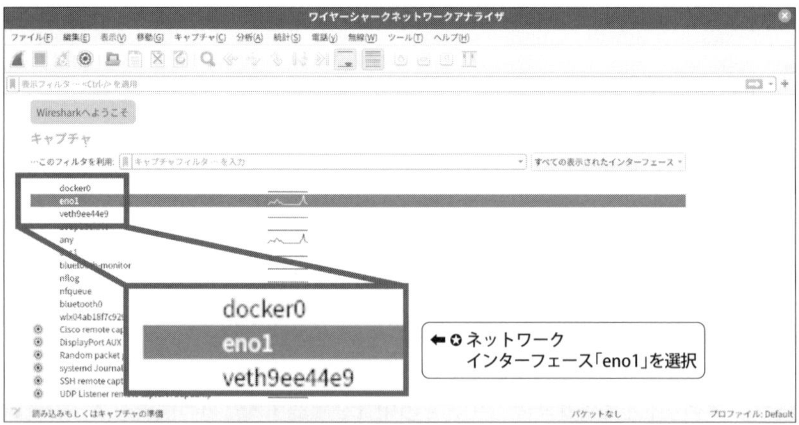

キャプチャ結果のフィルタリング

キャプチャ結果についてあまりに情報が多いと理解が難しいので、試しに「フィルタリング」をしてみましょう 画面2.3 。**フィルタリング**(*filtering*)とは、指定した条件を満たしたパケットのみを表示することです。

ここでは、pingなどで使われていてネットワークの通信状態を確認するプロトコルであるICMPのパケットを表示してみます。キャプチャフィルターに「icmp」と入力します。

そしてインターフェースとして先ほどの 画面2.1 の例と同様、「eno1」を選択します。このとき、先ほどとは異なりパケットリストに何も表示されないのが確認できます。これはICMPのパケットが送受信されていないことを意味します。さて、ここでpingを送信してみましょう。

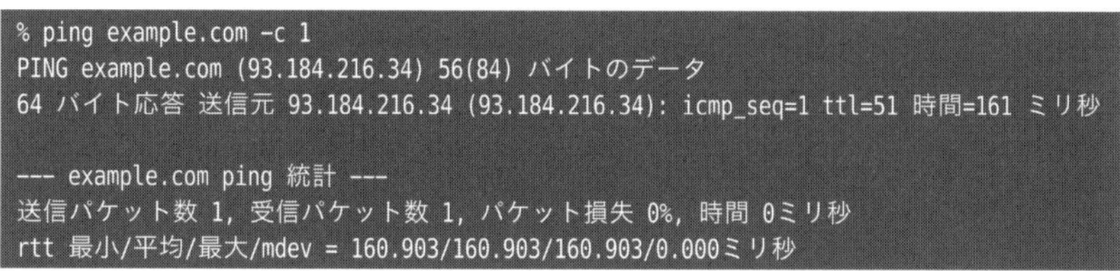

```
% ping example.com -c 1
PING example.com (93.184.216.34) 56(84) バイトのデータ
64 バイト応答 送信元 93.184.216.34 (93.184.216.34): icmp_seq=1 ttl=51 時間=161 ミリ秒

--- example.com ping 統計 ---
送信パケット数 1, 受信パケット数 1, パケット損失 0%, 時間 0ミリ秒
rtt 最小/平均/最大/mdev = 160.903/160.903/160.903/0.000ミリ秒
```

画面2.2 Wiresharkの構成画面

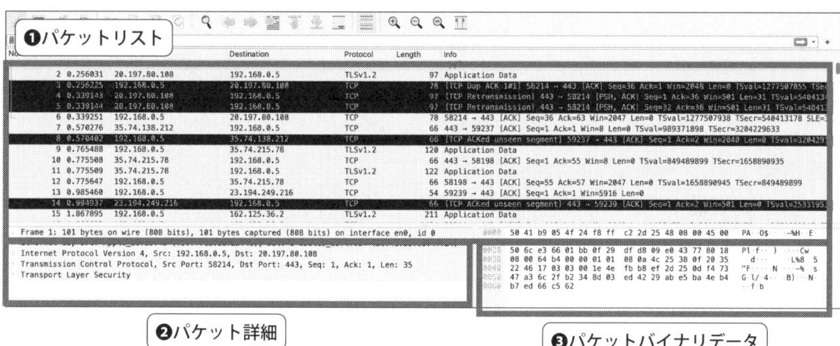

画面2.3 Wiresharkのフィルター

キャプチャしたパケットの確認

画面2.4 でWiresharkでキャプチャしたパケットを確認と、パケットリストに2行追加されています。❶❶'が、手元のPCからexample.comへと送信した、ICMPのエコー要求(echo request)と呼ばれるパケットです。❷❷'が、example.comから返送されてきたICMPのエコー応答(echo reply)と呼ばれるパケットです。

「パケット詳細」の部分で個々のパケットの中身を詳しく確認していきます。その前に、パケットの「カプセル化」について思い出してみましょう。TCP/IPモデルでは 表2.1 の4層が定義されています。データ(ペイロード/payload)がネットワークへ送出される際には、表2.1 の上位側のレイヤーから順番に、必要な情報がヘッダーとして付加されていきます。

Ethernetフレームの復習

今回キャプチャしたパケットの構成を考えると、インターネット層はIPでICMPのメッセージを送受信し、ネットワークインターフェース層はEthernetです。この場合、パケット(正確にはEthernetフレーム)の構造は 図2.9 のようになるはずです。

これを踏まえて 図2.4 ❶❶'パケットの詳細を確認すると、画面2.5 表2.2 のような4つの項目が表示されています。

また、パケットのバイナリデータは16進数で表記されており可読性は低いのですが、画面2.6 のように❶が14バイト分のEthernetヘッダー、❷が20バイト分のIPヘッダー、❸が56バイト分のICMPメッセージです。

画面2.4 フィルターキャプチャ

	No.	Time	vlan	Source	Destination	Protocol
❶	1	0.000000000		192.168.86.49	93.184.216.34	ICMP
❷	2	0.160883295		93.184.216.34	192.168.86.49	ICMP

(下へ続く)

	Length	Info
❶'	98	Echo (ping) request id=0x000c, seq=1/256, ttl=64 (reply in 2)
❷'	98	Echo (ping) reply id=0x000c, seq=1/256, ttl=51 (request in 1)

表2.1 TCP/IPモデルの各階層とプロトコル

層	名称	おもなプロトコル
第4層	アプリケーション層	HTTP, SNTP, POP3
第3層	トランスポート層	TCP, UDP
第2層	インターネット層	IP, ICMP, ARP, RARP
第1層	ネットワークインターフェース層	Ethernet, PPP

図2.9 フレーム構造

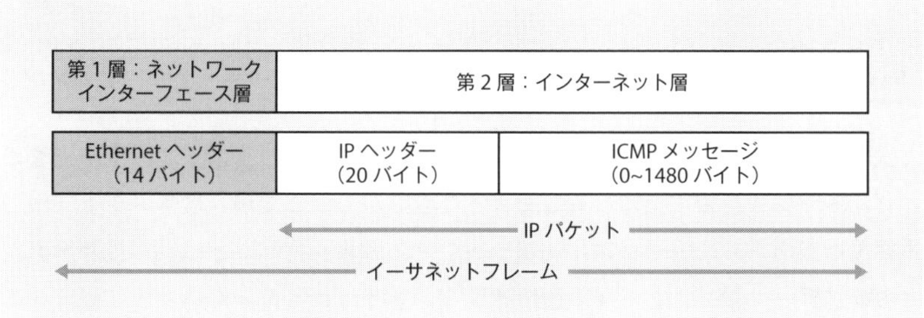

画面2.5 パケットの詳細

```
▸ Frame 1: 98 bytes on wire (784 bits), 98 bytes captured (784 bits) on interface eno1, id 0
▸ Ethernet II, Src: f0:2f:74:d1:eb:a7 (f0:2f:74:d1:eb:a7), Dst: Google_d1:06:11 (28:bd:89:d1:06:11)
▸ Internet Protocol Version 4, Src: 192.168.86.49, Dst: 93.184.216.34
▸ Internet Control Message Protocol
```

表2.2 パケット詳細の内容

項目	説明	バイト
Frame	Ethernetフレーム全体の説明	98
Ethernet II	Ethernetヘッダーについての説明	14
Internet Protocol Version 4	IPヘッダーについての説明	20
Internet Control Message Protocol	ICMPメッセージについての説明	64

画面2.6 パケットバイナリデータ

```
❶ 0000  28 bd 89 d1 06 11 f0 2f  74 d1 eb a7 08 00 45 00   (······/ t·····E·
   0010  00 54 0d ba 40 00 40 01  e0 3a c0 a8 56 31 5d b8   ·T··@·@· ·:··V1]·
❷ 0020  d8 22 08 00 be 9d 00 0c  00 01 bb f0 c4 63 00 00   ·"······ ·····c··
   0030  00 00 f2 2d 08 00 00 00  00 00 10 11 12 13 14 15   ···-···· ········
❸ 0040  16 17 18 19 1a 1b 1c 1d  1e 1f 20 21 22 23 24 25   ········ ·· !"#$%
   0050  26 27 28 29 2a 2b 2c 2d  2e 2f 30 31 32 33 34 35   &'()*+,- ./012345
   0060  36 37                                              67
```

パケットキャプチャの用途

以上のように、Wiresharkを使ってパケットをキャプチャすることで、いろいろなことがわかります。実際に送受信されているパケットのヘッダー情報などを確認することで、各プロトコルが具体的にどのような情報を読み書きしているのか、情報のやり取りの順番はどうなっているのか、といったことを一つ一つ確認できます。「IPヘッダーには、こういうフィールドが何ビット分だけ定義されている」といったことを単に文章で読むよりも理解しやすいですし、実際のシステム運用におけるトラブルシューティングなどにも非常に重要なテクニックだと言えます。

[再入門]スループット&[入門]iPerf iPerfを使ったネットワークのスループットの測定

次に、ネットワークのパフォーマンスを測定してみましょう。ネットワークのパフォーマンスを表す指標にもさまざまなものがありますが、最もメジャーかつ重要な指標のうちの一つが**スループット**です。スループットとは、単位時間あたりの転送データ量のことです。**通信速度**などと呼ばれることもあります。

iPerfの基本

iPerf[*4]は、2台のデバイス(クライアントとサーバー)間のネットワークのパフォーマンスを測定するためのツールです。クライアントで指定したパラメーターでパケットを生成して送出し、サーバーへ到達する速度を測定することで、経路上の実効帯域幅を測定する用途で用いられることが多いです。データを送信する時間やビットレート、TCP/UDPの指定などができ、目的に応じた測定ができます。

今回は「iPerf3」をインストールしたMacを1台用意し、クライアントとして起動します。サーバーとしては、アジア圏にある公開サーバーである`speedtest.uztelecom.uz`を使用してみます。手元のPCでは、当該サーバーのドメイン名を指定して起動します。

```
% iperf3 -c speedtest.uztelecom.uz      ←コマンドラインでiperf3を実行
Connecting to host speedtest.uztelecom.uz, port 5201
[  7] local 192.168.86.34 port 61727 connected to 195.69.189.215 port 5201
[ ID] Interval           Transfer     Bitrate
[  7]   0.00-1.01   sec   143 KBytes  1.16 Mbits/sec
[  7]   1.01-2.00   sec  6.77 MBytes  57.0 Mbits/sec
[  7]   2.00-3.00   sec  19.7 MBytes   166 Mbits/sec
[  7]   3.00-4.00   sec  23.7 MBytes   199 Mbits/sec
[  7]   4.00-5.00   sec  22.0 MBytes   184 Mbits/sec
[  7]   5.00-6.00   sec  24.2 MBytes   204 Mbits/sec
[  7]   6.00-7.00   sec  25.6 MBytes   215 Mbits/sec
[  7]   7.00-8.00   sec  25.2 MBytes   212 Mbits/sec
[  7]   8.00-9.00   sec  24.5 MBytes   206 Mbits/sec
[  7]   9.00-10.00  sec  11.8 MBytes  98.8 Mbits/sec
- - - - - - - - - - - - - - - - - - - - - - - - -
[ ID] Interval           Transfer     Bitrate
```

*4 URL https://iperf.fr

```
[  7]   0.00-10.00  sec   184 MBytes   154 Mbits/sec                  sender
[  7]   0.00-10.00  sec   184 MBytes   154 Mbits/sec                  receiver

iperf Done.
```

—— iPerfの実行結果

上記のコマンドを実行すると、メッセージが表示されます。クライアントからサーバーへ向けてデータを送信し、1秒ごとの統計情報が表示されます。また最後にクライアント、サーバー各々での10秒間の測定結果サマリーが表示されます。今回の環境では、クライアントからサーバーに対して`154 Mbits/sec`でデータが送信され、サーバーでも`154 Mbits/sec`でデータが受信されました。

ちなみに、先に紹介したWiresharkと併用することで、iPerfで送受信されるパケットの中身を確認できます **画面2.7** 。WiresharkでiPerfのパケットを抽出して表示するためには、使用ネットワークを選択した後に、表示フィルターの部分に`tcp.port==5201`*5と打つと確認できます。なお、ポート番号は起動するたびに変わる可能性があるため、適宜変更する必要があります。

*5 iPerfの実行結果から、ポート番号5201を用いてサーバーと通信していることが確認できます。

画面2.7 iPerfのパケットキャプチャ

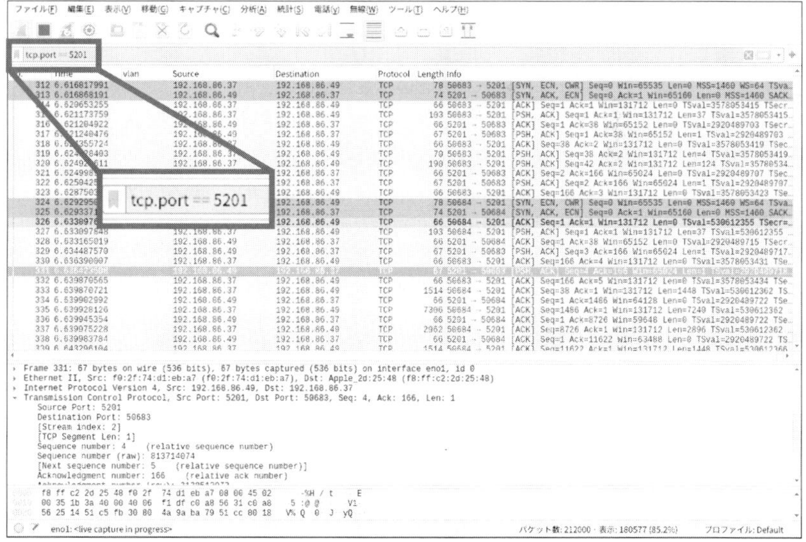

iPerf利用時の注意点

ただし、iPerfで測定できるのは**クライアントとサーバー間のネットワーク全体にわたるスループットである**という点には注意が必要です。有線、無線など帯域幅の異なる複数のメディアが含まれていたり、混雑する区間やルーターを超える場合などには、ボトルネックとなる部分のスループットに律速(りっそく)*6されます。一体何を測定したいのか、という目的に応じてツールを用いることがポイントです。

Nmapでポートスキャンしてみる ［入門］Nmap&［再入門］ポート番号

iPerfを利用する際、ポート番号という概念が登場しました。ポート番号とは、TCPやUDPなどのプロトコルが属するトランスポート層で通信を識別するための番号=アドレス情報です。一般的に、一つのコンピューターは同時にさまざまな通信を行います。ポート番号を用いることで、それらの通信を識別し、適切なアプリケーションへと渡すことができるのです。

ポート番号の範囲と種類

ポート番号は`0`から`65535`までの整数となっています。

- `0～1023` ➡システムポートあるいはウェルノウンポート
  IANA(*Internet Assigned Numbers Authority*)によって管理され、よく使われるサービスやプロトコルが利用するためにあらかじめ予約されている
- `1024～49151` ➡ユーザーポートあるいは登録済みポート
  IANAによって利用頻度の高いアプリケーションで利用するために割り振られている番号である
- `49152～65535` ➡エフェメラルポート(*ephemeral port*)*7あるいは動的ポート
  どのアプリケーションからも自由に利用可能なポート番号である

ただし、65536個あるポート番号を常にすべて利用可能かというと、そうでもありません。おもにセキュリティの観点から、利用が想定されないポート番号については、受付拒否などの設定が行われることが多いです。

*6 律速とは文字どおり速度を律するという意味の用語で、その区間が全体の通信レートを決定することになるということ。

*7 ephemeralは「一時的な」といった意味。

ポートスキャンとは何か

そして、ポートが利用可能かをはじめ、ホストの各ポートの状態を観測することを**ポートスキャン**(*port scan*)と呼びます。

ポートスキャンでは、対象のホストのさまざまなポートに対してパケットを送信し、その応答に基づいてポートの状態(応答可能か、閉じているか、フィルタリングされているかなど)を確認します。ポートスキャンを実効可能なツールの代表例として、Nmap*8があります。Nmapはオープンソースで開発されており、対象とするホストのポート状態を確認し、脆弱性の発見などセキュリティ監査によく用いられます。

ポートスキャンの実行

ここでは試しに、example.comに対してポートスキャンを行います。ターミナルから 実行例2.1❶ のコマンドを実行すると、❷以降のような応答が返ってきます。

実行例2.1 Nmapによるポートスキャン

```
% nmap example.com ⬅❶コマンドを実行

Starting Nmap 7.93 ( https://nmap.org ) at 2023-02-05 18:37 JST ⬅❷以下、実行結果の応答

Nmap scan report for example.com (93.184.216.34)
Host is up (0.18s latency).
Not shown: 996 filtered tcp ports (no-response)
PORT     STATE  SERVICE
80/tcp   open   http
443/tcp  open   https
1119/tcp closed bnetgame
1935/tcp closed rtmp

Nmap done: 1 IP address (1 host up) scanned in 121.29 seconds
```

ポートスキャン結果の見方

実行例2.1 には、ポートスキャン結果のサマリーが掲載されています。デフォルトでは1024番までの全ポートに加えて、nmap-servicesファイルに記載されたポートをスキャンする設定となっていますが、スキャン対象ポートはオプションによって指定が可能です。今回スキャンしたポートの中には、ファイアウォールな

*8 URL https://nmap.org

表2.3 ポートスキャンのサマリー

PORT	STATE	SERVICE	説明
80/tcp	open	http	80番ポートは開いていて、HTTP接続要求に対して応答を受け付けている状態
443/tcp	open	https	443番ポートは開いていて、HTTPS接続要求に対して応答を受け付けている状態
1119/tcp	closed	bnetgame	1119番ポートにアクセス可能だが、応答を受け付けていない状態
1935/tcp	closed	rtmp	1935番ポートにアクセス可能だが、応答を受け付けていない状態

どでフィルターされ、Nmapによって状態を観測できなかったTCPポートが996個存在しました。アクセス可能だった4つのポートについて、表2.3 のような結果が表示されています。

ポートスキャンの用途と悪用について

上記の結果から想像できるように、ポートスキャンはサイバー攻撃に先立った下調べの用途に用いることも可能です。

セキュリティの観点からは、サーバーが稼働させているアプリケーション、そこで利用されるプロトコルに応じて、適切なポートのみアクセス可能であるのが理想的です。管理するサーバーの用途に照らして不要なポートにアクセスが可能な状態だと、思いもよらない脆弱性になり攻撃経路になる恐れがあります。家の出入口は玄関だけにして、そこをしっかり施錠するのが基本的な防犯対策であることと同じです。不必要な勝手口、通用口などは完全に締め切ってしまった方がセキュリティ上は安心です。

このようにポートスキャンによってサーバーの稼働状況を確認できるので、適切な管理を行うために用いるのが良いです。

ネットワークのモニタリングの意義

ここまでに紹介したように、目視では観測できないネットワークの状態について、モニタするためのツールが多く開発されています。ここで挙げた代表的なツールは、いずれも無償で利用することができます。もっと詳しい使い方については、アペンディクスとして記載しておきますので、ぜひそちらを参照しつつ試してみてください。「インターネットにおける住所はIPアドレスです」などと言われても、やはり抽象的で、なかなかピンとこない部分があると思います。そういったモヤモヤが積み重なると、やはり本書のような書籍を読んだとしても、あまり理解度が高まらないという面があります。たとえば何かのシステムを作るとき、適当に設定して動いたらラッキーですが、もしパケットが届かないなどのトラブルが発生すれば、原因の切り分け/トラブルシューティングを行う必要があります。ゼロの状態から好きな機器を使って任意のシステムを作れるのであれば、既知のプロトコルや設定を流用すれば十分だったりもします。ですが実際には、既存の機器やネットワークとうまく接続する必要があるようなことも多く、さまざまな制約により自由度が高くないことも多いです。そのようなとき、本書で学ぶ知識が役に立つはずですし、本章で扱ったようなツールは、まさにトラブルシューティングのときに大いに貢献してくれます。

2.4 本章のまとめ

本章の前半では、まずインターネットの変遷と進化、そして近年のインターネットアプリケーションについて概観しました。現代の通信技術やプロトコルは、まさにクラウドやSNS、ストリーミングなどインターネットを基盤にしたサービスの普及と相まって進化してきたのです。こうしたトレンドは、今後も続いていくはずです。ネットワーク技術は、現実世界における信号伝送がベースとなりますので、もちろん物理現象(自然の節理)に則って動作しています。しかしながらプロトコルは、その日本語訳が「手順」「規約」などであるように、これまでに当該技術に関わってきた多くの人の合意や、産業上のメリット、あるいは資本主義的な原理によって定められてきたものです。よって、いま存在するプロトコルの成り立ちなどを理解するにあたっては、本章で扱ったような背景を知っていることが非常に有効です。

また、いくら文章で読んだことがあっても、抽象的な概念が多く、ネットワーク内の状況を目視することもできないため、どうしても実感が伴わないことが多いです。そのため、本章の後半で紹介したようなツールを使って、実際にネットワークの状況を追いながら紐解いていくといったプロセスを経験することは非常にお勧めです。以降の章では、さまざまなプロトコルや具体的な技術について、レイヤーが低い方(物理層に近い方)から順を追って解説していきます。

第3章

メディア(媒体)とは、ネットワーク上の通信機器同士を相互に接続する物理的な伝送路のことです。

TCP/IP 4階層モデルではネットワークインターフェース層として、メディアを介したデータ転送の規定(プロトコル)を定めています。

伝送メディアの性質に応じて適切な通信方式が設計されてきたという歴史的経緯があり、ネットワークインターフェース層は階層モデルの最下層として重要な役割を果たすとともに、さまざまな通信規格の特色を最も表す層と言っても過言ではありません。

本章では、メディアアクセス制御層(MAC層)の役割について説明し、有線通信と無線通信の代表的な規格に触れながらしくみを解説していきます。

ネットワーク
インターフェース層&
MAC層

無線&有線対応。
物理的な伝送メディアと
データ伝送

3.1 メディア/mediumとは何か

無線通信/有線通信の基礎知識

まず、本書、またはコンピューターネットワーク分野において言及される「メディア」という単語ですが、これは英語では「medium」、その和訳は「媒体」であり、コンテンツを指すメディア(*media*)とは意味が異なります。つまり、データが物理的な信号として伝達される「媒体」のことを指しているのです。

本節ではまず、その媒体の制約から通信方法を規定する物理層と、機器の接続形態に合わせてデータを効率的に伝送するルールを規定するMAC層の基本的な役割について解説します。

物理層の役割とは何か

物理層は、OSI参照モデルにおける第一層で、伝送媒体上にて通信を行うための電気的な形式、または媒体そのものを定義します。

有線通信であれば、同軸ケーブルや光ファイバーケーブルなど媒体の構成や、それらの物理的な制約に基づいて伝送速度といった性能を定めます。無線通信の場合にはさまざまな媒体があります。身近なものでは地上デジタル放送やスマートフォン、Wi-Fiで用いられる電磁波ですが、これは空間が媒体となります。その他には、音響(超音波)を使う通信では空気や水(海水など)が媒体となります。

これらの媒体上で、どのような変調方式を用いるか、どのような形式で信号を送るのか、また制御信号をどの部分に載せるのか、といったさまざまな要素を決める必要があります。このような信号フォーマットを決めておくことで、上位層(すなわちMAC層)は定められた場所に記載されている情報を元に次の動作を決めることができるようになります。

MAC層の役割とは何か

メディアを介したデータ伝送を制御する階層として、OSI参照モデルでは「データリンク層」、TCP/IP階層モデルでは「ネットワークインターフェース層」が定義されています。これらを総称して「メディアアクセス制御層」(*medium access control layer*)と呼ばれます。本章では、以降**MAC層**と呼ぶことにします。

MAC層では、媒体の特徴に応じた送信機–受信機間の1対1通信を実現するための基本的なプロトコルを定めます。1対1と言いましたが、実際にはルーターのようにある機器に複数のケーブルが接続され、1対多、または多対多の構成になっている場合もあります。しかし、一つの受信機に対して多数のデータ信号(パケット)が送られた場合、それらは混信してしまい、必要な信号を正確に受信することができなくなってしまいます。この混信のことを、コンピューターネットワークの分野では「衝突」(詳しくは後述)と呼びます。

MAC層では、この衝突を回避するために、まず1対1通信が確実に行われるようなルールを定めているのです。1対1通信を複数に分けて行われるようにすることで、実効的な1対多、もしくは多対多の通信を実現します。

このように、一つの通信媒体を複数の通信機器で共有して通信する方式のことを**多元接続**(**多重アクセス**)と呼びます **図3.1** 。

多元接続は、**図3.2** のような代表的な種別があります。

- TDMA (*Time Division Multiple Access*, 時分割多元接続)
- FDMA (*Frequency Division Multiple Access*, 周波数分割多元接続)
- CDMA (*Code Division Multiple Access*, 符号分割多元接続)
- SDMA (*Space Division Multiple Access*, 空間分割多元接続)

TDMA、FDMAはその名のとおり、時間、周波数といったリソースを分割し、

図3.1 多元接続

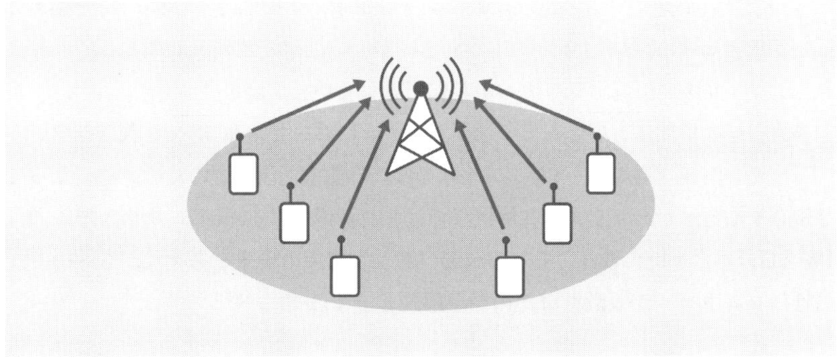

図3.2 多元接続の種類

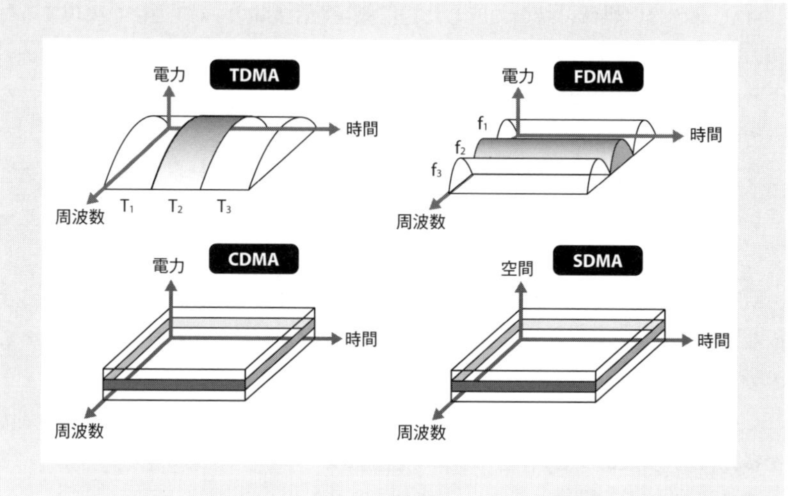

TDMA(時分割多元接続), FDMA(周波数分割多元接続), CDMA(符号分割多元接続), SDMA(空間分割多元接続)。

それぞれの通信相手となる端末に割り当てます。おもに第2世代携帯電話システムにおいて用いられていました。

CDMAは、多数の異なる符号を用意し、それぞれの端末が送信する信号に重畳し、同じ時間/周波数リソースを用いて送信します。通常は干渉となりますが、符号の独立性を利用することで受信機側で分離することができます。この技術は第3世代の携帯電話システムで利用されていました。

SDMAは3.4節でも登場するMIMO(*Multiple-Input Multiple-Output*)技術を用いるものです。アンテナ信号処理技術により、各端末への信号を空間的に分離することができます。技術的難易度は高くなりますが、周波数利用効率としても最も高く、第4世代携帯電話システムから採用されています。

多元接続の機能は、ほとんどの通信システムにおいてMAC層で定義されています。また、有線/無線といったシステムの接続形態や通信資源の管理方法によってさまざまな方法があります。次節以降では、有線通信(Ethernet)の場合と無線通信(Wi-Fi)の場合を例に取り、それぞれのパケット衝突の現象を考えながらどのように通信プロトコルが設計されたのかを解説します。

3.2 Ethernet
LANを構成する規格

Ethernetは、さまざまな通信機器を有線ネットワークおよびインターネットを介して接続するための標準規格です。情報データは基本的にインターネット上を流通するので、Ethernetは避けては通れない、非常に重要な技術と言えます。

Ethernet物理層　規格、媒体、通信速度&クロック周波数

Ethernetは、LAN(*Local Area Network*)を構成するケーブルの規格です。

はじまりは1979年、Digital Equipment Corporation（DEC）, Intel, Xeroxの3社が(3社の名称にちなんで)DIX仕様としてEthernetの規格を策定しました。これを国際的な標準規格とするためにIEEE 802.3の委員会を通して策定することになり、以降仕様の更新作業が継続されています。

標準仕様の対象はアクセス制御を実現するプロトコルおよびフレーム構成、ケーブル媒体やコネクタ形状の設計、そして信号の伝送方式などを定めています。つまり、MAC層と物理層をカバーしています。

媒体としては、おもに銅線によるツイストペアケーブルと光ファイバーケーブルの2種類です。**表3.1** に一部を挙げていますが、ケーブルの種類や性能に応じてEthernetとIEEE802.3の規格における名称がそれぞれ定められています。銅線のケーブルはおもに「LANケーブル」とも呼ばれます。ノイズ対策のシールドが施されていないものをUTP(*Unshielded Twisted Pair*)ケーブルと呼びます。UTPは電話線でも使われます。一方で、シールドが施されたものを一般にSTP(*Shielded Twisted Pair*)ケーブルと呼びます。一般に、家庭用としてはUTPケーブルで十分ですが、周辺に機器が多くノイズの影響が懸念される場合にはSTPケーブルを用いる方が好ましいです。

また、LANケーブルは規格によって通信速度が異なるため、速度に応じてカテゴリー(*category*, CAT)が分けられています。通信速度はEthernet規格によりいくつか含まれるため、代表的な例として **表3.1** にあわせて示します。これらの通信速度は伝送帯域幅(クロック周波数)によって定まります。たとえば、100BASE-TXや1000BASE-Tは100MHz、10GBASE-Tは600MHzです。

表3.1 おもなEthernet規格とIEEE 802.3規格の概要

Ethernet規格	IEEE 802.3規格	ケーブル	伝送速度	最大長	カテゴリー
100BASE-TX	IEEE 802.3u	UTPケーブル(銅線)	100 Mbps	100 m	CAT5
1000BASE-T	IEEE 802.3ab	UTPケーブル(銅線)	1 Gbps	100 m	CAT6
10GBASE-T	IEEE 802.3an	STPケーブル(銅線)	10 Gbps	30 m	CAT7
40GBASE-T	IEEE 802.3bq-2016	STPケーブル(銅線)	40 Gbps	100 m	CAT8
10GBASE-SR	IEEE 802.3ae	マルチモードファイバー	10 Gbps	400 m	-
10GBASE-LR	IEEE 802.3ae	シングルモードファイバー	10 Gbps	10 km	-
10GBASE-ER	IEEE 802.3ae	シングルモードファイバー	10 Gbps	40 km	-
40GBASE-ER4	IEEE 802.3xx	シングルモードファイバー	40 Gbps	40 km	-
100GBASE-SR10	IEEE 802.3xx	マルチモードファイバー	100 Gbps	150 m	-

[ポイントの整理]Ethernet MAC層

続いて、EthernetのMAC層について、以下の流れに沿って概要を述べます。

- ネットワークトポロジー
  通信機器や端末を有線で接続する際の構成にはさまざまあり、ここではバス型、スター型という構成を取り上げる
- CSMA/CD
  分岐されたケーブルを介して相互に接続されるバス型トポロジーにおいて使用されていたメディアアクセス方式。データフレームの衝突(相互干渉)を検出したら即座に通信を中止し、ランダムな待ち時間の後、送信を再開する
- 複信方式
  端末の双方向通信方式として、同時に通信が可能である全二重、送信タイミングを分けて通信を行う半二重の分類がある。近年の主流であるスター型トポロジーかつ全二重の複信方式ではCSMA/CDは不要である

ネットワークトポロジー　バス型、スター型

まず、Ethernetのような有線ネットワークでは、ケーブルの接続形態(ネットワークトポロジー, *network topology*)によって求められる通信方式が異なってきます。おもな構成として「バス型」と「スター型」があり、それぞれを 図3.3 に示します。

バス型

バス型トポロジーでは、図3.3❶ に示すように複数の端末が分岐されたケーブルで相互に接続されます。

ある端末が送信した信号は、ネットワークに接続されるすべての端末において受信されます。媒体の形態としては電波に近いイメージです。そのため、ある時刻において通信を行うことができるのは一対(いっつい)の送受信のペアのみであり、複数の端末がデータ送信を試みようとすると信号の干渉、すなわちデータパケットの衝突となり、通信が成立しません。この問題を回避するためには、それぞれの端末が自律的に送信タイミングを制御する必要があります。

これを実現した技術が**CSMA/CD** (*Carrier Sense Multiple Access with Collision Detection*, 後述)です 図3.4 。送信機はデータを送信する前に、ネットワーク上の

図3.3 **ネットワークトポロジー**

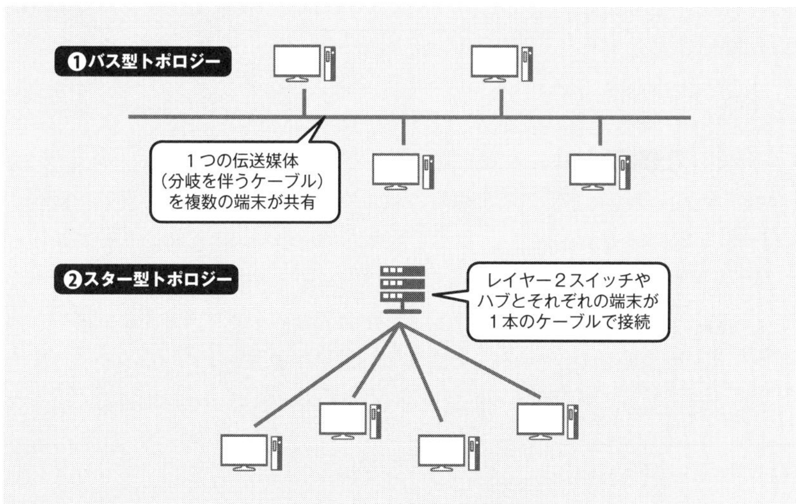

バス型とスター型のネットワークトポロジー。

図3.4 CSMA/CDの基本

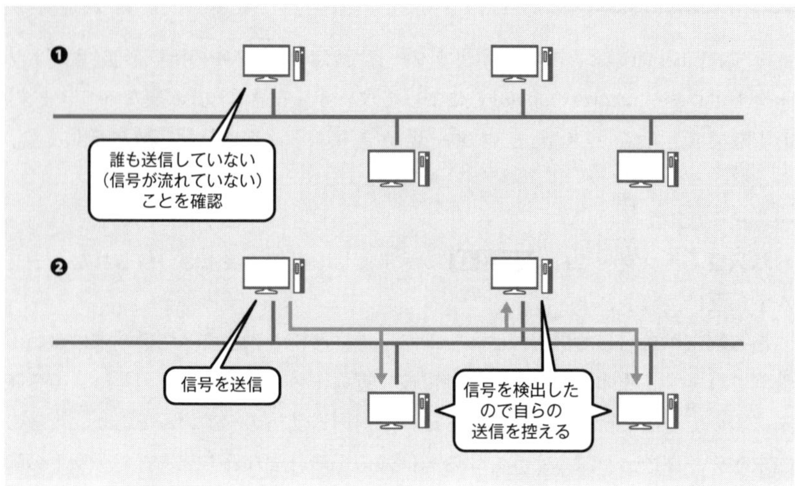

トラフィックをモニタリングします。他のデバイスが送信中でないと判断された場合のみ、データの送信を行います。しかし、たまたま複数の端末が同時に送信した場合など、**衝突**(*collision*)が発生してしまうことがあります。送信機はこの衝突検知した場合には、自身のデータ送信を停止し、ランダムな時間待機した後にデータを再送します。衝突を検知した端末はそれぞれ異なる待機時間となるため、再び衝突が発生することを回避することができます。

スター型

先ほどの 図3.3❷ には、**スター型**トポロジーの例を示しました。

1台のスイッチやハブに対し、複数の端末がそれぞれケーブルを介して接続されます。バス型トポロジーでは、1つの媒体を共有しているため、ケーブルのどこかに障害が発生してしまった場合、接続されているすべての端末が通信できなくなるという問題がありますが、スター型では異なるケーブルであれば影響は出ません。また、スイッチとそれぞれの端末は個別に通信コネクションを確立することができるため、衝突という概念がなく、CSMA/CDのような制御も不要となります。

CSMA/CD

CSMA/CDは、Ethernetで使用されるメディアアクセス制御の一つです。上述したようにバス型ネットワークトポロジーにおいて有効な方法です。データの衝突を検出し、送信機会を整理するために設計されています。具体的な手順は 図3.5 のとおりです。

❶キャリアセンス（*carrier sensing*）

端末は、データを送信する前に媒体（この場合はケーブル）を監視する。媒体がアイドル（*idle*, 使用中でない）状態であるかどうかをチェックする 図3.5❶ 。一定期間、信号が検出されなければ媒体はアイドル状態であると判断し、端末はデータの送信を開始する

❷衝突の検出（*collision detection*）

しかし、場合によっては複数の端末が送信を試み、キャリアセンスを行っている。そして偶然にも送信するタイミングがほぼ同時になってしまうことが起こり得る

図3.5 CSMA/CDのしくみ

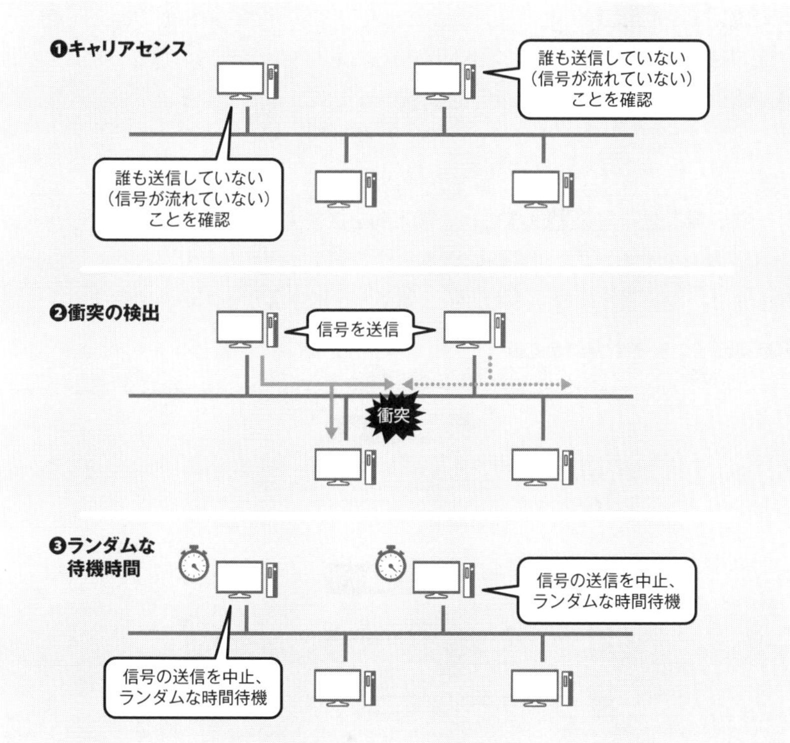

ある端末が送信中に他の端末も同時に送信を開始した場合、データの衝突が発生する。送信中である端末は、自身の送信と同時に信号を受信することになるがその信号は混信しているため歪(ゆが)んでいる。これを「衝突」 図3.5❷ として検出することができ、送信を直ちに中止する。衝突が検出された場合、端末は「ジャム信号」(*jam signal*)と呼ばれる任意の系列から成る信号を送信して、他のデバイスに衝突が発生したことを通知する

❸ランダムな待機時間

衝突後、デバイスはランダムな時間だけ待機する(これを「バックオフ」と呼ぶ) 図3.5❸ 。待機時間は、衝突が繰り返し発生するたびに増加する。この動作を指数バックオフ(*exponential backoff*)と呼び、後に解説するCSMA/CAにも採用されている。待機時間が終了した後、端末は再び媒体がアイドル状態かどうかを確認し、送信を試る

複信方式 全二重/半二重

接続された端末間の通信においてもいくつか種類があります。**複信**(*duplex*)方式とも呼ばれ、おもに**全二重**(*full duplex*)と**半二重**(*half duplex*)と呼ばれる通信方式が重要です 図3.6 。

全二重通信 図3.6❶ では、端末間が物理的もしくは論理的に独立した2つの回線が提供され、双方向の通信を同時に行うことができます。そのため、送受信のタイミングを気にすることなく、データを送りたいタイミングで送ることが可能です。

一方、**半二重**通信 図3.6❷ では、端末間を接続する回線は1本のみであり、データ送信のタイミングを時間的に棲み分けて交互に行うことで双方向の通信を実現します。全二重と比較すると、伝送効率としては劣りますが、用意すべき通信

図3.6 全二重通信と半二重通信

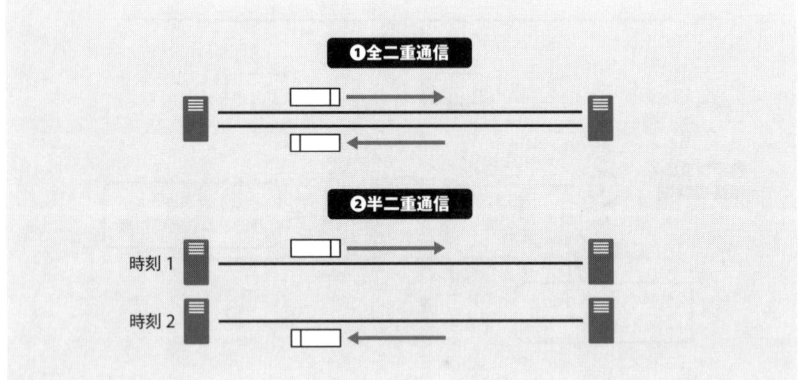

路が1つで済むということからコスト面で利点があります。しかし、双方向通信を実現するためのタイミング制御や、衝突回避のためのCSMA/CDの機構が必要となります。

CSMA/CDとCSMA/CA

CSMA/CDのような各端末が自らの判断で送信タイミングを制御する方式は、媒体共有型のネットワークで効果を発揮します。近年は、スター型トポロジーかつ全二重の複信方式が普及したため、CSMA/CDが使われることはなくなりました。

無線LANはその媒体が共有型であることは避けられないため基本的には半二重通信であり、「CSMA/CA」という形で現在も採用されています。有線ネットワークの場合、データの衝突を検出することができるためCSMA/CDと呼ばれていますが、無線の場合はそれが難しく、衝突は事前に回避する、という発想から**CSMA/CA**（*CSMA/Collision Avoidanze*）という少し違った名称がつけられています。その機能として、送信前にも待機時間が挿入されています。

本書では、無線LANのアクセス制御方式の主流であるCSMA/CAについて以降の節にて詳細に説明します。

フレームフォーマット

図3.7は、Ethernetにおけるフレーム構成です。どこにどの情報が格納されているかを標準仕様として定めておくことで、それぞれの機器はほしい情報を取得し、それに基づいて所定の動作を行うことができるようになります。それぞれの名称、役割などを説明します。

- プリアンブル（*preamble*）
  タイミング同期/先頭位置の検出に使われる7バイトの領域。どこからフレームが始まるのかが定まらないと、間違った場所の情報を取り出してしまう。そのため、フレーム開始位置を正確に推定することは最も重要である。このプリアンブルは、同期のための

図3.7 IEEE 802.3 Ethernetフレームフォーマット

プリアンブル	SFD	送信先アドレス	送信元アドレス	データ長	データ領域（情報ビット）	FCS（CRC）
7バイト	1バイト	6バイト	6バイト	2バイト	46-1500バイト	4バイト

ビットパターンを提供し、受信機がフレームの残りの部分を正しく解読するためのタイミングを取得する

- SFD (*Start Frame Delimiter*)
  フレームの開始を示す1バイトの固定ビットパターンが格納されている。このビット列が検出されたら、その次のビットから以下の宛先アドレスである、ということがわかるようになっている
- 送信先アドレス(*destination address*)
  このフレームが届けられるべき先のMACアドレスが格納される。このアドレス情報に基づき、ネットワークスイッチはフレームを転送する
- 送信元アドレス(*source address*)
  フレームを送信した機器のMACアドレスを示す。これにより、受信機はデータがどこから来たのかを知ることができる
- データ長(*length*)
  データ長が2バイトで表され、ここに格納される。次から始まるデータ領域フィールドの長さ(バイト数)を示す。これにより、受信機はデータの終端を正確に認識することができる
- データ領域(*data*)
  情報ビットが格納される場所。46～1500バイトまでの可変長をとることができる。このようにフレームに格納される情報ビットはペイロードとも呼ばれる。もし、ペイロードが46バイトよりも短い場合は、パディング(情報を含まないビット)が追加されて46バイトの最小サイズに達するように調整される
- FCS (*Frame Check Sequence*)
  フレームのエラーチェックを行うための4バイトのフィールド。FCSは、フレームが正確に送信されたかどうかを確認するために使用される。これは、フレーム内のデータが転送中に損傷や変更を受けた場合にエラーを検出するのに役立つ。FCSは通常、巡回冗長検査(*Cyclic Redundancy Check*、**CRC**)と呼ばれるアルゴリズムを使用して計算される。これにより、データの一部が失われたり変更されたりした場合にそれを検出することができる。ビット誤りが検出された場合、ネットワークデバイスはフレームを破棄し、必要に応じて再送を要求する

Ethernetのフレームはインターネットを構成するすべての機器同士の接続において利用されるため、非常に重要です。無線LANのフレームフォーマットにも組み込まれているため、この構成をここでしっかりと押さえておきましょう。

3.3 無線LAN

Wi-Fiの基礎知識

Wi-Fiは今やスマートフォンや家電をはじめ、あらゆる機器に搭載されています。通信規格はIEEE 802.11に基づいており、無線LAN通信規格の一つです。厳密には、IEEE 802.11規格の無線LANのうち、Wi-Fi Allianceという団体の認証(Wi-Fi認証)を受けたものが「Wi-Fi」と呼ばれることになります。

IEEE 802.11規格

通信規格IEEE 802.11は1997年にはじめて標準化されて以降、改良および新技術の導入を重ね現在に至ります。そのバージョンは802.11axなど、にアルファベットを添えた形で表現されます。最近では、Wi-Fiのバージョンとの対応を取った表現もされています。その一例を 表3.2 にまとめます。それぞれにおいて採用されている主要な技術もあわせて示します。

周波数帯と電波法令について

周波数帯としては、おもに2.4GHzと5GHz帯が用いられてきました。通常、無線局を設置する場合には申請/更新/点検/廃止の届け出および無線従事者の配置など、無線局の維持のために多くの手続きや手間を要します。

一方、無線LANに割り当てられているこれらの周波数帯は免許不要帯(*unlicensed*

表3.2 IEEE 802.11規格とWi-Fiおよび主要技術の変遷

IEEE規格	Wi-Fi	周波数帯	最大帯域幅	最大伝送速度	主要技術
802.11	—	2.4 GHz	22 MHz	2 Mbps	DSSS / FHSS
802.11b	—	2.4 GHz	22 MHz	11 Mbps	DSSS
802.11g	—	2.4 GHz	20 MHz	54 Mbps	OFDM
802.11a	—	5 GHz	20 MHz	54 Mbps	OFDM
802.11n	Wi-Fi 4	2.4 / 5 GHz	40 MHz	600 Mbps	OFDM, MIMO
802.11ac	Wi-Fi 5	5 GHz	80 MHz	6.9 Gbps	OFDM, MU-MIMO (DL)
802.11ax	Wi-Fi 6	2.4 / 5 GHz	160 MHz	9.6 Mbps	OFDMA, MU-MIMO (UL/DL)

band, アンライセンスバンド)と呼ばれ、無線局免許を必要としません。そのため、低コストにサービスを展開することが可能です。

ただし、技適認証[*1]や、上述したWi-Fi認証は必要です。これは、免許不要だからと言って自由にどんな電波を放射しても良いというわけではなく、電波法令で定められた技術基準を確実に満たしている必要があるためです。

詳細は次節にて述べますが、本書では通信規格IEEE 802.11の多くに採用されている基本的かつ主要な機能に絞って解説します。

3.4 IEEE 802.11物理層

MAC層の考え方につながる物理層のポイント

物理層は変調/復調から誤り訂正符号、伝送路における信号歪みの補償など、対象とする技術は多岐にわたります。これらのすべてを詳細に説明するには紙幅が足りないためそれぞれの専門書に譲るものとし、本書では「MAC層の考え方」につながるポイントに絞って概説します。

[ポイントの整理]IEEE 802.11物理層

本節では、以下の流れで説明を進めます。

- 電波伝搬とOFDM
  電波が「マルチパス」を経由して伝搬するしくみと、これにより生じる「シンボル間干渉」という課題を解決するOFDMの原理について解説
- デジタル変調
  多数のサブキャリア(*subcarrier*)を並列伝送するOFDMにおいて、サブキャリアごとに多数のビットを載せるためのQAM(後述)について取り上げる
- 誤り訂正/適応変調符号化
  伝搬路の状況に応じたQAMと、安定した通信を実現する技術について

*1 技適証明(技術基準適合証明)は、電波を発射する特定の無線機器が日本の技術基準に適合していることを証明するものです。これは、無線機器が安全であり、他の無線サービスを妨害しないようにするために必要です。その試験項目には、送信出力(空中線電力)、周波数精度、占有周波数帯域幅、隣接チャネル漏洩電力などがあります。技適マークは、製品がこれらの基準を満たしていることを示します。

- マルチアンテナ伝送(MIMO)
  さらなる高速化を実現するための技術に関する考察

[基礎技術]OFDM

OFDM(*Orthogonal Frequency Division Multiplexing*, 直交周波数分割多重)はIEEE 802.11a以降、物理層における1次変調方式として基本的に採用されています。

無線LANに限らず、OFDMは第4世代以降の**セルラーシステム**(*cellular system*)*2や地上デジタル放送など、さまざまなシステムにも採用され、今や主要な方式となっています。これは、無線通信において多くのメリットがあるためです。IEEE 802.11規格ではこれをいち早く取り入れ、高速通信を実現してきました。OFDMのしくみを説明するためには、まず無線通信における電波伝搬から始める必要があります。

――無線通信における電波の伝搬と信号への影響

無線通信は、送信アンテナから放射された電波が空間を伝わって受信アンテナへ到達することにより実現されます。この電波は**搬送波**と呼ばれ、この搬送波に電気信号に変換された情報シンボルを載せることで情報を送ることができます。

電波はさまざまな方向へ広がる(等方性)ため、図3.8に示すように、周辺の建造物や壁面にぶつかり、反射しながら伝搬します。送信アンテナから受信アンテナへ直接届く経路(パス)に対して、反射波は経路長が長くなるため、時間的には遅延して到達することになります。この遅延して到来する多重波のことを**マルチパス**と呼びます。マルチパスによる遅延波は多数到来し、直接波などの先行波に対して大きくずれていると、搬送波に乗せられているシンボル間で干渉を起こしてしまい、受信機での復調が困難となります。これを**シンボル間干渉**と呼びます。

時間信号をフーリエ変換することにより周波数領域(電力スペクトル)へと変換することができます。マルチパスの影響は、周波数領域では電力が変動する形(歪み)となって観測されます。この現象は**周波数選択性フェージング**と呼ばれます。

無線通信では、マルチパスによる信号の歪みを取り除く「等化」という処理が必要です。従来、等化には多くの信号処理を要することが課題でしたが、OFDMでは周波数領域に変換した信号を用いることで計算量の観点で効率の良い等化を実現できます。

---

*2　移動体通信において、複数の送受信機を持つ複数の基地局を設置し、各基地局の担当範囲を細かいセル(区画)に分割して通信するシステム。通信エリアの分割により多数のユーザーが同時に通信できるほか、電波が途切れることなくシームレスな通信を実現します。

図3.8 マルチパスの概念

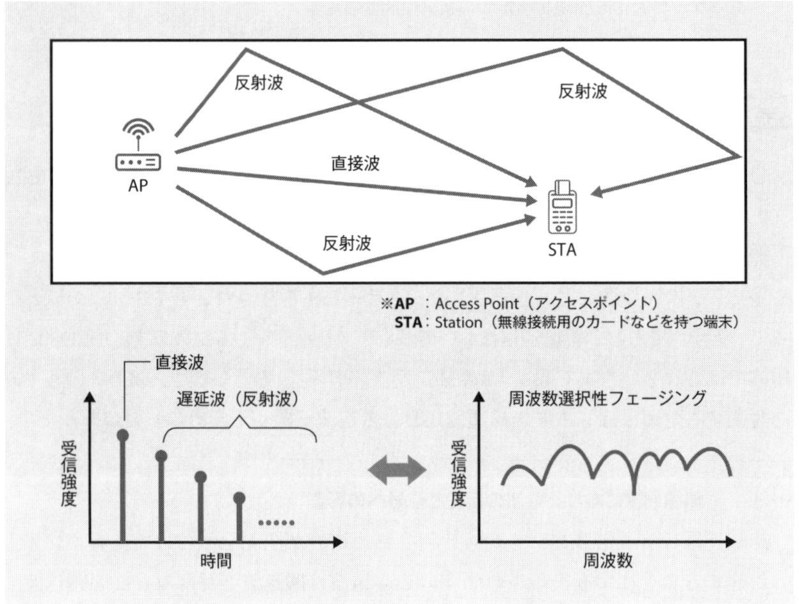

OFDMの原理

OFDMはマルチキャリア伝送の一種です。まず狭い帯域幅を持つ副搬送波(*subcarrier*, サブキャリア)を多数用意し、それぞれにシンボル変調を適用し、並列して伝送します。

従来のマルチキャリア伝送は、サブキャリア間の干渉を回避するために隙間(*guard band*, ガードバンド)を設ける必要があり、周波数の利用効率に課題がありました。

これに対してOFDMの最大の特徴は、サブキャリアを密に配置しているにもかかわらず、互いの干渉なく並列伝送が可能である点です 図3.9 。これにはサブキャリア間の直交性を利用しています。言い換えると、各サブキャリアの振幅が0となる周波数上の点に他のサブキャリアを配置しているのです。これにより、高い周波数利用効率を実現しています。

OFDMにおけるサブキャリアを時間波形で見ると、その一つ一つは一定の時間$T_s = \frac{1}{f_{sc}}$を周期とした正弦波と、その整数倍の周期から成る複数の正弦波です 図3.10 。OFDM信号は、上記多数の正弦波の重ね合わせとして表現されます。こ

図3.9 OFDMにおけるマルチキャリア伝送の概念

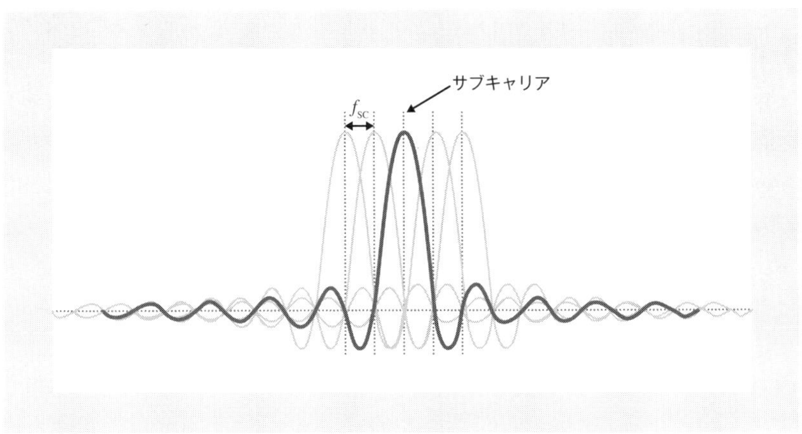

図3.10 OFDMにおけるサブキャリアの時間波形

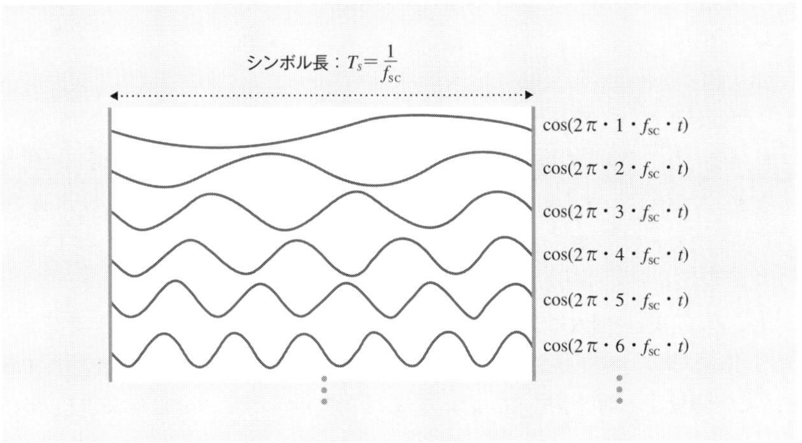

れらのサブキャリアに対して、振幅と位相を変化させることで情報を載せる、つまり変調を行います。その具体的な方法については、後述するデジタル変調の節で解説します。

OFDM信号を時間波形として見ると、各サブキャリア（正弦波）の周波数はそれぞれ整数倍の関係にあり、これら正弦波の重ね合わせとして表現されます。これらの正弦波に対して、振幅と位相を変化させることで情報を載せます。

OFDMにおける信号の等化(歪み補償)

ここで、周波数選択性フェージングの影響を受けたOFDM信号の等化方法を考えます。

従来のシングルキャリア伝送では周波数方向の歪みを複雑な信号処理で等化する必要がありましたが、OFDMの場合、各サブキャリアにおいては周波数歪みのない、単純なレベルと位相の変動のみと見なすことができます。このレベルと位相の変動さえ推定できれば、それを単にキャンセルするのみで等化が実現できます。具体的な方法と原理を説明します。

まず、シンボル間干渉の影響を取り除くために、各OFDMシンボルに**GI**(*Guard Interval*, ガードインターバル)を挿入します。図3.11にその概念を示します。OFDMシンボルの後方の一部をコピーし、シンボル前方に連結するという処理で完了です。OFDMの時間信号は正弦波の重ね合わせであるため、上記の操作を行ったとしてもGIと元のシンボルは連続しており、正弦波の性質は維持されます。このような性質から、GIは**CP**(*Cyclic Prefix*, サイクリックプレフィックス)とも呼ばれます。

GIの挿入の最も重要な目的は、マルチパスフェージングの対策です。遅延波を伴って受信したOFDM信号の様子を図3.12に示します。

直接波として到来した信号に対し、遅れて2つの信号が到来し、これらは合成されます。受信後は、タイミング検出などの技術を使って適切なサンプリング区間(図中の濃いグレーの部分)を抽出し、復調処理を行います。遅延波により、このサンプリング区間に一つ前のOFDMシンボルが干渉として影響を及ぼしてしまいます。

ところが、GIの挿入によりこの遅延部分には同じOFDMシンボルのGIが含まれることになり、サンプリング区間から前後のOFDMシンボルの混入を除外することができます。前にも述べたように、GIとOFDMシンボルの境界は連続していること、そしてOFDMシンボルはさまざまな周波数の正弦波から構成されていま

図3.11 GI(ガードインターバル)

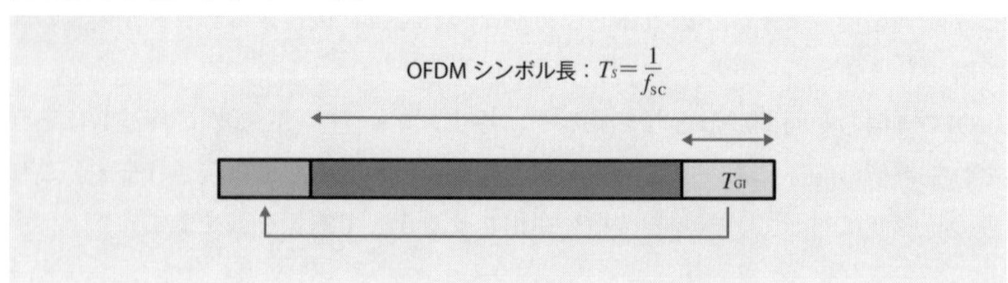

図3.12 ガードインターバルによるマルチパス遅延波対策

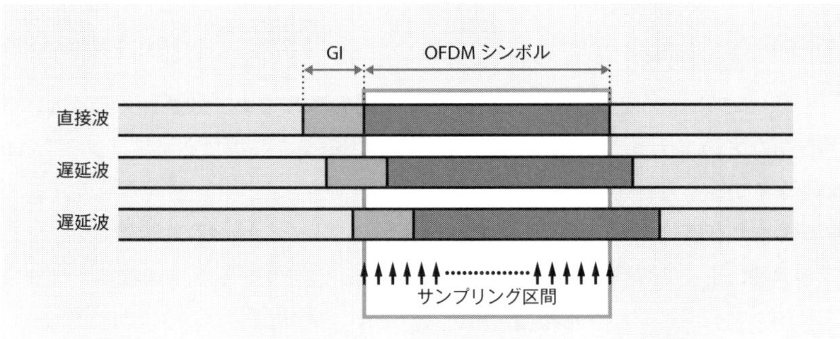

す。時間のずれた正弦波の重ね合わせは同じく正弦波であり周波数も変わらないという性質があり、このことを踏まえると、最終的にサンプリング区間から抽出される信号はシンボル間干渉の影響が排除されているということになります。

ただし、複数の時間的にずれた信号の合成により位相がずれてしまっているため、これは周波数選択性フェージングとして影響が出てしまいます。これは先に述べたとおり、サブキャリアごとのレベルと位相変動を個別にキャンセルすることで等化でき、復調ができるようになります。このように、GIの挿入というシンプルな操作でマルチパスフェージングの影響を簡易に解決することができるようになります。しかし、GIは情報伝送には寄与しないオーバーヘッドでもあるため、長すぎても良いということではありません。反射波が最大でどれぐらい遅延して到来するかという伝搬環境に応じて適切に設計される必要があります。

[基礎技術]デジタル変調　変調の基本から

ここでは、OFDM信号の各サブキャリアの変調について説明します。

まずは「変調」の基本についておさらいします。変調とは、搬送波の「振幅」「周波数」「位相」のいずれか、または複数を変化させることで情報を載せる操作を意味します。

$$f_m(t) = A\cos(2\pi ft + \theta_0)$$

このとき誤解してはいけないのは、変調をする/される主体の言い方です。「情報信号」(たとえば、送りたい音声信号やビット列など)を変化させることが変調ではなく、「搬送波」を「情報信号」で変化させることが**変調**なのです。この点は注意して覚えておくと良いでしょう。

デジタル変調 BPSKとQPSK

変調は「アナログ変調」と「デジタル変調」に分類されます。アナログ変調は、音声信号などのアナログ波形をそのまま搬送波に乗せて伝送します。ラジオ（AM/FM）がそのおもな例です。

デジタル変調はアナログ信号を0/1のデジタル信号（ビット列）に置き換え、これを搬送波に乗せる操作を指します。OFDMでは、各サブキャリアの変調には振幅と位相を制御するデジタル変調が用いられます。

最もシンプルなデジタル変調が**BPSK**（*Binary Phase Shift Keying*）です。搬送波の位相を、0°と180°に変化させ、それぞれに0と1の2値のバイナリデータを割り当てます。

次に、360°の位相を4分割し、90°ごとに変化させることで00, 01, 10, 11の4値を割り当てることもできます。これが**QPSK**（*Quadrature Phase Shift Keying*）です。

これらの2つは位相のみを変化させているので、デジタル位相変調に分類されます。BPSKとQPSKの違いを2次元平面上で表現したものが図3.13になります。実際にこれらの信号を作る際には、コサイン（cos）波と、90°位相がずれたサイン（sin）波の2つを用います。cos波を同相成分（*in-phase*）と呼び、sin波を直交成分（*quadrature*）と呼びます*3。

I成分を横軸、Q成分を縦軸にとり、図3.13のように信号点配置を可視化する

*3 その名のとおり2つの搬送波は直交関係にあり、同じ周波数にもかかわらず数学的な演算により分離することができるのです。

図3.13 IQコンスタレーション

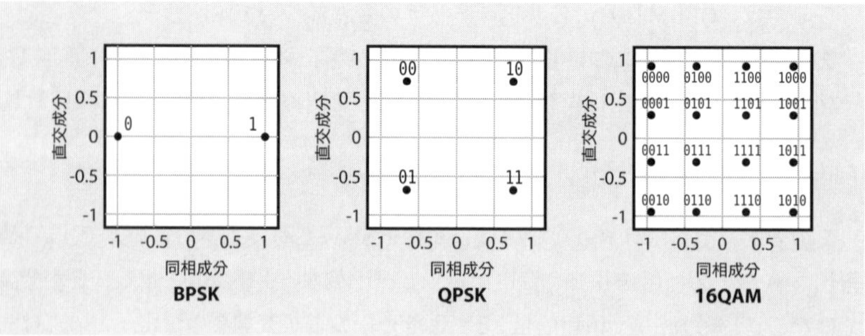

ことができます。この2次元平面をIQ平面と呼んだり、また信号点の様子が星座に見えることからコンスタレーション(*Constellation*, 正座)マップとも呼ばれます。

QAMによる多値変調

さらに、振幅を変化させることでより多くのビットを割り当てることができるようになります。cosとsinの直交関係を利用した位相変調と振幅変調の組み合わせという由来から、このデジタル変調方式は**QAM**(*Quadrature Amplitude Modulation*, 直交振幅変調)と呼ばれます。

IQ平面上に16点配置すれば、0000～1111までの4ビットを一つの搬送波に割り当てることができ(2^4=16)、16QAMとなります。64点であれば000000～111111の6ビットを割り当てることができ(2^6 = 64)、64QAMとなります。

一般化すると多値QAMまたはM-QAMと表現され、Mのことを変調多値数と呼びます。広い意味では、BPSKやQPSKもQAMに含まれます。

このように、振幅も含めれば理論上は無限に割り当てるビット数を増やすことができ、伝送効率を高めることが可能です。しかし、実際には送信電力の制約があるため、信号点を増やすほど点の間隔を短く設定しなければなりません。そうすると、伝搬路上で受けるマルチパス歪みの影響や、受信機で受ける熱雑音の影響により信号点がずれるため、伝送誤り(ビット誤り)が生じやすくなります。そのため、伝搬路の状態などに応じて適切な変調多値数を選ぶ必要があります。

搬送波の振幅/位相などを変化させ、情報をシンボルとして割り当てる処理のことを**1次変調**と呼び、さらにこの1次変調した信号に手を加えて広帯域の伝送信号を生成する処理を**2次変調**と呼びます。上記の説明では、サブキャリアごとのシンボルマッピングが1次変調、OFDM信号の生成が2次変調に該当します。

[基礎技術]誤り訂正符号と適応変調符号化

伝搬路におけるマルチパス歪みや受信機における雑音の影響で、ビット誤りが生じることを述べました。このような影響は通信を行う上では避けられないものであり、永遠の課題とも言えます。

とくに、無線通信では端末が周辺の物体が移動することによって伝搬路が変動します。これにより信号の振幅や位相が時間的に変動するため、さらに通信の品質に悪い影響を与えます。

誤り訂正の基本

これらの劣化要因への対策の一つとして、誤り訂正符号が用いられます。送信側で情報ビット列に冗長なビットを付与し、受信機側ではその冗長なビットを用いてもとの情報ビットの誤りを訂正することができます。冗長ビットの数が多いほど誤り訂正の効果は高くなりますが、これ自体は情報の伝送に寄与しないため、伝送効率は劣化してしまいます。

kビットの情報ビットに対して符号化後のビット数をnビットとしたとき、これらの比率$R = \frac{k}{n}$は「符号化率」と呼ばれ、誤り訂正による情報伝送の効率とともに、誤り訂正能力の強さを示す指標となります。

また、誤り訂正符号にはさまざまなアルゴリズムが提案されており、複雑かつ計算量が多いものほど同じ冗長ビット数でも高い誤り訂正能力を発揮する傾向にあります。無線LANでは、**畳み込み符号**や**LDPC**(*Low-Density Parity-Check code*, 低密度パリティ検査符号)と呼ばれるものが採用されています。

適応変調符号化とその性能

適応変調符号化もまた前述の劣化要因への対策です。前項で述べた、多値QAMとさまざまな符号化率を組み合わせることにより、伝搬路の状況に応じてビット誤りを最小化しつつ、伝送レートを最大化することが可能となります。

この技術を**適応変調符号化**(*Adaptive Modulation and Coding*, **AMC**)と呼びます。IEEE 802.11aにおけるAMCの組み合わせの例を **表3.3** に示します。これらのAMCパラメータは、おもに受信信号電力と雑音電力の比として定義されるSNR(*Signal-to-Noise power Ratio*)によって決定されます。

表3.3 に示したAMCパラメータを用いたときの、SNRに対する伝送速度のシミュレーション結果を **図3.14** に示します。

SNRが低いほど雑音の影響が大きく、通信環境としては劣悪であり、反対にSNRが大きいほど雑音の影響が少なく、良好な通信環境であることを意味します。言い換えれば、AP(*Access Point*, アクセスポイント)との距離遠い/近い、ということです。変調多値数と符号化率が小さいほど雑音への耐性が強いため、低いSNRでも通信速度が得られますが、その値は限定的です。一方、変調多値数と符号化率を大きくするほど、雑音への耐性が弱まるためSNRが大きい条件でないと通信速度が得られません。ただし、より高い通信速度を達成することが可能であることがわかります。

表3.3 IEEE 802.11aにおける適応変調符号化テーブル

Index	変調方式	符号化率	伝送速度
1	BPSK	1/2	6 Mbps
2	BPSK	3/4	9 Mbps
3	QPSK	1/2	12 Mbps
4	QPSK	3/4	18 Mbps
5	16QAM	1/2	24 Mbps
6	16QAM	3/4	36 Mbps
7	64QAM	2/3	48 Mbps
8	64QAM	3/4	54 Mbps

図3.14 シミュレーション結果

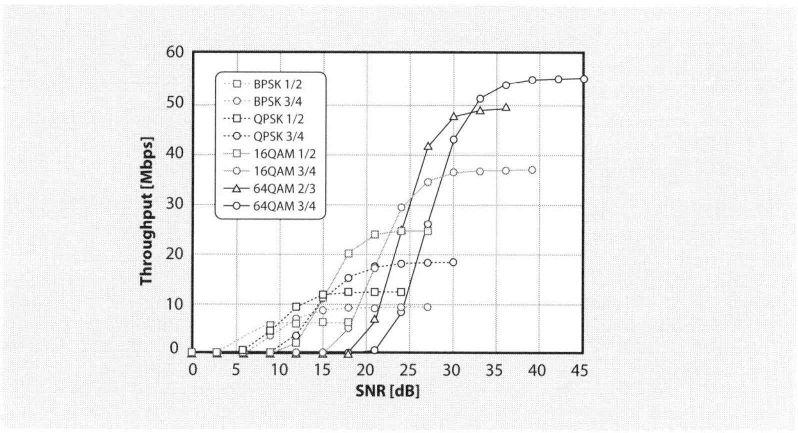

ここで、各変調多値数と符号化率において最大の伝送速度を実現できるSNRを閾値(しきいち)として、その値に応じて切り替える制御を行えば、伝搬路の持つ通信容量を最大限活用することが可能となります。

物理層における最大伝送速度 IEEE 802.11aの場合

無線LANの製品などを見ると、「〜 Mbps」という通信速度が記載されているのをよく見かけると思います。

一般的には、その製品に実装されている通信規格において達成される通信速度の**理論的な上限値**です。実際には、MAC層におけるフレーム構成上のオーバーヘッドや、アクセス制御によって通信できない時間が生じるため、記載されているほどの性能が出ることはありません。では、この数値はどのようにして計算できるのでしょうか。

サブキャリア配置

図3.15に、IEEE 802.11aにおける信号(サブキャリアの配置)フォーマットを示します。

FFTポイント数*4は64であり、そのうち中心付近の52サブキャリアを用いて信号が伝送されます。両端のそれぞれ6サブキャリアを用いないのは、隣接する信号への干渉(隣接チャネル間干渉)を避けるためです。

前述のとおり、これを**ガードバンド**と呼びます。また、中心サブキャリアは直流成分であるため、ここも用いません。52サブキャリアのうち、等間隔に配置された4本は**パイロット信号**(*pilot subcarrier*、パイロットサブキャリア)と呼ばれ、機器の個体差や端末の移動によって生じる位相変動の補償に用いられます。そのため、データが割り当てられるサブキャリアは48本となります。信号の帯域幅と

*4 サブキャリアは周波数領域での考え方である一方、実際に送られる信号は時間とともに変化する波である必要があるので、周波数から時間への変換が必要です。時間領域から周波数領域への変換を実現するのがフーリエ変換という数学的手法であり、この演算を高速に行うアルゴリズムとして考案されたのが高速フーリエ変換(Fast Fourier Transform, FFT)です。周波数軸上に離散的に配置されるサブキャリア数に応じて、ポイント数が決まります。アルゴリズムの構造上、2の累乗とするのが一般的です。送信側では周波数領域から時間領域への変換としてIFFT(逆FFT)が適用され、受信側では時間領域から周波数領域への変換のためにFFTが適用されます。

図3.15 OFDMにおけるサブキャリア配置の例

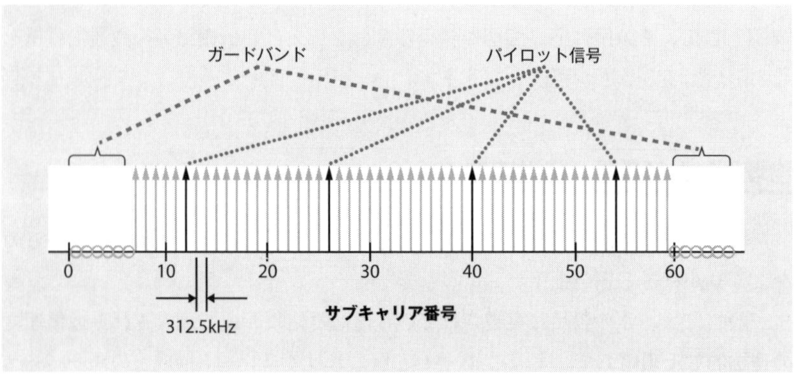

しては1チャネル(*channel*)あたり20MHzが割り当てられます。FFTポイント数が64なので、各サブキャリアは$\frac{20 \times 10^6}{64} = 312.5$ kHzの間隔を置いて配置されることになります。

伝送速度の算出

次に、時間領域を考えます。64ポイントのIFFTされたOFDMシンボルは、帯域幅20MHzの逆数である5nsecが1サンプル時間となります。

前述のとおり、64ポイントで1OFDMが表現されるため、その時間長は5nsec×64=3.2usecとなります。これに、1/4の長さのGIを付与するため、GIを含めた1OFDMのシンボル時間長は4.0usecとなります。伝送速度(スループット)は、あるビット数を送信に要した時間で割ることで算出されます。

$$\text{スループット} = \frac{\text{送信ビット数}}{\text{送信に要した時間}}[\text{bps}]$$

たとえば、各サブキャリアを16QAMで1次変調し、符号化率1/2の誤り訂正を適用したとすると、1OFDMシンボルの48サブキャリアに乗せることができる情報ビット数は$4 \times \frac{1}{2} \times 48 = 96$ビットとなります。つまり、1シンボルあたりのスループットは、$\frac{96[\text{bits}]}{4[\text{usec}]} = 24[\text{Mbps}]$と計算できます。

これは先ほどの **表3.3** に示した24Mbpsモードの変調多値数と符号化率に一致することがわかります。表の伝送速度の値はこのようにして求められているのです。最近の無線LANの規格では、MIMOの多重ストリーム数などのパラメータやGI長のオプション、その他さまざまな機能が追加されているため計算方法は複雑化されていますが、規格のしくみがわかれば同様に計算することができます。

[基礎技術]MIMO　MIMOシステムモデル

送信機と受信機に複数のアンテナを備えることで、同じ時間/同じ周波数上において複数の信号を同時に伝送することができます。これが「空間多重伝送」と呼ばれる技術です。複数の送信アンテナと受信アンテナを使って信号の入出力を行うことから、この技術はMIMO(*Multiple-Input Multiple-Output*)と呼ばれます。

この通信のモデルは 図3.16 のように示され、行列とベクトルを用いた線形代数により表すことができます。送信信号を$\mathbf{s} = [s_1, s_2]^T$、受信信号を$\mathbf{r} = [r_1, r_2]^T$とします。$\mathbf{H}$は伝搬路行列と呼ばれ、この行列のサイズが「受信アンテナ数×送信アンテナ数」を意味しています。ここでは、送信アンテナ、受信アンテナともに2本とし、2×2の行列

$$\mathbf{H} = \begin{bmatrix} h_{1,1} & h_{1,2} \\ h_{2,1} & h_{2,2} \end{bmatrix}$$

として表すことができます。

ここで、$\mathbf{H}$の各要素は、伝搬環境によって定まる振幅と位相を表す複素数の値をとります。送信/受信アンテナの位置関係や、建物による反射、遅延波の影響などにより定まります。送信信号が伝搬路を通過した後の受信信号は以下のように表されます。

$$\mathbf{r} = \mathbf{Hs} + \mathbf{n}$$

MIMOによる信号分離処理

通信のモデルは一般的に、左から新たな要素を乗算することで説明できます。送信信号ベクトルsに左から伝搬路行列Hを乗算することは、送信信号が伝搬路を通過し、受信機に到達したことを示します。受信ベクトルのサイズは[2 × 1]なので、2本の受信アンテナで受信したことを意味します。また、$\mathbf{n} = [n_1, n_2]^T$は

図3.16 MIMO通信モデル

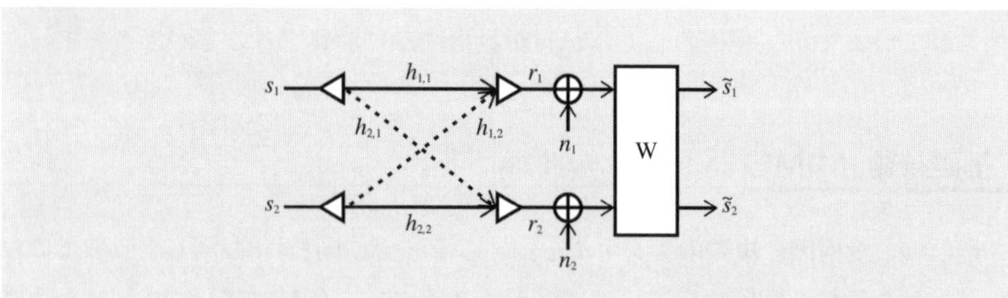

雑音であり、受信機のアンプなどで発生する通信品質の劣化要因です。受信アンテナ1の信号のみを表してみると、

$$r_1 = h_{1,1}s_1 + h_{1,2}s_2 + n_1$$

となっています。アンテナ1にほしいのはs_1に関する信号のみであり、$h_{1,2}\, s_2$は不要な干渉信号です。この干渉信号を、何かしらの方法で取り除く必要があります。そのためには、伝搬路行列の各要素の値を推定し、その逆行列を受信信号に乗算します。この逆行列のことを「ウェイト」(*weight*)と呼びます。

$$\mathbf{W} = \mathbf{H}^{-1}\mathbf{s} = \mathbf{W}\mathbf{r} = \mathbf{H}^{-1}(\mathbf{H}\mathbf{s} + \mathbf{n}) = \mathbf{s} + \mathbf{H}^{-1}\mathbf{n}$$

すると、送信信号とウェイト×雑音の成分のみが現れ、雑音はいくらか残るものの、元の送信信号を推定することができるということがわかります。

このような操作により、受信アンテナ1, 2に到来する相互の干渉を除去し、あたかもそれぞれのアンテナで1対1の伝搬路が形成されているかのような通信を実現することができます。これがMIMO伝送の原理です。

その他、ウェイトの算出方法によっては、複数の信号を同時に送るのではなく、一つの信号を複数の受信アンテナで受信/合成し、信号の受信強度を高め、安定した通信を実現する、といった使い方もできます。

ここでは送信と受信のアンテナ数が2本ずつの場合を例に取り説明しましたが、アンテナ数を増やせば増やすほど、通信速度を高めることが可能です。実際には、設置できるアンテナの制約や、信号処理に要する回路への負担、製造コストなどを踏まえて実現可能な規模が決まります。

3.5 IEEE 802.11 MAC層

制御、フレームフォーマット、CSMA/CA

電波という媒体を共有する無線通信では、「いかに送信パケット(フレーム)の衝突を避けながら効率的な多元接続を実現するか」がシステムの性能を決定付ける重要な指標となります。制御局が存在しない無線LANでは、これをうまく実現しています。本節では、無線LANにおけるMAC層で定義される自律分散制御に基づ

くアクセス方式であるCSMA/CAを中心に解説します。

IEEE 802.11 MAC層のポイント

本節では、以下の流れで説明を進めます。

- 制御方式
  集中制御(PCF)と分散制御(DCF)の2つが機能として定義されている。CSMA/CAは後者に該当する
- フレームフォーマット
  通信機器がどのような動作を行うべきかを判断するための情報がヘッダーとして記載されている
- CSMA/CA
  メディア(媒体)が使用されているかの検出や(キャリアセンス)、パケットの衝突を起こさないようにするためのランダム時間待機であるバックオフ、衝突が起きてしまった場合の再送といった機能が用意されている。隠れ端末問題のしくみや、それを回避するためのRTS/CTSモードについて、動作例を示しながら解説する

制御方式 PCFとDCF

物理層では、情報をどのようなフォーマットでメディアへ送り出すかを定めているということがわかりました。一方、有線/無線においても、その伝送媒体はさまざまな通信機器で共有しています。それらが各々の好きなタイミングで伝送を試みるとメディアは混雑してしまいます。言い換えると、電気信号同士の干渉により受信側で正確な情報を復元できないということです。そのため、信号を単にメディアへと送り出せば終わりということではなく、多くの機器がそのメディアを効率的に使用するための交通整理が必要となります。

これを実現するのが**メディアアクセス制御**(*Medium Access Control*, MAC)です。MAC層では対象となるシステムやメディア、利用シナリオに応じてさまざまなものが規定されています。一般的に、大きく分けると「集中制御」と「分散制御」があります。

集中制御は、特定のコントローラや基地局が接続されているすべての端末を管理/制御する方式です。このコントローラがトラフィックの管理やリソースの割り当て、適切な経路の決定などを一元的に行います。集中制御はコントローラに対

する制御の負荷は大きくなりますが、全体のパフォーマンスを最適化することができる利点があります。ただし、制御の対象外である端末などが存在するとそれらによる干渉の影響を受け、ネットワーク全体が制御不能に陥る可能性があります。IEEE 802.11ではPCF(*Point Coordination Function*)または**ポーリング**(*polling*)と呼ばれ、アクセスポイントが各端末に対してビーコン(*beacon*, 管理情報フレームの一種)を送信し、そこに記載の情報をもとに送信タイミングを制御します*5。

一方、**分散制御**では個々のアクセスポイントや端末が自律的に通信を制御する方式です。各端末は周囲の状況を自己判断し、自身の送信タイミングを決定します。この方法ではコントローラに依存しないため、たとえばアクセスポイントが複数存在するような環境や同じ周波数帯を用いる別のシステムが混在する条件においてもネットワーク全体が破綻することなく動作します。ただし、一部の端末が過剰な通信を行うなどの問題が発生する可能性もあります。IEEE 802.11ではDCF(*Distributed Coordination Function*)と呼ばれ、CSMA/CAによるアクセス方式がこれに該当します。

フレームフォーマット

図3.17に802.11無線LANのフレーム構成を示します。ヘッダー部における各フィールドについては以下にまとめました。

- Frame Control(2オクテット)

  このフィールドでは、フレームの種類やどのような制御情報を持っているのか等を詳細に識別させる。たとえば、フレームの種類として「マネジメント/制御/データ」といったもの加え、そのサブタイプとして「ビーコン/認証/ACK」などのより詳細な分類が示さ

*5 「ビーコン」は、灯台や狼煙(のろし)といった意味です。つまり周囲のデバイスに対してネットワークの存在を知らせる役割を持ちます。ビーコンにはAPが提供するSSID(ネットワーク名)や端末同期のためのタイムスタンプ、サポートする物理層のデータレート、暗号化方式などの情報が含まれています。

図3.17 IEEE 802.11 MACフレームフォーマット

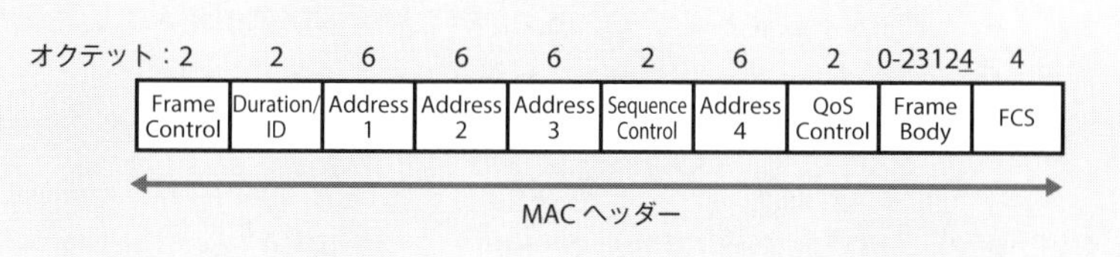

れる。その他、フラグメント(データの分割)の有無や再送フレームであるか否か、暗号化されているか、といったさまざまな情報がこのFrame Control領域に記載される

- Duration/ID (2オクテット)
  フレームの送信が完了するまでに予想される時間や、フレームのIDを示す
- Address 1 (6オクテット)
  宛先アドレスとして受信機のMACアドレスが記載される
- Address 2 (6オクテット)
  送信元アドレスとして使用される。送信機のMACアドレスが記載される
- Address 3 (6オクテット)
  フィルタリングやルーティングに使用されるアドレスが記載される。多くの場合、アクセスポイントのMACアドレスとなる
- Sequence Control (2オクテット)
  フレームのシーケンス番号やフラグメント(データの分割)が行われた場合の番号が記載される。これにより、フレームの順序が入れ替わってしまった場合などでも正しく元に戻すことができる
- Address 4 (6オクテット)
  このフィールドは、特定の通信モードでのみ使用される。通常のクライアント-AP間の通信では使用されない
- QoS Control (2オクテット)
  QoS(*Quality of Service*)をサポートするフレームの場合に使用される。トラフィックタイプに応じて送信の優先度を制御できるようになる。トラフィックタイプは、音声/動画などが含まれる
- Frame Body (0-23124オクテット)
  実際のデータがこのフィールドに格納される。この長さは可変で、フレームのタイプやサブタイプによって異なる。データの場合には、前の節にて説明したEthernetフレームが格納される
- FCS (*Frame Check Sequence*, 4オクテット)
  Ethernetフレームと同様に、(フレームの誤り検出のための)チェックサム情報が含まれる。受信側はこの値を使用して、フレームに誤りがないかを確認する

これらのフィールドによって、アクセス制御に関する制御情報が適切に伝えられ、その情報に基づいて端末がどのような動作をするべきか、判断できるようになります。

CSMA/CAによる通信フロー

本項ではCSMA/CA(*Carrier Sense Multiple Access with Collision Avoidance*)による通信フローを、隠れ端末問題とその対策方法にも触れながら説明します。

[概要]Basicモードの動作

まず、「Basicモード」と呼ばれる基本的な機能の流れを 図3.18 に示します。図には、端末が5台存在しており、それぞれが同じ周波数チャネルを用いているものとします。ここで、端末aが端末bへデータを送信します。その電波は、端末b, c, eへ届くものとします。端末aからの電波を受信した端末bは、受信したデータのヘッダー部に記載されている宛先を確認し、それが自分宛であることを認識します。一方、端末c, eは、そのデータの宛先が自分宛ではないことを認識するとともに、チャネルが他の端末に占有されている(チャネルがbusy(ビジー)である)と判断し、一定期間通信を行わないように待機状態となります。

その後、端末bは端末aに対しデータの受信に対する確認応答であるACK(*Acknowledgement*)パケットを送信します。このとき、当該ACKパケットは同様に

図3.18 CSMA/CA(Basicモード)の動作

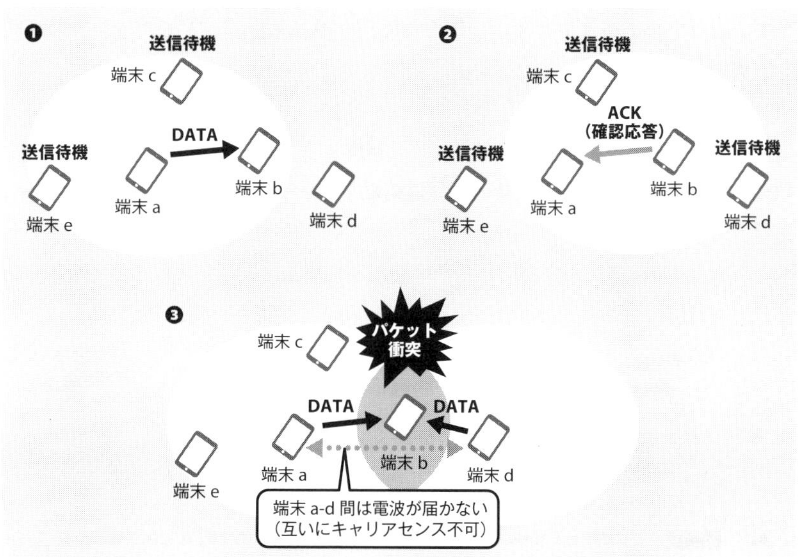

周辺の端末にも届き、これを受信することができた端末dも送信待機状態となります。ただし、端末eには電波が届かないものとします。このように、他の端末のデータ送信を把握した場合には自らの送信を控える、という動作がCSMAの基本的なルールとなります。言い換えると、チャネルの利用状況を検知するということであり、これが「キャリアセンス」という言葉の由来です。

図3.18❶❷ において、端末aとd, 端末bとeはお互いに電波の到達範囲外であり、それぞれのチャネルの利用状況を把握することができないことを述べました。つまり、これが「隠れ端末」という状況です。そのため、端末aとdはたまたまデータの送信タイミングが重なってしまった場合 図3.18❸ 、同時に電波を発射してしまい、同一チャネル干渉すなわちパケット衝突となってしまいます*6。その結果、端末bは受信したデータを正確に復号することができず、通信の失敗という結果に終わります。

[概要]RTS/CTSモードの動作

このような隠れ端末問題を回避する方法として、RTS/CTSモードが用意されています。 図3.19 に、その動作イメージを示します。RTSは「Request-To-Send」、CTSは「Clear-To-Send」の略語です。

RTSとCTSパケットはデータは含まれない制御信号のみの比較的短いパケットです。これを、データパケットの送信前にやり取りを行うことでチャネルの予約を確実に行うことを目的としています。同様に端末aとb間での通信を例にとり説明します。

まず端末aはデータパケットの送信前にRTSパケットを端末b宛に送信します。端末bはこれを受信すると同時に、周辺の端末c, eもこのRTSパケットを受信し、送信待機状態に入ります。端末bはRTSパケットに対する返答としてCTSパケットを端末a宛に送信します。これを受信した通信対象外の端末dも、キャリアセンスにより送信待機状態となります。以上のやり取りにより、端末aとbにとって隠れ端末の関係にある端末dとeを含む周辺端末に対するチャネル予約が完了しました。そしてこの間に、端末aは端末bに対してデータパケットを送信し、端末bはACKパケットを返答し、通信が完了します。

*6 図3.18❸ には端末a, dともに端末bに向けてデータを送信していますが、たとえば端末dは別の端末に向けて送信したとしても同様に干渉となります。

図3.19 CSMA/CA(RTS/CTSモード)の動作

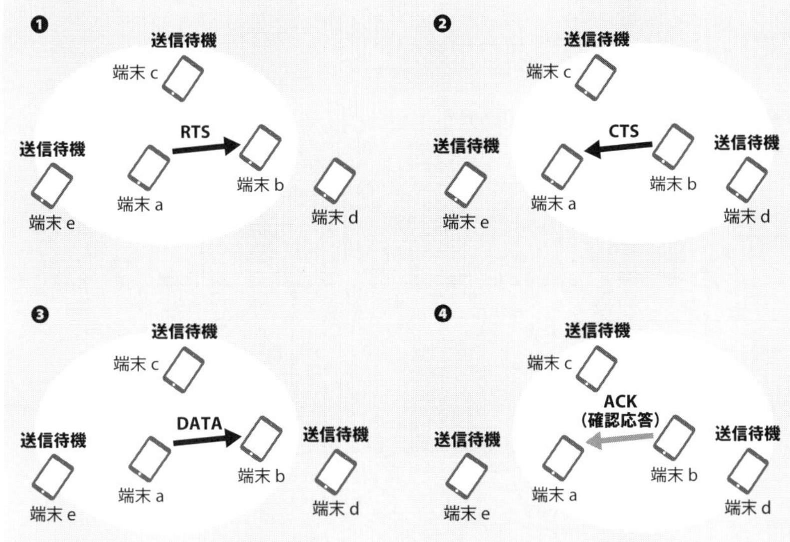

RTS/CTSパケットは情報を含まないため通信効率をやや低下させるオーバーヘッドにはなってしまいますが、確実にデータ伝送を成功させたい場合には有効な方法です。

時系列で見た動作の流れ

これまでは、端末の位置関係と電波の到達範囲を俯瞰したイメージから説明しましたが、より詳しい理解を促すために、時系列を追いながら説明します。

図3.20は、Basicモードにおける CSMA/CA の動作の流れを示しています。3台の端末a, b, c、それぞれアクセスポイント(*access point*, AP)に対して通信を行う場合を想定します(図ではAPは表示されていない)。まず端末aの送信状態から始まったものとし、データパケットの送信が完了するとAPからACKパケットを受信します。

Basicモード

図3.20のBasicモードのフローの説明に戻ります。ACKの受信からDIFSの時間経過後、端末bとcはデータパケットの送信を試みますが、その前にそれぞれランダムな待ち時間が与えられ、先に待ち時間が0となった方(ここでは端末b)が送

信権を獲得し、データパケットを送信します。このランダムな待ち時間による送信タイミングの制御を「ランダムバックオフ」(*random back off*) と呼びます。このしくみにより、複数の端末が同時に送信することによるパケット衝突を避けるこ

図3.20 CSMA/CA(Basicモード)の流れ

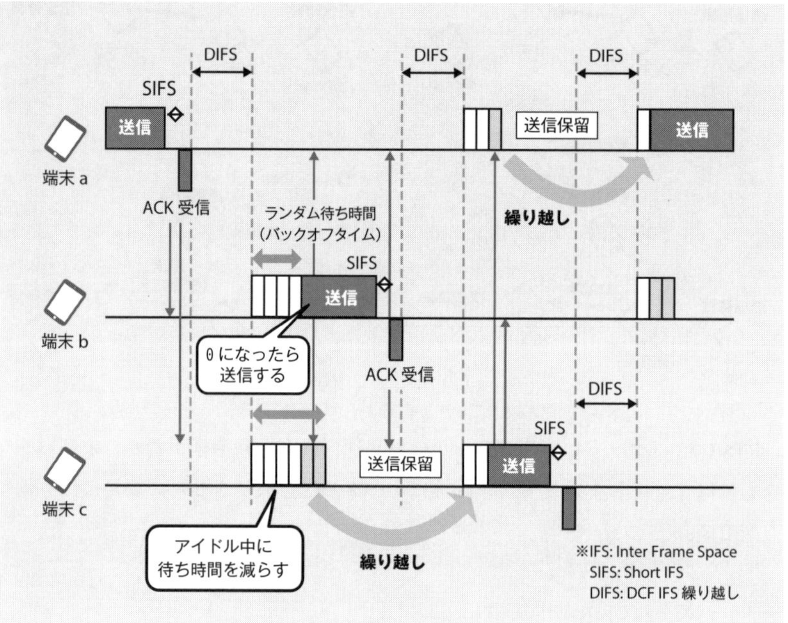

Column

IFSによる優先度の制御

ここで、データパケットの送信とACKパケットの受信後にはそれぞれIFS(*Inter Frame Space*)と呼ばれる無信号区間が設けられています。このIFSの時間長の制御により、優先度を制御することができるのです。長く設定するほど、他の通信機器からのパケット送信を許容し易くなり、短くするほど特定の機器からのパケット送信権を優先的に与えることができるようになります。

データパケットの送信後は、通信相手からのACKパケットを優先的に受信したいため、時間長の短いSIFS(*Short IFS*)が用いられます。一方、ACKパケットの送信後は他の端末からの送信を期待するため、SIFSよりも長いDIFS(*DCF IFS*)が用いられます。IFSにはこの他にも、PIFS(*PCF IFS*)、EIFS(*Extended IFS*)など、さまざまな長さのものが定義されています。

とができるのです。待ち時間が残っている端末cは、先にパケットを送信した端末bからの信号を受信することになります。これにより端末cはチャネルがビジーであると判断し、送信待機状態に移ります。ここで残された待ち時間は次のランダムバックオフ開始まで持ち越されます。少ない待ち時間から再開できるため、次は端末cが送信機会を得やすくなります。これにより、特定の端末が送信機会をまったく得られないということを避け、公平性を担保することができます。以降は同じ動作の繰り返しになります。端末bがデータパケットの送信とACKパケットの受信を終えたら、DIFS区間後にランダムバックオフの開始となります。今度は端末cが先に待ち時間が0となったことにより送信することができ、一方で端末aは待ち時間を繰り越しつつ送信待機状態に移ります。

RTS/CTSモード

図3.21 はRTS/CTSモードにおけるCSMA/CAの動作の流れを示しています。

前にも説明したように、Basicモードにおけるデータパケット送信の前に、RTSフレームとCTSフレームのやり取りを行う点が大きな違いです。ここでは端末a

図3.21 CSMA/CA(RTS/CTSモード)の流れ

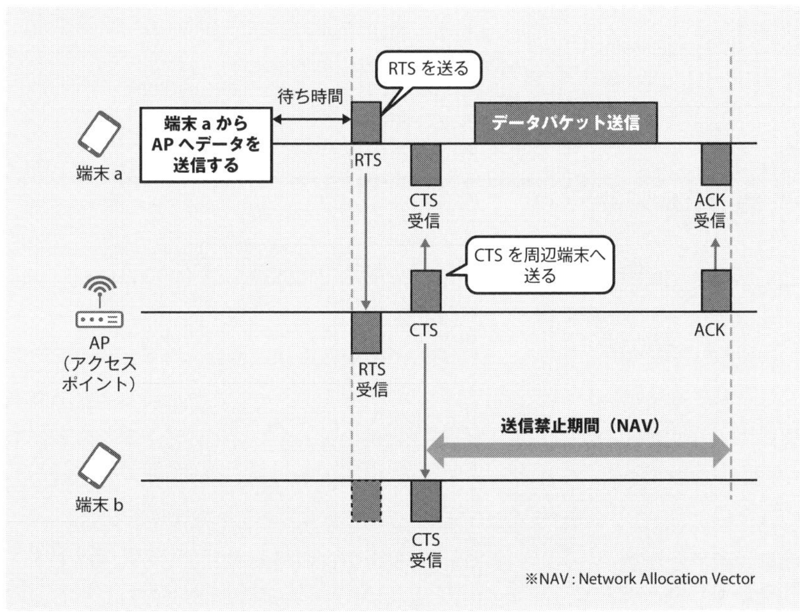

がAP宛にデータを送信したい場合を例にとり説明します。また端末aとbはお互いの信号を検出することができない、隠れ端末状態にあるものとします。まず端末aはデータパケットを送信する前に、RTSフレームをAP宛に送信します。これを受け取ったAPは応答としてCTSフレームを端末a宛に送信します。このとき、当該CTSフレームを受信した端末bは、他の誰かが送信を試みていることを知り、送信待機状態に移ります。ここで設定される送信禁止期間を**NAV**（*Network Allocation Vector*）と呼び、データパケットとACKの送信に必要となる時間となります。これでチャネル予約の完了となり、この間に端末aはデータパケットをAP宛に送信し、それを正確に受け取ったAPはACKパケットを返答します。その後、端末bはNAVが解除され、それぞれの端末はランダムバックオフの動作を始めます。

以上がRTS/CTSによるチャネル予約の機構を含めたCSMA/CAのしくみとなります。実際の環境ではAPや端末はより複雑な位置関係にあり、隠れ端末は避けられない状況かもしれません。そしてたまたま送信タイミングが一致することも可能性としてはあるため、完全にパケット衝突を避けることは困難であると思われます。しかし、携帯電話システムのように端末を一括管理する制御機能を持たずとも、端末同士が送信機会の公平性を担保しながら可能な限り効率的な無線通信を実現します。

3.6 本章のまとめ

本章では、伝送媒体（メディア）と、その例として無線LAN（Wi-Fi）におけるデータ伝送のしくみを解説しました 図3.22 。

物理層の主要技術であるOFDMは無線通信で広く採用されており、高い周波数利用効率を実現できます。さらにこれにガードインターバルを加えることでマルチパスへの対策が可能となり、周波数選択性フェージングの影響を簡易に等化できるようになります。サブキャリアの変調としては多値QAMと誤り訂正符号の組み合わせにより、伝搬路の状況に応じて最適な通信速度を設計できます。また、複数のアンテナを用いることで、通信速度をさらに向上させることも可能です。

MAC層では、それぞれのAP/端末が伝搬路（チャネル）の利用状況をセンシング

図3.22 [まとめ]IEEE 802.11の物理層&MAC層

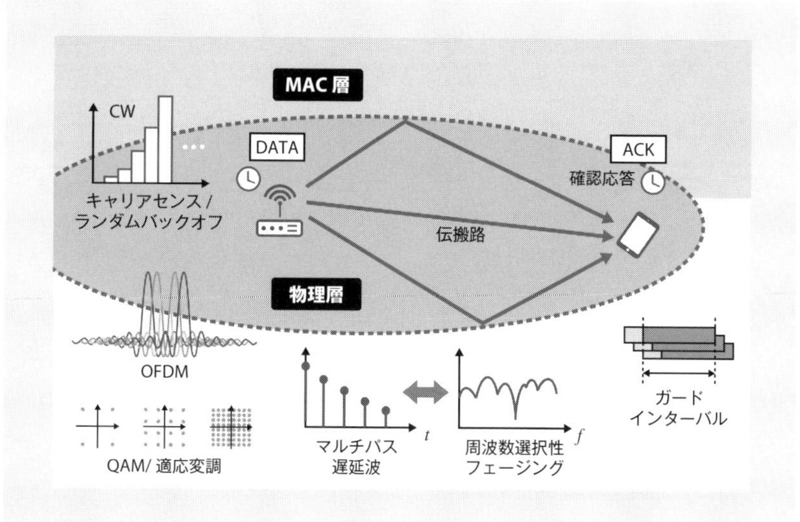

(*sensing*, 計測)しながら自律的に送信タイミングを調整することにより可能な限り衝突を避け、効率的な相互接続を実現しています。

ここで述べた技術をベースにさまざまな改良が施され、無線LANは進化を続けています。次章では、本章で説明した基本的な動作をシミュレーションに実装し、システムとして得られる性能を評価していきます。

参考文献

- 「IEEE Standard for Ethernet」(IEEE Std 802.3-2012 (Revision to IEEE Std 802.3-2008) , vol., no., pp.1-3747, 2012)
- 「IEEE Standard for Information Technology - Telecommunications and Information Exchange Between Systems - Local and Metropolitan Area Networks - Specific Requirements - Part 11: Wireless LAN Medium Access Control (MAC) and Physical Layer (PHY) Specifications」(in IEEE Std 802.11-2007 (Revision of IEEE Std 802.11-1999) , vol., no., pp.1-1076, 2007)

第4章

ネットワークの性能を評価する場合において、対象のレイヤーに着目した計算やシミュレーションを行うことがほとんどですが、他のレイヤー、とくに下位層についても知識を持っておくことで振る舞いをより深く考察することができるようになります。研究開発においては、さらなる性能改善に向けた課題の発見や、アイデアの創出にもつながります。

本章では、無線LANを例にとり、物理層における伝送パケットの設計とそこから導出される伝送速度についての考え方を解説し、そしてMAC層シミュレーションによる実効的なスループットの評価方法について解説します。

[比較＆評価で見えてくる]
無線LAN MAC層

物理層レベルと
MAC層レベルの
性能評価

4.1 MACプロトコルまでを考慮したネットワーク性能の評価

シミュレーションと取捨選択

通信システムは、計算機シミュレーションにより開発対象の機器の性能を事前に見積もることができます。どの機能について評価を行うかによって、着目すべき階層などを取捨選択する必要があります。

通信システムの評価

通信ネットワークの性能は、OSI参照モデルにもあるように第1層の物理層から第7層のアプリケーション層までを網羅的に評価する必要があります。評価方法としては実験やシミュレーションがおもな方法です。シミュレーションはPCなど手元で行うことができる点は手軽ですが、環境のモデル化によっては莫大な時間とコストがかかります。そのため、一般的には階層ごとに絞って比較評価を行うケースがほとんどです。

物理層レベルでの評価

無線通信の信号処理方式の改良による性能を評価する場合、図4.1 のように物理層だけに着目して評価を行います。電波が伝搬する様子のモデルは確立されているので、送信機において生成された変調信号が伝搬路(空間)を経由して受信機に到達し、復調処理されるまで、一連の流れを模擬することができるのです。その評価指標として、1対1通信におけるビットの誤りや伝送パケット単位で見た伝送速度、またパケット単位の損失率などがあります。

MAC層レベルでの評価

1対多または多対多の通信を、アクセス制御の動作を含めた形で評価したいときには、MAC層までに限定した評価を行います 図4.2 。ここで、下位層の特性も考慮に入れる必要がありますが、上記物理層のシミュレーションを行うのではなく、パケット損失率の特性や1対1の伝送速度といった結果だけを反映させ、簡易的にモデル化されることが一般的です。

MAC層における評価のおもな対象は、プロトコル動作におけるオーバーヘッドに起因する複数の端末を包含して見た実効的な伝送速度(システムスループット)や、パケットの転送遅延などです。プロトコルをどのように改良すればより無駄を省き、システムとしての性能(スループット、遅延)を改善することができるのかといった検討が可能になります。

図4.1 評価レベル(物理層のみ)

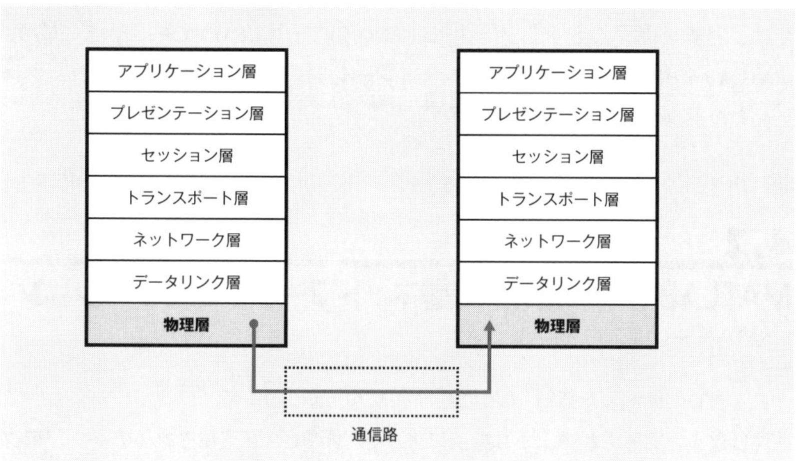

図4.2 評価レベル(MAC層〜物理層)

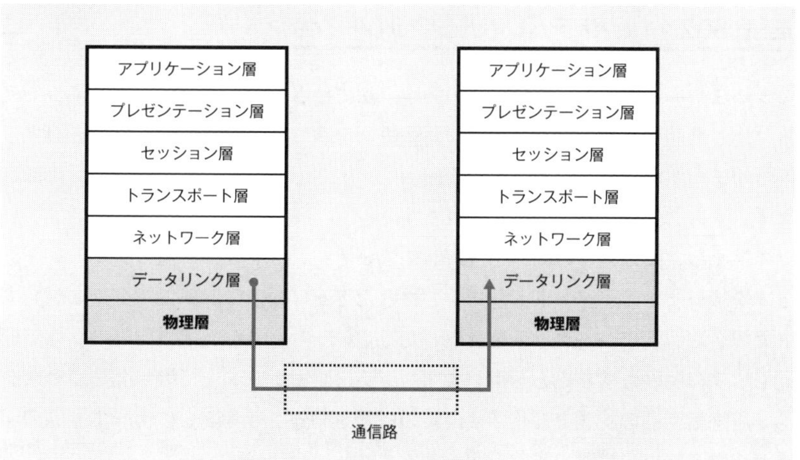

─── 評価対象に着目したシミュレーション

さらに上位の層に着目すれば、TCPのプロトコルの違いによる性能や、IPネットワークレベルのより大規模な環境での評価が可能となります。これを可能とするツールの一つがns-3であり、詳しくは後述します。

本章では、無線LANのMAC層を取り扱います。ns-3にも同様の機能は備わっているのですが、詳細な機能が実装されていたり、一方でモデル化された部分もあり、本書内ですべてを解読して解説するのは困難な面もあります。そこで本章では、理解を促すことを目的として3章で説明したCSMA/CAの機能に絞り、MATLABを用いて著者が作成したシミュレーションをベースに動作の流れやプログラムの実装の考え方を解説します。

4.2 MATLABを用いたMAC層ネットワークシミュレーション

CSMA/CAの動作

ここまでに説明した無線LANにおけるMAC層の動作を、シミュレーションで再現します。実際にどのような機能によりCSMA/CAが実現されるのか、プログラムのコードとあわせて解説していきます。

IEEE 802.11aシステムレベルシミュレーション

シミュレーションといってもその実現方法にはさまざまあり、対象とするモデルに応じて適切なもの、また比較したい事柄を適切に評価できるものを選択する必要があります。今回取り扱う無線LANのネットワークシミュレーションにおいても、その方法はいくつか考えられます。

本節では、時系列での動作を理解しやすいイベントドリブン型のシミュレーションを扱います。イベントドリブンとは、たとえば端末においてパケットが発生した場合や、端末がパケットを受信したこと(イベント)を契機に内部の状態が変化し、次の動作に移ることを指します。シミュレーション上での時間を進めながら、各通信機器の状態を変化させ所定の機能を動作させることによって実際の環境での振る舞いを模擬することができます。

今回作成したシミュレーターの概要を説明します。1台のアクセスポイント(AP)と複数台の端末(STA)が存在する環境を想定します。これらの機器は総じて通信ノードと呼びます。単位時間ステップごとにそれぞれの通信ノードにおいて以下の機能が実行されます。

❶トラフィック生成
各ノードは与えられた確率でデータパケットを生成する

❷MAC層
各ノードはキャリアセンスやバックオフなどの動作を行う。送信バッファにパケットがある場合は、バックオフを経て送信準備を行います。ACKの送信や再送制御もここで行われる

❸PHY層
ノード間でのデータ送信や受信が模倣される。距離に基づいて受信信号の強度が計算され、一定の閾値以上で受信可能と判断されると、受信ノードの状態が変化する

以下に詳細について、コードとともに解説していきます*1。

物理層パラメータ

はじめに物理層に関するパラメータについて、取り上げます。

物理パラメータ

まず、物理層に関する物理パラメータとして、電波伝搬の計算に必要な物理定数を設定します。

- `LightSpeed`
  光の進む速度。これは$c=3\times10^8$m/sとなる
- `Frequency`
  キャリア周波数または中心周波数。ここでは5GHz帯を想定し、$f=5.2\times10^9$Hzとする
- `WaveLength`
  波長。これをλとすると、$\lambda=\dfrac{c}{f}$の関係がある

*1　動作確認環境については、本書のp.viiを参照。本書で説明するシンプルなシナリオのみを想定して動作確認を行っています。

```
LightSpeed  = 3e8;
Frequency   = 5.2e9;
WaveLength  = LightSpeed/Frequency;
```

――システムパラメータ　変調多値数、符号化率、OFDM

続いて、システムとしてIEEE 802.11aを想定し、その中でも24Mbpsモード(16QAM, 符号化率1/2)とします。

物理層のパラメータとして、「パケットの時間長」がMAC層レベルでのスループット性能に大きな影響を与えます。

無線LANでは、所定のビット数のデータを送信する際に、変調符号化(AMC)パラメータによってパケット長が変化します。これは、3章でも述べたように、1つのOFDMシンボルには48本のデータサブキャリアがあり、それらに載せることのできる情報ビット数がAMCパラメータによって変化するためです。変調多値数および符号化レートが低い場合には情報ビット数が減少するため、同じビット数をOFDMシンボルに載せるにはより多くのシンボル数を必要とします。つまり、情報伝送により多くの時間を要してしまうことになるため、伝送速度の低下につながります。一方、高い変調多値数と符号化レートを用いれば、より少ないOFDMシンボル数で済むため、伝送速度は高まります。

OFDMシンボル数は次の式によって決まります。

$$N_{\mathrm{SYM}} = Ceiling\left\{\frac{16 + 8 \times \mathrm{LENGTH} + 6}{N_{\mathrm{DBPS}}}\right\}$$

上記の式内の数値はすべてビット数を表します。*Ceiling*は天井関数を意味し、小数点以下を切り上げます。16や6の固定的なビット数が含まれていますが、これらはデータのビット処理や誤り訂正符号の処理に用いられる固定的なビット(すべて0)の数です。N_{DBPS}は、1つのOFDMシンボルに載せることのできるデータビット数であり、次の式のように変調および符号化レートによって決まります。

$$\mathrm{N}_{\mathrm{DBPS}} = \log_2(M) \times R \times N_{\mathrm{SC}}$$

Mは、3章で説明したM-QAMにおけるシンボル点数です。$\log_2(M)$は、つまり1つのシンボル(サブキャリア)に載せることのできるビット数です。Rは誤り訂正符号における符号化率です。そしてN_{SC}は1OFDMシンボルに使用されるデータサブキャリアの本数です。IEEE 802.11aの場合、48となります。

LENGTHは、MACヘッダーを含む上位層のパケット全体のバイト数となります。1バイト = 8ビットの関係から、ビット数に換算されます。

$$\mathrm{LENGTH} = N_{\mathrm{MAC}} + N_{\mathrm{Ether}} + N_{\mathrm{DATA}} + N_{\mathrm{FCS}}$$

N_{MAC}はMAC層のヘッダー部のサイズで、32バイトです(3.5節の **図3.17**)。N_{Ether}はEthernetパケットにおけるプリアンブル部とヘッダー部を含む制御ビットの領域であり、22バイトとなります。またN_{FCS}はCRCチェックに用いられる4バイトの領域です(3.2節の **図3.7**)。そしてN_{DATA}がデータビットの長さであり、最大で1500バイトまで含めることができます。以上から、所定の情報ビット数を送信するのに必要となる時間T_{DATA}は以下の式で表されます。

$$T_{\mathrm{DATA}} = T_{\mathrm{PREAMBLE}} + T_{\mathrm{SIGNAL}} + T_{\mathrm{SYM}} \times N_{\mathrm{SYM}}$$

同様に、ACKパケットの時間長を算出します。ACKのような制御パケットには情報は含まれず、10バイトのヘッダーとFCSのみとなります。つまり、先ほどのLENGTHの式においてN_{MAC}とN_{FCS}の計14バイトを考慮すればよい、ということになります。IEEE 802.11の仕様として、ACKパケットの伝送速度はデータパケットの伝送速度を超えない範囲で設定することができます。

Ethernetパケットにおいて最大限伝送することのできるデータサイズである1500bytesとし、各種AMCパラメータを用いたときのデータとACKのパケットあたりの時間長を **表4.1** にまとめます。

表4.1 IEEE 802.11aにおけるAMCパラメータとパケット時間長

Index	変調方式 (M)	符号化率 (R)	伝送速度	ビット数 (N_{DBPS})	シンボル長 (T_{DATA})	ACKパケット長 (T_{ACK})
1	BPSK	1/2	6 Mbps	24 bits	2104 μsec	44 μsec
2	BPSK	3/4	9 Mbps	36 bits	1408 μsec	36 μsec
3	QPSK	1/2	12 Mbps	48 bits	1064 μsec	32 μsec
4	QPSK	3/4	18 Mbps	72 bits	716 μsec	28 μsec
5	16QAM	1/2	24 Mbps	96 bits	544 μsec	28 μsec
6	16QAM	3/4	36 Mbps	144 bits	368 μsec	24 μsec
7	64QAM	2/3	48 Mbps	192 bits	284 μsec	24 μsec
8	64QAM	3/4	54 Mbps	216 bits	252 μsec	24 μsec

仮想的に時間を進めながらパケットの伝送をシミュレートする際には、以上より求めたMAC層におけるパケットの伝送時間長が重要になります。

システムパラメータ 時間ステップ、再送、パケットサイズ

続いて、その他の時間に関連するパラメータを設定していきます。

- T_Step
  シミュレーションを進める際の時間ステップ幅。小さい値であるほどより詳細な時間の流れを表現できるが、十分なデータを取るために要する時間も長くなる。ここでは1μs(μsec, マイクロ秒)とする
- T_Slot
  分散制御によるアクセス制御を実現するための時間単位としてスロットタイムが設けられている。IEEE 802.11aではおもに9μsが用いられる
- T_SIFS
  SIFSの時間長を設定する。パケットの伝送時間や処理時間を考慮して設定されるが、IEEE 802.11aでは16μsとされている
- T_DIFS
  DIFSの時間長。仕様上、$T_{\mathrm{SIFS}}+2\times T_{\mathrm{Slot}}=34\mu\mathrm{s}$として設定される
- T_DAT
  データパケットの時間長。本章では、24 Mbpsモードを用いるものとし、544μsと設定する
- T_ACK
  ACKパケットの時間長。同様に24 Mbpsモードとし、28μsと設定する
- CW_min, CW_max
  バックオフに関連する最小および最大コンテンションウィンドウCW(後述)のサイズが設定される。単位はスロット
- Retry_lim
  再送制御における最大再送回数が設定される。ここでは7回とする
- Thresh_CS
  キャリアセンスに使用される閾値(受信感度)が設定される。周囲からの電波がこの値以上であれば、自身の送信を控える待機状態となる
- Tx_Power
  送信出力の強度が設定される。単位はdBm
- PacketSize

パケットのサイズをビット数で設定する。1パケット1500バイトを想定しているため、ビット数は1500×8=12000ビットとなる

上記の設定を行うMATLABコード例を コード4.1 に示します。

コード4.1 時間に関連するパラメータの設定

```
T_Step = 0.1e-6;  % [us]
T_SIFS = ceil(16e-6/T_Step);
T_Slot = ceil(9e-6/T_Step);
T_DIFS = ceil(34e-6/T_Step);
T_DAT  = ceil(544e-6/T_Step);  % 24 Mbps
T_ACK  = ceil(28e-6/T_Step);   % 24 Mbps

CW_min = 15;      % [slot]
CW_max = 1023;    % [slot]

Retry_lim = 7;
Thresh_CS = -62; % [dBm]
Tx_Power  = 23;  % [dBm]

PacketSize  = 12000;  % [bits/packet]
```

MAC層パラメータ

本章の主題であるMAC層におけるシミュレーションは、各無線ノードの状態を変化させながら所定の動作を与えることで実現できます。まず、各ノードの状態をパラメータとして定義し、初期値を設定します。

無線ノード、パケット

コード4.2 では、各無線ノードに関する情報としてID、位置、タイプ、状態、バッファ、再送回数などを初期化しています。

各ノードとパケットは「構造体」と呼ばれる、ある変数の配下にさらに複数の変数を持つことができるものを用います。これにより、それぞれのノードが有する特有の情報(位置や状態、保持しているパケットなど)を簡易に扱うことができるようになります。 コード4.2 の実装例では、Nodeという変数の配下に複数の変数を定義します。パケットの場合は、宛先や送信元、番号といったヘッダー情報に相当するものを格納することができます。

❶ `ID`

ノードに一意のIDを割り当てまる。これはノードを区別するためのもの

❷ `Pos`

ノードの位置を表す。ここでは2次元平面上の位置(x, y)のみを考慮する

❸ `Type`

ノードのタイプとして、`STA`(*Station*)または`AP`(*Access Point*)の2種類とする

❹ `MACState`

MAC層の現在の状態を示す。ここで取り得る状態によって、異なる動作を与える

❺ `PHYState`

PHY層(物理層)の現在の状態を示す。おもにパケットの送信または受信の動作を与える

❻ `TxBuffer`

パケットの送信バッファ。このバッファには生起した送信待ちのデータパケットが順番に格納される。またはデータ受信語に即座に返答すべきACKパケットが優先的に格納される

❼ `RxBuffer`

受信バッファ。受信したデータパケットはここに格納される

❽ `Timer`

待機タイマーを示す。特定の時間後に何らかのアクションを行うためのもの

❾ `CW`

コンテンションウィンドウ(*contention window*)の値を示す。これは、無線LANのバックオフアルゴリズムに使用される

❿ `Retry`

データパケットの再送回数を示す。所定の上限値を越えると当該パケットは破棄される

⓫ `RxID`

受信したデータの送信元ノードのIDを保存するための変数

⓬ `RSSI`

受信信号の強度(RSSI)をdBmで示す。送信元ノードごとにこの値を管理する

⓭ `RxCount`

受信したパケットのポーション`Portion`*2の数をカウントする。送信元ノードごとにこのカウントを行う

---

*2 時間が少しずつ進行するシミュレーションにおけるパケット送信の考え方として、パケットを1時間ステップごとに区切った「ポーション」という変数を定義します。ステップごとにパケットポーションが送信先へ送られ、すべてのポーションを送信し終えたら1つのパケットの送信が完了することになります。詳細は物理層のパートで述べます。

⑭N_GenPacket
　そのノードで生成されたパケットの数を示す

最後の4つの変数(RxID、RSSI、RxCount、N_GenPacket)はシミュレーション上、ノードの動作をより現実に近い形で模擬するための変数です。構造体としての実装例を コード4.2 で確認しておきましょう。

コード4.2 各無線ノードに関する情報の初期化

```
% AP/端末（ノード）数
N_node = 3;

% ノード構造体
for ni = 1:N_node

  Node(ni).ID     = ni;                 # ❶
  Node(ni).Pos    = [0, 0];             % ❷x y 座標
  Node(ni).Type   = 'STA';              % ❸'AP' or 'STA'
  Node(ni).MACState = 'Listen';         % ❹MAC層の状態
  Node(ni).PHYState = 'None';           % ❺PHY層の状態

  Node(ni).TxBuffer  = [];              % ❻送信バッファ
  Node(ni).RxBuffer  = [];              % ❼受信バッファ
  Node(ni).Timer     = -1;              % ❽待機タイマー
  Node(ni).CW        = CW_min;          % ❾コンテンションウィンドウ
  Node(ni).Retry     = 0;               % ❿再送回数

  Node(ni).RxID      = [];              % ⓫送信元のノードID
  Node(ni).RSSI      = [];              % ⓬受信強度（送信元ノードごとに管理）
  Node(ni).RxCount   = [];              % ⓭受信Packet Portionカウント（送信元ノードごとに
                                                                   カウント）

  Node(ni).N_GenPacket = 0;             % ⓮ノードにて発生したパケット数

  % 受信パケットのリスト：送信元ごとにつくる
  for nj = 1:N_node
    Node(ni).RxFrom(nj).List = [];
  end
end
```

構造体

今回のシミュレーションにおけるノードとパケットの構造体の概念を 図4.3 にまとめておきます。Nodeは構造体として複数の変数を持ちますが、そのうちTxBufferやRxBufferはパケットを格納する変数であり、さらに構造体変数を持つ、という構成になります。

図4.3 ノードとパケットの構造体

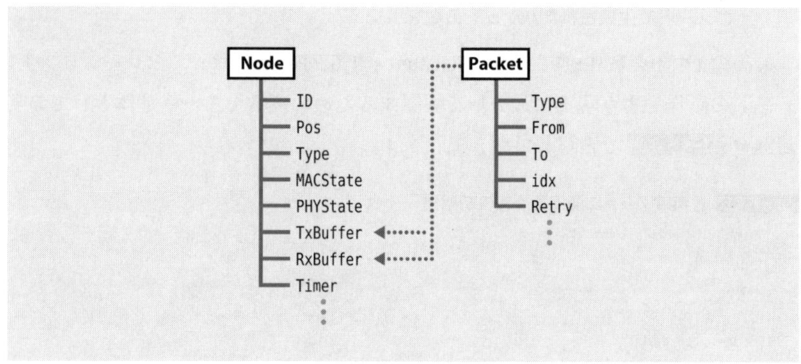

環境セットアップ

ノード数は3台とし、うち1台はAP、2台は端末(STA)とします。そしてSTAノードの位置をそれぞれ指定します。

```
% ノードのタイプなど個別に指定
Node(1).Type  = 'AP';
Node(2).Pos   = [ 10, 10];
Node(3).Pos   = [-10, 10];
```

シミュレーション環境の設定を行います。どれだけの時間分を評価するのかをT_Simで指定し、上記で定めた1ステップあたりの時間T_Stepから、シミュレーションとして進めるステップの総数を算出します。

```
% シミュレーション時間 [s]
T_Sim = 3;
% 時間を進めるステップ数
N_step = floor(T_Sim/T_Step);
```

時間ステップごとの処理

いよいよシミュレーションを進めるパートに入りますが、まず全体の流れを大まかに説明します。コード4.3のとおり、for文にて繰り返し1ステップずつ進めていきます。その中で、各ノードが3つの処理を行います。

A トラフィック(パケット)生起

まずは送信すべきパケットがないと始まらない。指定したトラフィック負荷から算出される確率に基づき、ステップごとにパケットを発生させるかどうかを判断する

B MAC層の処理

状態に基づき所定の動作を行う

C PHY層の処理

MAC層の状態に応じて、おもにパケットの送信や、受信処理を行う。受信処理には、パケットのみならず、自身宛はない電波の検出、つまりキャリアセンスも含まれる

コード4.3 時間ステップごとの処理

```
for nt = 1:N_step % 時間ステップごとの処理
  % A トラフィック (パケット) 生起
  % B MAC層の処理
  % C PHY層の処理
  % をノードごとに行う
end
```

このようにノードの状態に応じて次の動作を与えることで、イベントドリブン型のシミュレーションを実現することができます。状態の変化は、おもにパケットの送信や信号の受信を契機に行われることになります。以下、それぞれのパートについてより詳細に説明していきます。

A トラフィック生起 パケット生起確率の考え方

A パケット生起のセクションでは、各ノードが一定の確率でデータパケットを生成するプロセスが実行されます*3。

各ノードに対して、確率Prob_Occを計算し、これに基づいてパケットの生成を決定します。Prob_Occは、与えられたトラフィック負荷OfferedLoadと時間ステップ間隔T_Stepに基づいて計算されます。

OfferedLoadの単位はbpsつまり1秒あたりにネットワーク全体で生起させるべきデータビット数を意味します。これを1ステップごとの生起ビット数で換算するには、T_Stepを乗算すればよい、ということになります。また、パケット単位

*3 本章では、1パケットごとの発生イベントのことを「パケット生起」、複数パケットが発生する一連の現象のことを「トラフィック生起」と使い分けています。

でデータを生起させるため、PacketSize [bits]で除算し、さらにノードごとに等しい確率で生起させるものとしてノード数N_nodeで除算すれば、トラフィック負荷は「1ステップあたりに各ノードで発生するパケット数」の確率としてProb_Occを導出できます。

```
% トラフィック負荷 [bps]
OfferedLoad   = 20e6;
% パケット生起確率：ノードごとに一様分布
Prob_Occ = OfferedLoad*T_Step/PacketSize/N_node;
```

パケット生起処理

各ノードでのトラフィック生起処理について コード4.4 の内容も押さえておきましょう。ポイントを以下にまとめておきます。

コード4.4 各ノードでのトラフィック生起処理

```
for nn = 1:N_node    % ❶

  % ❷ノード構造体をいったん取り出す
  TNode = Node(nn);

  % ❸等確率でパケット生起
  if rand < Prob_Occ

    % ❹生起したパケット数：ノードで管理
    TNode.N_GenPacket = TNode.N_GenPacket + 1;

    % ❺パケット構造体
    Packet.Type    = 'DAT';
    % ❻送信元
    Packet.From    = nn;
    % 宛先：乱数で決める
    if strcmp(TNode.Type, 'AP') == 1
      % ❼AP -> STA
      Packet.To = randi([2, N_node]);
    else
      % ❼'STA -> AP
      Packet.To = 1;
    end
    % ❽パケットのインデックス
    Packet.idx   = TNode.N_GenPacket;
    % ❾再送回数
    Packet.Retry = 0;
    % ❿パケットの時間長
    Packet.Portion = -1;
```

前ページより続き

```
    % ⑪ノードのバッファに追加
    TNode.TxBuffer = [TNode.TxBuffer; Packet];

    % ⑫生起パケット総数
    N_GenPacket = N_GenPacket + 1;
  end

  Node(nn) = TNode;     % ⑬

end
```

❶ノードループ

各ノード(AP/STA)に対して処理を行う

❷ノード情報の取得

現在の処理対象となるノードの情報を一時的な変数TNodeに格納する。これはコードの記述や見やすさを容易にするためのものである

❸パケット生成の確率

一様乱数を発生させる関数randで乱数を生成し、それが上記で設定したトラフィック負荷に基づく確率Prob_Occより小さければ、パケットを生成する

❹パケット情報の設定

パケットが生成された場合、そのパケットに関する各種情報(タイプ、送信元、宛先、インデックス、再送回数、時間長)を設定する

❺データパケットであることを示す

❻送信元ノードのIDとして、自身のノード番号を格納する

❼❼'宛先ノードのIDを格納する。発生元がAPであれば、接続対象であるSTAからランダムに決定する。一方、発生元がSTAであれば送信先はAPのみであるため、APのIDを格納する

❽パケットのインデックスとして各ノードごとに通し番号を与える

❾パケットの再送回数。0で初期化する

❿パケットの時間長。この段階では未設定とする

⓫送信バッファへの追加

生成したパケットをノードの送信バッファ(TNode.TxBuffer)に追加する。MATLABの記述としては、配列の連結処理(*concatenation*)で行う

⓬生起パケット数のカウント

N_GenPacketに1パケット分を追加し、生成されたパケットの総数をカウントする

⓭ノード情報の更新

最後に、一時的な変数であったTNodeの内容を元のノード変数Node(nn)に戻す

以上のようにして、各ノードで確率的にデータパケットが生成され、その後の

送信処理に備えてパケットが送信バッファに格納されていきます。

B MAC処理

B MAC処理のセクション コード4.5 では、ノードのMAC層の動作を指定します。CSMA/CAプロトコルの動作もここで表現されます。

コード4.5 MAC処理

```
for nn = 1:N_node

  % ノード構造体をいったん取り出す
  TNode = Node(nn);

  % 状態
  switch TNode.MACState

    % キャリアセンス
    case 'Listen'
      ...

    % ランダムバックオフ
    case 'Backoff'
      ...

    % パケット送信
    case 'Transmit'
      ...

    % ACK待ち
    case 'WaitACK'
      ...

    % 受信/送信待機状態
    case 'Receive'
      ...

  end
  Node(nn) = TNode;
end
```

状態遷移

各ノードのMACStateに基づいて、各ノードの動作状態が決定されます。これらの動作は 図4.4 に示すような状態遷移図として描くことができます。ノードの動作状態MACStateは、おもにListen(受診待機中)、Backoff(衝突回避中)、Transmit

図4.4 MAC層の処理における状態遷移図

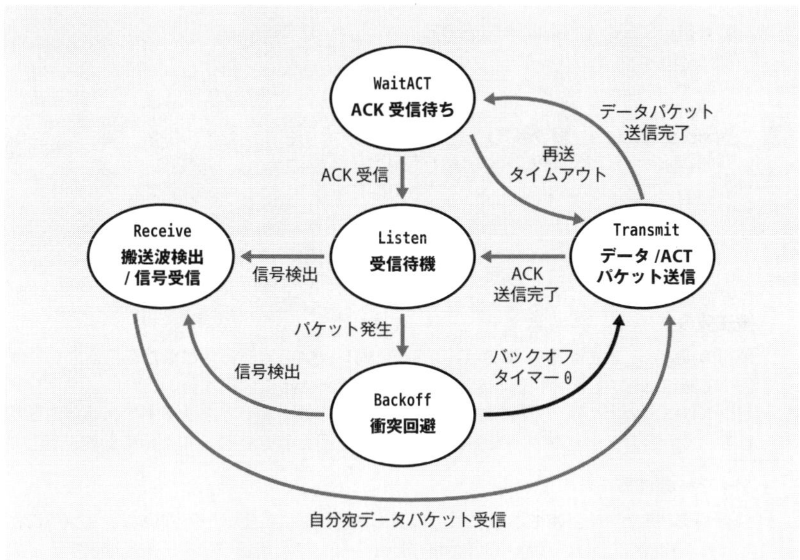

(パケット送信中)、Receive(信号受信中)、WaitACK(ACK待ち)があります。それぞれの状態は、パケットの送信や信号の受信/検知、そしてバックオフやACK受信待ちなどの各種タイマーの経過を契機に遷移します。それでは個々の状態の処理について見ていきましょう。

キャリアセンス

キャリアセンスの部分 コード4.6 は、CSMA/CAプロトコルにおいて重要な機能の一つです。周囲の電波の仕様状況をうかがいながら自身のパケット送信または待機の判断を行います。具体的には以下のような処理が行われています。

コード4.6 キャリアセンス

```
% キャリアセンス
case 'Listen'

if strcmp(TNode.PHYState, 'Receive') == 1
  % 搬送波を検知したら
  TNode.MACState = 'Receive';
else
```

前ページより続き

```
    % タイマー
    TNode.Timer  = max(0, TNode.Timer - 1);
    if TNode.Timer <= 0
      % バッファにパケットが存在したら、'Backoff'へ
      if numel(TNode.TxBuffer)>0
        TNode.MACState = 'Backoff';
        TNode.Timer = randi([0 TNode.CW])*T_Slot;
      end
    end
end
```

- **搬送波の検知**
  最初のif文で、まずはPHY層の状態がReceive(受信中)であるかどうかを確認する。受信中であればMAC層の状態MACStateも同様にReceiveに変更する。これは、キャリアセンスレベル以上の電波が検知されている、つまり他のノードが送信中であることを示している。自身宛のパケットを受信しているかどうかにかかわらず上記の動作を行う
- **タイマーの減算**
  PHY層の状態がReceiveでなければ、周囲に送信状態にあるノードがいないということになる。TNode.Timer = max(0, TNode.Timer - 1);で、待機タイマーを1減らす。このタイマーは他の状態における処理で所定の待機時間が設けられたのであれば、その間は次の動作を開始することはできない。if TNode.Timer <= 0で、待機タイマーが0になったかどうかを確認し、タイマーが0になれば次の動作へと移る
- **送信パケットの確認**
  if numel(TNode.TxBuffer)>0で、送信バッファにパケットが存在するか確認する。送信バッファにパケットがあれば、送信に向けてバックオフ処理へと移る。MACStateをBackoffに変更する
- **バックオフタイマーの設定**
  同時に、コンテンションウィンドウに基づきTimerにバックオフ時間を設定する

このように、キャリアセンス機能はあるノードが他のノードからの送信を検知した場合や、特定の待機時間が経過した後に何をすべきかを決定しています。これは無線LANにおいて非常に重要な処理で、送信衝突を避けるための基本的なメカニズムです。

ランダムバックオフ

ランダムバックオフの部分 **コード4.7** は、ランダムバックオフの処理を行います。具体的には以下のような処理が行われています。

- **搬送波の検知**
  キャリアセンス状態の場合と同様に、最初のif文で、PHY層の状態がReceive（受信中）であるかどうかを確認する。受信中であればMAC層の状態MACStateも同様にReceiveに変更する。これは、ランダムバックオフ中に他のノードからの送信の有無を検出するためであり、検出した場合にはバックオフタイマーを一時停止させ、他のノードの送信が終わるのを待つ
- **タイマーの減算**
  PHY層の状態がReceiveでなければ、バックオフタイマーが0になるまで待機する
- **送信状態へ遷移**
  タイマーが0になれば、TNode.MACState = 'Transmit';で、MAC層の状態をTransmit（送信）に変更する。このとき、送信バッファの先頭にあるパケットTNode.TxBuffer(1)の残り時間長であるPortionのパラメータにデータ長T_DATを代入し、PHY層におけるデータ送信の準備を行う

コード4.7 ランダムバックオフ

```
% ランダムバックオフ
case 'Backoff'

  if strcmp(TNode.PHYState, 'Receive') == 1
    % 搬送波を検知したら
    TNode.MACState = 'Receive';
  else
    % バックオフタイマーが0になったら'Transmit'
    TNode.Timer = max(0, TNode.Timer - 1);
    if TNode.Timer == 0
      TNode.MACState = 'Transmit';
      TNode.TxBuffer(1).Portion = T_DAT;
    end
  end
```

このように、ランダムバックオフ機能はデータパケット送信前の状態において、複数のノードが同時に送信しようとした場合の衝突を避けるための手順を定めています。

パケット送信

パケット送信の部分 **コード4.8** はパケット送信の前処理を行っています。具体的には以下のような処理が行われています。

- **タイマーの減算**
  タイマーが設定されていれば0になるまで待機する。データ送信の場合には即座に次の処理を実行可能だが、ACKパケットの送信の場合は、SIFSの時間だけ待機する必要が

あるため、タイマーが設定される

- PHY層の状態を設定
  実際にパケット送信を実行するために、PHYStateをTransmitに変更する

コード4.8 パケット送信

```
case 'Transmit'

  % タイマー
  TNode.Timer  = max(0, TNode.Timer - 1);
  if TNode.Timer <= 0
    TNode.PHYState = 'Transmit';
  end
```

ACK待ち

ACK待ちの部分 コード4.9 は、データパケット送信後のACKパケットの受信待ちと再送制御を行っています。具体的には以下のような処理が行われています。

コード4.9 ACK待ち

```
% ACK待ち
case 'WaitACK'

  % 再送タイマーを減らす
  TNode.Timer  = max(0, TNode.Timer - 1);

  % ACKを受信しなければ再送：'Backoff'からやり直し
  if TNode.Timer <= 0

    if TNode.Retry >= Retry_lim
      % 再送回数上限：パケットを破棄：'Listen'へ
      TNode.MACState  = 'Listen';
      TNode.Retry  = 0;
      TNode.Timer  = T_DIFS;
      % 自身のバッファから削除
      TNode.TxBuffer(1) = [];

      N_LossPacket = N_LossPacket + 1;

    else
      % 再送
      TNode.Retry = TNode.Retry + 1;
      TNode.MACState = 'Backoff';
      TNode.CW    = min((CW_min+1)*2^TNode.Retry - 1, CW_max);
      TNode.Timer = randi([0 TNode.CW])*T_Slot;

      N_Retry = N_Retry + 1;
```

前ページより続き

```
    end
end
```

- 再送タイマーの減算

  ここでのTimerには、ACKが返答されるまでに要する時間が設定される。ステップごとに、再送タイマーを1ずつ減算する

- ACKの受信確認

  if TNode.Timer <= 0において再送タイマーが0になった、つまり、ACKが期限内に受信されなかった場合には、以下の処理を行う

- 再送回数の上限確認

  if TNode.Retry >= Retry_limで、再送回数が設定された上限(Retry_lim)に達しているかを確認する

  ➡上限に達した場合

  TNode.TxBuffer(1) = [];によりバッファから該当するパケットを削除する。MAC層の状態をListenに変更するとともに、再送回数を0にリセットする。そして次の動作に入る前にTimerにDIFSの待ち時間を設定する。シミュレーション上の統計をとるために、パケット損失数N_LossPacketをインクリメントする

  ➡上限に達していない場合

  データパケットの再送を行う。再送回数Retryをインクリメントし、MAC層の状態をBackoffに変更する。そしてコンテンションウィンドウ(CW)のサイズを指数バックオフのルールに従い更新し、その値の範囲内でバックオフタイマーをランダムに設定する。最後に、再送回数N_Retryをインクリメントする

以降は、バックオフタイマーが0になるまでパケット送信の待機状態となります。

このように、ACKの受信を待機し、受信できなかった場合には再送制御を行っています。再送は、ネットワークの信頼性を高めるために重要な機能ですが、再送回数が一定の上限に達した場合には、パケットは破棄されます。

受信または送信待機状態

データ/ACKパケットの受信中や、キャリアセンスにより搬送波を検知した場合、つまり自ノード宛ではないパケットを受信した場合には、ノードは能動的に動作をすることはありません。PHY処理において受信データ(Portion)を蓄積していきます。詳細は、以下のPHY処理のセクションにて説明します。

C PHY処理

C PHY処理のセクションでは、ノードのPHY層の動作がシミュレートされます。PHY層は物理的な信号の送受信を担当します。コード4.10 に、PHY層における処理の全体的な流れを示します。

コード4.10 PHY処理の全体的な流れ

```
for nn = 1:N_node

  % ノード構造体をいったん取り出す
  TNode = Node(nn);

  % 状態
  switch TNode.PHYState

    % 送信
    case 'Transmit'
      ...

    % 受信：1つのノードから信号を受信
    case 'Receive'
      ...

    % 衝突：複数のノードから信号を受信
    case 'Collision'
      ...

    % 上記以外
    case 'None'
      ...

  end
  Node(nn) = TNode;
end
```

以下、パケットの**送信**と**受信**の機能に分けて、それぞれ説明を行います。

パケット送信

「パケット送信」処理は、Packet構造体の変数であるPortionをステップごとに受け渡すことにより実現します。複数のノードからの送信が発生した場合には、干渉(衝突)も考慮する必要があります。以下、その詳細を説明していきます。

❶受信ノードに対する処理

❶受信ノードに対する処理 コード4.11 では、送信相手となるノード(RNode)に対して送信しているパケットの情報を伝達する処理を行います。受信感度以上であれば、相手先の受信情報の更新と、状態の変更を行います。

コード4.11 ❶受信ノードに対する処理

```
case 'Transmit'

% 周辺ノードへ送信
for ni = 1:N_node
  if ni == nn, continue, end

  % 相手ノードの構造体
  RNode = Node(ni);

  % 送受信距離から受信強度の算出
  Distance = norm([RNode.Pos, TNode.Pos]);
  Rx_Power  = Tx_Power - 20*log10(4*pi*Distance/WaveLength);

  % 受信感度以上、かつ送信中でなければ受信処理へ
  if Rx_Power >= Thresh_CS && strcmp(RNode.PHYState,'Transmit') ~= 1

    % 複数のノードからの受信パケットを管理
    RIdx = find(RNode.RxID == nn);

    if TNode.TxBuffer(1).Portion > 0

      % あるパケットをはじめて受信するとき
      if numel(RIdx) == 0
        RNode.RxID  = [RNode.RxID, nn];
        RNode.RSSI = [RNode.RSSI, Rx_Power];
        RNode.RxCount = [RNode.RxCount, 0];
        RIdx = numel(RNode.RxID);
      end

      RNode.RxCount(RIdx) = RNode.RxCount(RIdx) + 1;

    else

      % 送信完了後：宛先へパケット受け渡し
      RNode.RxBuffer = TNode.TxBuffer(1);

      % 受信情報リストから送信元ノードの情報を削除
      RNode.RxID(RIdx)     = [];
      RNode.RSSI(RIdx)    = [];
      RNode.RxCount(RIdx) = [];

    end
```

前ページより続き

```
    % 物理層の状態遷移処理

    % 1つのノードから受信している場合：'Receive'
    if numel(RNode.RxID) == 1 && strcmp(RNode.PHYState,'Collision') ~= 1
      RNode.PHYState = 'Receive';
      RNode.MACState = 'Receive';
    end

    % 複数のノードから受信している場合：'Collision'
    if numel(RNode.RxID) > 1 % && prod(RNode.RxID == nn) == 0
      RNode.PHYState = 'Collision';
      RNode.MACState = 'Receive';
    end

  end

  Node(ni) = RNode;

end
```

- 周辺ノードへ送信

  for ni = 1:N_node … のループで、すべてのノードに対して送信処理を行う。ただし、送信元自身(nn)には送信しないように if ni == nn, continue, end でスキップしている

- 受信強度の算出

  送信ノードTNodeと受信ノードRNodeの距離Distanceを計算し、受信電力Rx_Powerを計算している。ここでは、簡易なモデルとして距離の２乗に従って電力が減衰する自由空間伝搬を仮定している

- 受信処理へ

  if文により受信処理へ移るか否かの判断を行う。条件は2つ設けている。一つは受信電力Rx_Powerが受信感度Thresh_CS以上であるか。もう一つは送信相手のノードRNodeが送信状態となっていないか、である。何かしらの信号を送信中は、それと同時に受信することができないという前提を置いている

- 受信パケットの管理

  送信相手のノードRNodeは、他のノードからもパケットを受信している可能性があるため、送信が完了していない間、つまり送信バッファにおける先頭パケットのPortionが残っている間(if TNode.TxBuffer(1).Portion > 0)は、以下の情報を漏れのないように管理する

  - RxID ➡ 送信元のノードID
  - RSSI ➡受信中の信号の電力
  - RxCount ➡受信中のPortion数

- 送信完了後の処理

TxBuffer(1).Portion=0となり、パケットの送信が完了した場合には、当該パケットを相手ノードの受信バッファRxBufferへと移す。送信が完了したため、上記の管理情報を削除する

- 状態遷移処理

  RNodeが一つのノードからのみ受信している場合には、PHY層およびMAC層の状態をともにReceiveとする。一方、すでに他のノードからもパケットを受信中である場合などは、衝突状態にあるため、PHYStateをCollisionとします。MACStateはReceiveとする

❷送信ノードに対する処理

❷送信ノードに対する処理 コード4.12 では送信元のノード(TNode)におけるパケット残量のカウントと送信完了後の状態遷移を行います。

コード4.12 ❷送信ノードに対する処理

```
% 送信パケットのカウントを減らす
TNode.TxBuffer(1).Portion = TNode.TxBuffer(1).Portion - 1;

% 送信を終えたら
if TNode.TxBuffer(1).Portion < 0
  switch TNode.TxBuffer(1).Type
    case 'DAT'
      TNode.MACState = 'WaitACK';
      TNode.PHYState = 'None';
      % 再送タイマー
      TNode.Timer = T_SIFS + T_DIFS + T_ACK;

    case 'ACK'
      TNode.MACState = 'Listen';
      TNode.PHYState = 'None';
      % DIFS
      TNode.Timer  = T_DIFS;
      % 自身のバッファから削除
      TNode.TxBuffer(1) = [];
  end
end
```

- 送信パケットのカウントを減らす

  送信バッファの先頭に格納されているパケットの残数(Portion) TxBuffer(1).Portionをデクリメントしていく。送信を終えたパケットの種類に応じて以下の処理が続く

- データパケットの場合

  MAC層の状態MACStateを、ACKパケットの返答待ち状態WaitACKに設定する。物理層の状態PHYStateは、送信処理を完了し役目を終えたためNoneとなる。そして再送タイマーとして、ACKパケットが返答されるまでに要する時間T_SIFS + T_DIFS + T_ACKを

Timerに設定する

- ACKパケットの場合

  一連のデータ送信処理を完了した状態となる。そのためMACStateは通常の受信待ち状態Listenに、PHYStateはNoneに遷移する。タイマーはDIFS区間だけ待機することになる。最後に、送信バッファの先頭に格納されていたACKパケットを削除する

パケット受信

「パケット受信」処理 **コード4.13** では、受信状態、つまりPHYStateがReceiveであるノードの処理が実行されます。

前の項目では1つのパケットを送信し終えるまでの処理を記述しました。以降のプログラムでは、受信側から見たときの、1つのパケットを受信完了後、当該パケットに記載されている情報をもとにどのような動作を行うのかを記述しています。

まず、受信レベルの確認としてif文にてif numel(TNode.RSSI) == 0の判定を行います。この条件は、RSSI(受信レベル)がいずれのノードからも0であり、かつ衝突がなかった場合に実行されます。受信したパケットのタイプに応じて処理が分かれます。

コード4.13 **パケット受信処理**

```
case 'Receive'

  % 受信レベルが0=受信を終えたら、かつ衝突がなければ
   if numel(TNode.RSSI) == 0

     switch TNode.RxBuffer(1).Type

       case 'DAT' ←❶

         if TNode.RxBuffer(1).To == TNode.ID
           % 自分宛だったらACK 送信
           % パケット構造体
           Packet.Type    = 'ACK';
           Packet.From    = TNode.ID;
           Packet.To      = TNode.RxBuffer(1).From;
           Packet.Portion = T_ACK;

           % ノードのバッファ先頭に挿入
           TNode.TxBuffer = [Packet; TNode.TxBuffer];
```

前ページより続き

```
        TNode.MACState  = 'Transmit';
        TNode.PHYState  = 'None';

        % ACK送信前にSIFS待つ
        TNode.Timer  = T_SIFS;

        % 受信成功パケットのリスト
        nj = TNode.RxBuffer(1).From;
        TNode.RxFrom(nj).List = [TNode.RxFrom(nj).List; TNode.RxBuffer(1).idx];

      else
        % 自分宛ではなかったら、タイマー繰り越し
        TNode.MACState = 'Listen';
        TNode.PHYState = 'None';
        % DIFS
        TNode.Timer  = TNode.Timer + T_SIFS + T_ACK + T_DIFS;

      end

      % 受信バッファをクリア
      TNode.RxBuffer(1) = [];

    case 'ACK' ←❷

      if TNode.RxBuffer(1).To == TNode.ID
        % 自分宛のACKだったら：送信成功、'Listen'へ
        TNode.MACState  = 'Listen';
        TNode.PHYState = 'None';
        TNode.Retry  = 0;
        TNode.Timer  = T_DIFS;

        % 自身のバッファから削除
        TNode.TxBuffer(1) = [];

        % 総受信パケットをカウント
        N_RxPacket = N_RxPacket + 1;

      else
        % 自分宛ではなかったら：そのまま'Listen'へ
        TNode.MACState  = 'Listen';
        TNode.PHYState = 'None';

      end

      % 受信バッファをクリア
      TNode.RxBuffer(1) = [];

  end
end
```

❶データパケット(DAT)の場合

自分宛のパケットであるかを、if TNode.RxBuffer(1).To == TNode.IDで判断します。受信したパケットが自分宛であれば、ACKパケットの送信処理を行います。以下のようなパケット構造体を作ります。

- Type ⇒ACKに設定
- From ⇒自身のノードIDTNode.IDを設定
- To ⇒送信元のノードIDとしてTNode.RxBuffer(1).Fromを設定
- Portion ⇒ACKパケットの時間長T_ACKを設定

このように作成したPacket構造体をTxBufferに格納します。もし送信待機状態のパケットがあったとしても優先的に送信する必要があるため、TNode.TxBuffer = [Packet; TNode.TxBuffer];として先頭に挿入します。続いて、MAC層の状態MACStateを送信状態Transmitに設定します。PHY層の状態PHYStateはいったんSIFS区間の送信待機とするため、Noneと設定します。TimerにSIFS区間T_SIFSを設定します。最後に、受信成功パケットのリストにRxBufferのパケットを格納します。

自分宛のパケットであるか否かの条件分岐において、自分宛ではなかった場合、当該パケットの送信処理が終わるまで待機状態とします。現時点でのタイマーは次のキャリアセンス開始まで繰り越されます。MACStateをListenに、PHYStateをNoneに設定し、Timerに現時点での残数と、送信中のノードがACKパケットを受信し終えるまでの時間T_SIFS + T_ACK + T_DIFSを追加し、処理を終了します。

❷ACKパケットの場合

まずは、上述の場合と同様に受信パケットが自分宛のパケットであるかを判断します。自分宛であれば、送信成功として一連の送信処理が完了したことになります。MACStateをListen状態に遷移させます。PHYStateはNoneとします。再送回数Retryを0にリセット、TimerをT_DIFSに設定し、次の動作開始までDIFS区間待機するものとします。最後に、TxBuffer(1)を空にすることで送信完了したパケットを削除します。統計処理として、総受信パケット数N_RxPacketをインクリメントし、処理を終了します。

一方、自分宛ではなかった場合は、とくにアクションを起こす必要はないため、MACStateをListenに、PHYStateをNoneとしてキャリアセンス状態に移ります。

以上の処理により、パケットの受信に対するイベントが完了したため、受信バッファRxBuffer(1)に格納されているパケットを削除します。

パケット受信(衝突状態)

複数のノードから信号を受信した場合、それらはパケットの衝突となってしまいます。この場合、受信パケットの正確な復調/復号を行うことができず、受信失敗という結果に終わります。

すべての送信ノードからの受信を終えた後、Timerに DIFS区間を追加してキャリアセンス状態へと遷移します。

```
% 受信 (パケット衝突状態)
case 'Collision'

  % 受信レベルが0=受信を終えたら
  if numel(TNode.RSSI) == 0
    % 衝突している状態なので信号を復調できない⇒'Listen'
    TNode.MACState = 'Listen';
    TNode.PHYState = 'None';
    TNode.Timer  = TNode.Timer + T_DIFS;
  end
```

最後に、上記「パケット送信」「パケット受信」「パケット受信(衝突状態)」以外の状態については、

```
case 'None'
```

とし、何も動作をせずスキップします。

以上のコードは物理層でのパケット受信とその後の動作および状態遷移を記述するものでした。イベントドリブン型のシミュレーションという性質上、それぞれの動作だけを見ても流れを掴(つか)みづらいところがあるかもしれません。そのような場合には、各パートで記述されている状態遷移を辿っていき、MAC層とあわせてどのような動作が続いていくのかを実際に動かして確認してみてください。MATLABには1行ずつプログラムを実行していける便利なデバッグ機能も備わっています。これを活用して、1ステップごとの流れをじっくりと観察してみましょう。

4.3 システム性能評価
可視化と考察のポイント

シミュレーションをさまざまなパラメータで実行し、グラフとして可視化することで対象とするネットワークの性能を評価することができます。本節ではその一例を示し、比較/評価の方法や考察のポイントを解説します。

シミュレーションの現在のステータス

コード4.14は、シミュレーションの実行中に現在のステータスを表示します。トラフィック負荷やシステムスループット、再送回数、パケットロスなどの情報がコマンドウィンドウに表示されます。

コード4.14 シミュレーションの現在のステータス

```
% 現時点でのトラフィック負荷
CurrentLoad = N_GenPacket*PacketSize/(T_Step*nt);
% 現時点でのシステムスループット
CurrentTP   = N_RxPacket*PacketSize/(T_Step*nt);
% パケット損失率
PacketLossRate = N_LossPacket/(N_RxPacket+N_LossPacket)*100;

% 途中経過をコマンドウィンドウに表示
if mod(nt,100)==0
  clc;
  fprintf([' Offered Load  = %2.2f Mbps, N_GenPacket = %d, \n' ...
           ' Throughput    = %2.2f Mbps, N_Rx_Packet = %d \n' ...
           ' Retry Count   = %d,   Packet Loss Rate = %d \n'], ...
           CurrentLoad/1e6, N_GenPacket, CurrentTP/1e6, N_RxPacket, N_Retry, PacketLossRate);
  pause(0.01);
end
```

評価指標として重要なものは以下のとおりです。

- CurrentLoad
  設定したトラフィック負荷OfferedLoadに対し、実際にネットワークに与えられたトラフィック量を示す
- CurrentTP
  現時点におけるシステムスループットを示す。以下の式で定義される

$$TP = \frac{\text{全ノードにおける受信成功ビット数}}{\text{シミュレーション時間}} \ [bps]$$

1パケットには1500×8=12,000ビット含まれることから、すべてのノードが受信に成功したパケット数×12,000により受信成功ビット数は求められる。これらのビット数を処理するのに要した時間、つまりシミュレーション時間で除算することで、ネットワークとして単位時間あたりに処理可能なビット数を求めることができる

- PacketLossRate

  現時点におけるパケット損失率。対象とするネットワークにおいて、全ノードが受信すべきパケットのうち、再送上限回数に達するなどして破棄され届かなかったパケット数の比率として定義する

$$Loss = \frac{\text{破棄されたパケット数}}{\text{受信パケット数}+\text{破棄されたパケット数}}$$

続いて、システムの性能評価を詳細に行います。1台のAPと2台のSTAから構成されるネットワークがどれだけのビット数を処理できるのか、シミュレーションにより求めます。本章ではここまでに説明したシミュレーションプログラムを用いて、2つのシナリオとして隠れ端末なし/ありの場合についての評価例を示します。

[シナリオ❶]隠れ端末なし

最初の評価として、隠れ端末のない状況での評価を行います。図4.5のように、APとSTAが互いにキャリアセンス可能な位置関係となるように配置します。

```
% ノードのタイプなど個別に指定
Node(1).Type  = 'AP';
Node(2).Pos   = [ 10, 10];
Node(3).Pos   = [-10, 10];
```

いずれかのノードが送信する電波は他のすべてのノードにて検知可能であるため、基本的にはパケット衝突は起こり得ません。衝突が考えられるのは、たまたまパケットの生起タイミングや送信タイミングが同時刻であったケースとなります。ここで、トラフィック負荷OfferedLoadを6〜30Mbps程度まで変化させ、所定の秒数経過した後のシステムスループットThroughputおよびPacketLossRateを測定します。プロット方法としては、

図4.5 シミュレーション環境(シナリオ❶ 隠れ端末なし)

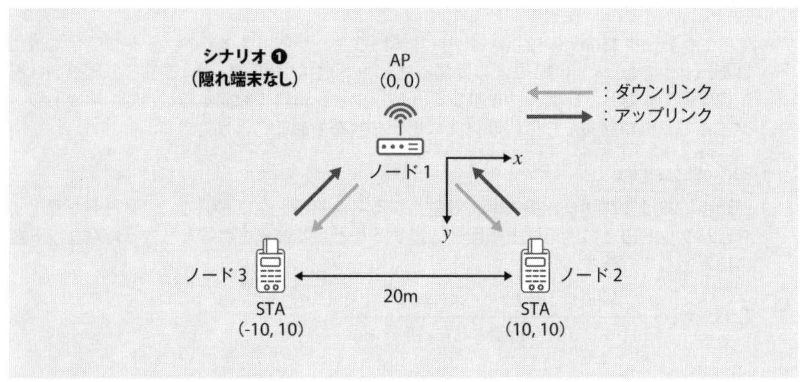


```
figure(1);
plot(Offerefload, Throughput);
figure(2);
plot(Offerefload, PacketLossRate);
```

のように、plot関数を用います。

figure関数は、新たにプロット用のウィンドウを立ち上げる関数です。引数にインデックスを含めることで、指定の番号のウィンドウに同じ結果をプロットすることができます。

[シナリオ❷]隠れ端末あり

2つめのシナリオとして、隠れ端末のある状況でシステムスループットを評価します。隠れ端末の生じる条件は、

- それぞれのSTAはAPと通信ができる
- STA同士はキャリアセンスレベルの範囲外

の2つを満たすときです。この環境は、STA間の距離を離してあげれば実現できます。以下のコードと 図4.6 に示すように、ノード2, ノード3のx軸上の距離を変更します。

図4.6 シミュレーション環境(シナリオ❷ 隠れ端末あり)

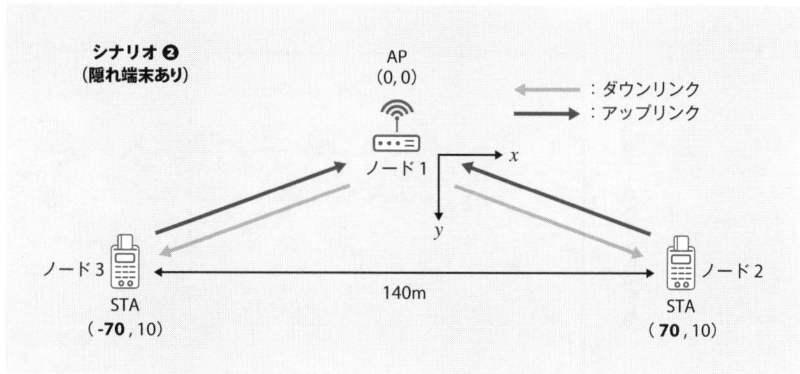


```
% ノードのタイプなど個別に指定
Node(1).Type   = 'AP';
Node(2).Pos    = [ 70, 10];
Node(3).Pos    = [-70, 10];
```

このような位置関係とすることでSTA同士は互いにキャリアセンスできないため、一方のSTAがAPに向けてパケットを送信している最中に他方のSTAがAP宛にパケットを送信する状況が発生します。シミュレーションを実行しながら全体の再送回数であるN_RetryやN_LossPacketを観測してみると、シナリオ❶よりも多くなっていることが確認できると思います。これはパケットの送信失敗が頻発していることを意味しており、システムスループットが低下する要因となります。シナリオ❶と同様に、トラフィック負荷OfferedLoadを6～30Mbps程度まで変化させ、所定の秒数経過した後のシステムスループットThroughputとPacketLossRateを測定します。

[シミュレーション結果の考察]システムスループット

シナリオ❶❷のシステムスループット特性を同じプロット上で比較した結果を図4.7に示します。

シナリオ❶(隠れ端末なし)の場合、トラフィック負荷が16Mbps程度まではシステムスループットも同様に増加していますが、それ以上の負荷ではシステムスループットは向上せず、17Mbps程度で頭打ちになっていることがわかります。ネッ

図4.7 トラフィック負荷に対するシステムスループット

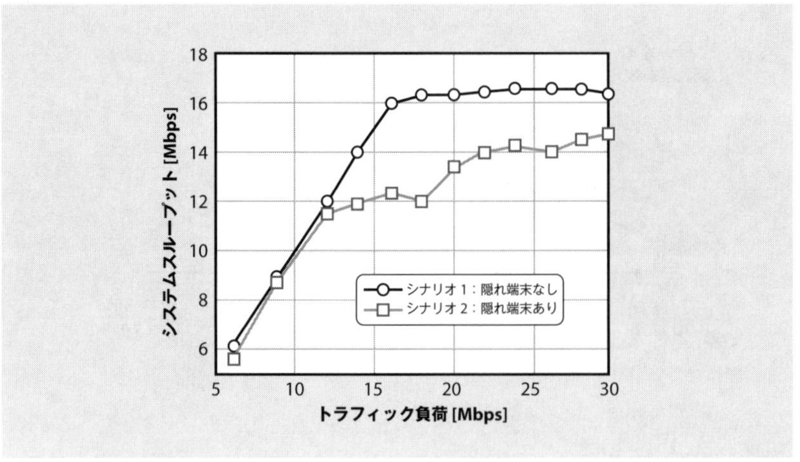

トワークとして処理できるトラフィックの上限に達したためであり、このとき生起したパケットは遅延なく送信することが困難である状況です。このようなネットワーク状態を**飽和**と表現します。またこのときのシステムスループットを**飽和スループット**とも言います。

一方、シナリオ❷(隠れ端末あり)の特性に着目すると、シナリオ❶よりも低いシステムスループット特性であることがわかります。隠れ端末により再送やパケット損失が生じた影響が結果として表れていることが確認できます。

[シミュレーション結果の考察]パケット損失率

シナリオ❶❷のシステムスループット特性を同じプロット上で比較した結果を図4.8に示します。シナリオ❶(隠れ端末なし)の場合、どのトラフィック負荷の条件でも常にパケット損失が生じていないことがわかります。STA1、STA2との間のキャリアセンスが適切に動作し、CSMA/CAによる送信機会が各ノードに確実に与えられているということがこの結果からわかります。たまたま同時に送信した、というケースも起こり得ますが、ランダムバックオフ後の再送による送信タイミングの調整も成功しているのだと考えられます。

一方、シナリオ❷(隠れ端末あり)の場合は、一定数のパケットが破棄されていることがわかります。これは、いずれかのSTAがパケット送信中に他方のSTAが

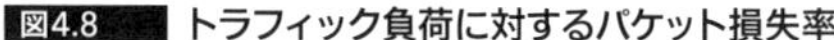

図4.8 トラフィック負荷に対するパケット損失率

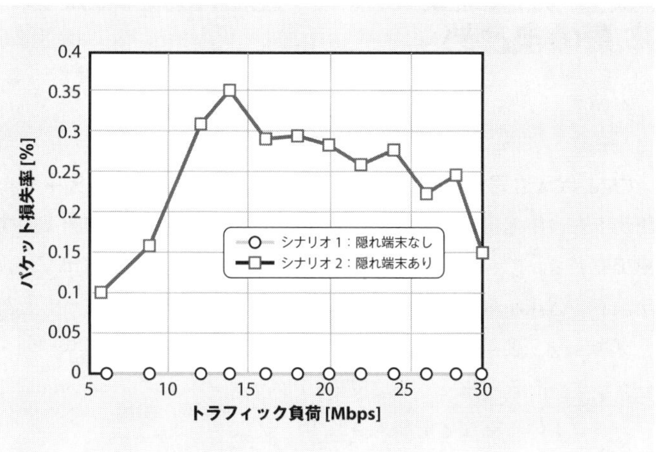

送信を行っている、つまりパケット衝突が頻発しているためです。送信失敗による再送回数の上限を超えたことで当該パケットは破棄され、これが隠れ端末問題の結果として現れます。

物理層レベルでのスループットは24Mbpsですが、複数台の送信に要するMAC層プロトコルのオーバーヘッドや隠れ端末の影響により、実効的なスループット特性は無視できないほどに減少してしまうことがわかります。しかし、パケット損失を抑え確実にデータを届けるためには、CSMA/CAのようなプロトコルは重要であるということもわかります。

より多くの端末数がAP配下に存在したり、異なるAPによるサービスエリアが周辺に存在する環境では、電波干渉の影響はさらに大きく出てしまいます。CSMA/CAはそれを自律的に回避するよう動作しますが、得られるスループットはさらに低下することが予想されます。本シミュレーションプログラムを改良すれば、そのような環境を模擬した評価も可能です。また今回は未実装ですが、パケットの送信時刻をタイムスタンプとして新たな変数に格納すれば、パケットの生起から送信完了までに要した時間(遅延特性)を計測することも可能です。スループット特性とあわせてより詳細な評価が可能となります。

4.4 本章のまとめ

本章では、MAC層の機能として無線LANにおけるCSMA/CAについて、MATLABシミュレーションを通して詳細に解説しました。

CSMA/CAも言わばプロトコルであり、アクセス制御を集中的に指示する司令塔が不在の中で自律的にいかに効率良く確実にデータ伝送を実現するかという観点で開発されてきました。さらなる効率化/高速化に向けた改良も進んでいます。物理層の観点からは使用する帯域幅の増大やより多くのビットを割り当てられるサブキャリア変調の導入です。MAC層では、GI長のバリエーションや複数のデータパケットやACKを連結させる(アグリゲーション/*aggregation*)ことによるオーバーヘッドの短縮などが導入されています。

これらの改良されたパラメータを元にパケットの時間長へと換算し、シミュレーションに反映することでその性能改善効果を確認することができます。

本章で解説したシミュレーターは至ってシンプルな機能に留めています。現実的なトラフィックモデルやキュー制御の実装により、より精度の高いシミュレーションを行うことが可能です。RTS/CTSによる隠れ端末の改善効果もぜひ試してみてほしいと思います。さらには、次章以降で説明するTCPの振る舞いもMAC層の上位層として実装することも可能です。6章では既成のシミュレーター(ns-3)を扱いますが、自ら実装してみるのも良い経験になります。シミュレーションを行う利点は柔軟にさまざまな機能を追加して評価できる自由度の高さです。実践を通してこれらプロトコルの動作やそのおもしろさを実感してください。

Column

[研究開発最前線]CSMA/CA&干渉回避

CSMA/CAは「干渉回避」を基本的なコンセプトとしたMAC制御方式です。実用上完成されており非常に有用な手法ですが、さらなる効率化やシステムに特化したチューニングなどの観点から、幅広く研究されています。

IoT端末向けの低電力広域(LPWA, *Low Power Wide Area*)無線ネットワークの1つであるLoRA(*Long Range Radio*)はCSMAを採用しています[*a]。また、IEEE 802.15.4[*b]として標準化されている近距離を対象としたZigBeeというセンサーネットワークシステムでは、同じくCSMAをベースとしたMAC制御方式が採用されています。

最近では、より安全な交通システムや自動運転の実現のために通信と連携して認識範囲を広域化する研究も活発になされています。車車間通信や路車間通信向けに、セルラーシステムをベースとした集中制御型や、CSMA/CAに基づく分散制御型のMAC制御方式(IEEE 802.11p)が策定されています[*c]。このように、システムに特化したCSMA/CAの具体的な振る舞い、効果を確認してみるのも良いでしょう。

その他、APを多段中継接続構成とすることで有線ケーブルを敷設することなく無線エリアを拡大可能なマルチホップネットワークでは、ホップ数に従い伝送効率が著しく低下することから、中継伝送に特化したCSMA/CAの改良方式が検討されています[*d]。

機能的な側面としては、IEEE 802.11ax (Wi-Fi 6)ではOBSS(*Overlapping Basic Service Sets*)という新しい概念が導入されています。接続しているAPまたは端末と、干渉源からのキャリアセンス閾値をそれぞれ動的に変更することで、干渉発生時に送信を停止するのではなく、一定レベルの干渉を許容した上で通信を行います。これにより全体的な効率を改善させることが可能となりました[*e]。4章で紹介したシミュレーションを改良することにより検証できますので、興味を持った方々にはぜひ試してみてほしいと思います。

*a 「TR013-1.0.0 Carrier Sense Multiple Access (CSMA)」 URL https://resources.lora-alliance.org/technical-recommendations/tr013-1-0-0-csma/

*b 「IEEE Standard for Low-Rate Wireless Networks」(IEEE Std 802.15.4-2020 (Revision of IEEE Std 802.15.4-2015), 2020)

*c 工藤理一/安川真平/丸小倫己/Huan WANG/永田聡/中村武宏「コネクテッドカーサービス実現に向けたLTE V2X技術」(電子情報通信学会論文誌B, Vol.J101-B, No.6, pp.417-433, 2018)

*d K. Maruta, H. Furukawa「Highly Efficient Multi Channel Packet Forwarding with Round Robin Intermittent Periodic Transmit for Multihop Wireless Backhaul Networks」(MDPI Sensors, Vol. 17, No. 11: 2609, 2017)

*e I. Selinis, K. Katsaros, S. Vahid and R. Tafazolli「Control OBSS/PD Sensitivity Threshold for IEEE 802.11ax BSS Color」(IEEE 29th Annual International Symposium on Personal, Indoor and Mobile Radio Communications (PIMRC), 2018)

第5章

4章までに続いて少しレイヤーを上げて、ネットワーク層〜トランスポート層を対象に考えていきましょう。ただし、インターネットにおいてメジャーなネットワーク層プロトコルは「IP」です。ネットワーク層のIPに関してはIPv4、IPv6などバージョンの違いはありますが、IPパケット転送という基本的な機能についてはこれまでと大きくは変わってきていないとも言えます。したがってネットワーク層の基礎知識は、ここまでの章で扱った内容で十分足りるでしょう。

一方で、HTTP/3など昨今のインターネットサービスの進化において動きがあるのは、トランスポート層以上のレイヤーです。そこで本章では、トランスポート層に焦点を当てて解説を行います。

トランスポート層

信頼性とリアルタイム性

5.1 トランスポート層の役割と主要プロトコル

UDPとTCP

トランスポート層は、送信元と宛先との間での「データの送り方」とも言えるような部分を担当します。データ転送の信頼性に関わるような、パケット転送手順などを規定します。長い間、ほぼUDPとTCPの2つのプロトコルが使用されてきましたが、近年新たに「QUIC」と呼ばれるプロトコルが開発されました。

トランスポート層の役割

前述のとおり、OSI参照モデルの第1層〜第3層が「物理的な通信経路」を扱うレイヤーであるのに対して、トランスポート層は「論理的な機能」を扱うレイヤーです **図5.1** 。

すなわち、ある出発地点から目的地までデータを送り届ける場合に、物理的にどこを通るのかが決定したとして、その「データの送り方」も決める必要があるということです。ここで「データの送り方」という曖昧な表現を使いましたが、郵便に置き換えて考えてみるとわかりやすいかもしれません。書類を送るとき、自分と相手の名前や住所は同じでも、その送り方としては普通郵便、速達、書留など、

図5.1 [再掲]トランスポート層の役割

	OSI参照モデル	TCP/IP階層モデル	プロトコルの例
第7層 / レイヤー7	アプリケーション層	アプリケーション層	HTTP, FTP, DHCP, SMTP, POP, Telnet
第6層 / レイヤー6	プレゼンテーション層		
第5層 / レイヤー5	セッション層		
第4層 / レイヤー4	トランスポート層	トランスポート層	TCP, UDP
第3層 / レイヤー3	ネットワーク層	インターネット層	IP, ICMP
第2層 / レイヤー2	データリンク層	ネットワーク インターフェース層	Ethernet, PPP IEEE 802.3, IEEE 802.11
第1層 / レイヤー1	物理層		

レイヤー1〜3は物理的な伝送経路、レイヤー4〜7は論理的な伝送経路。

いくつかの選択肢があります。目的地まで届くことに対して一定の保証を得たい場合には、書留で郵送して配達状況を確認するのが良いです。どうしても急いで届けたい事情がある場合には、速達を選択するのが良いはずです。ただし、普通郵便よりも料金が高くなるので、このようなサービスを常に利用するのは効率的とは言えません。

トランスポート層の代表的プロトコル UDPとTCP

通信ネットワークでは、郵便の種類にあたるような部分をトランスポート層のプロトコルとして定めます。

そして長い間、トランスポート層プロトコルとしては、UDP（*User Datagram Protocol*）とTCP（*Transmission Control Protocol*）の2つが用いられてきました 図5.2 。これらのプロトコルを選ぶ観点は、**リアルタイム性**(**低遅延性**)、そして**信頼性**です。なお、トランスポート層における「信頼性」とは、「送信されたデータを、宛先まで、順序誤りや消失なく転送すること」を指します。消失とは、エラーが生じたパケットが経路上で破棄されるなどして目的地まで届かないことを指します。

通信機器の特性

ネットワークを構成する通信機器は、ケーブル等で物理的に接続されており、単位時間あたりに伝送可能なデータ量に限りがあります。そのキャパシティを超過した場合には、通信路が混雑して待ち時間が発生する、すなわち遅延が大きく

図5.2 トランスポート層の主要プロトコル「UDP&TCP」

UDPとTCPの特徴。

なります。さらに、ルーター等の機器は転送待ちデータを保持するための記憶領域としてバッファを備えていますが、その容量を超過した場合、データは破棄されることとなります。また、通信経路上のどこかでビット反転や消失などのエラーが発生する場合もあります。

このような遅延や信頼性について、どのようなポリシーで対応するかがポイントとなります。

リアルタイム性と信頼性

たとえば、電話などに代表されるリアルタイムの高いアプリケーションでは、データ到着の遅れは致命的な問題になり得ます。つまり少々のノイズが混ざっていたとしても会話はできますが、遅延が大きいとコミュニケーションをとることそのものが難しくなってしまいます。一方でファイル転送を行う場合などには、データの消失やエラーが少しでも発生しては困ります。多少の待ち時間があっても良いので、信頼性の高い通信を行いたいはずです。

ざっくりと考えるなら、前者のような場合にはUDPが、後者にはTCPが適しています。以下ではまず、これまで二大プロトコルとして広く利用されてきたUDPとTCPについて、そのしくみを述べていきます。

5.2 UDPのしくみ

コネクションレス型のプロトコル

UDPは、通信相手とのコネクションを確立しない、軽量かつシンプルなプロトコルです。従来は、信頼性よりもリアルタイム性を重視するようなケースで用いられることが多かったです。ただ、近年開発され普及しつつあるQUICはUDPをベースにしているため、UDPの重要性は増してきています。

UDPの基本　コネクションレス型

UDPの仕様は1980年に発行されたRFC 768に記載されており、インターネット黎明期から使われているプロトコルであると言えます。

UDPは**コネクションレス型**のプロトコルであり、信頼性を提供するための複雑な制御は行いません。コネクションレスとは、読んで字のごとくコネクションを確立しないという意味です。コネクションを確立しないため、データが宛先に無事に届いたかどうかを確認できません。電話で言えば、通信相手が着信に気づいたかどうかには関知せず、一方的にしゃべり続けるようなイメージです。

ただ、この信頼性の低さが逆にシンプルさ/効率性の向上に寄与しています。送信側はとにかく、細かいことは考慮せずにデータを送信し続けることができます。データを受信する側では、「チェックサム」(*checksum*)と呼ばれる情報を用いて、転送中のエラーやロスなどの有無を確認します。正しいデータを受信したことを確認したら、次のレイヤーの処理へと引き渡します。

UDPのユースケース

また、UDPは複数の宛先に同時にデータを送信する**マルチキャスト**にも適しています。これは、いちいち宛先に届いたかどうかなどを確認しないシンプルさに付随するメリットです。簡単なイメージで言えば、先生が複数の生徒に対して大きな声で話すような感じです。なお、宛先が単一の通常の通信はユニキャストと呼ばれます。

通信相手の数による通信方法の分類を 図5.3 に示します。ユニキャストでは、送信元からデータを送る宛先は一つです。マルチキャストでは、あらかじめ定めた複数の相手に対して、同時にデータを転送します。一方でブロードキャストでは、不特定多数の相手に対して、同時にデータを送信します。これらの中でどれが良いといったことはなく、目的に応じて適した送信方法を選択することが重要です。

図5.3 ユニキャスト、マルチキャスト、ブロードキャスト

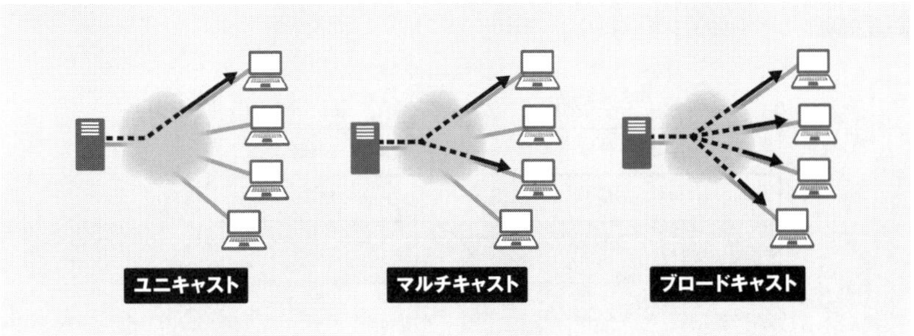

UDPのデータグラム

UDPを用いる場合、送出するデータには「UDPヘッダー」が付加されます。送出するデータ、つまり中身にあたる部分を「ペイロード」と呼びます。

なおUDPヘッダーを付与したデータは、正確には**データグラム**(*datagram*)と呼びますが、「UDPパケット」などと呼ばれることも多いです。TCPの場合には「セグメント」と呼ばれるため、UDPでもセグメントと呼ばれることもあります。

UDPヘッダー

UDPヘッダーの構成を 図5.4 に示します。ヘッダーのサイズは8バイトと短く、必要最低限の情報しか含まれない点がポイントです。各フィールドについて、以下に簡単に説明します。

- 送信元ポート番号(16ビット)
  レイヤー4の通信を識別するために利用するのがポート番号である。このフィールドでは、通信相手からの通信を受け付けるために用いるポート番号を指定する。16ビットなので、0から65535までの値が用いられる
- 宛先ポート番号(16ビット)
  通信相手のポート番号を指定する。同じ通信相手でも、アプリケーションごとに異なるポート番号を使えば、通信を多重化できる
- データ長(16ビット)
  UDPヘッダーとペイロードを合計した、データサイズをバイト数で表した値である
- チェックサム(16ビット)
  チェックサムは、誤り検出に使われる符号の一種。データの伝送中に誤りが生じた場合に、受信者側でエラーを検出するために用いる。チェックサムのフィールドには、デー

図5.4 UDPヘッダーフォーマット

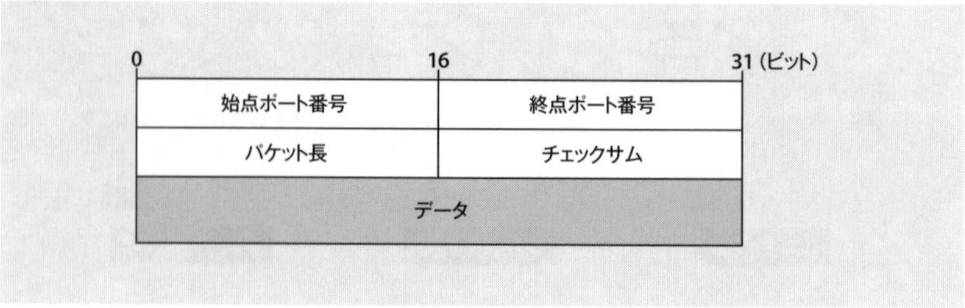

0	16	31 (ビット)
始点ポート番号	終点ポート番号	
パケット長	チェックサム	
データ		

タグラム中のビット列から計算した値を保存して送出する。これを受け取った受信者は、逆に計算することでデータの正しさを検証する

UDPに適したアプリケーション　信頼性よりもリアルタイム性

UDPの特徴は上に述べたとおりです。そんなUDPに適しているのはどのようなアプリケーションでしょうか。たとえば、信頼性よりもリアルタイム性が優先される場合、リソース消費を抑えたい場合、複数の相手に配信したい場合などが挙げられます。

リアルタイム性

リアルタイム性が要求されるアプリとしては、動画ストリーミングやVoIP(*Voice over IP*)のような音声/ビデオ通話などが代表例としてよく挙げられます。これらは、パケットロスなどにより多少のデータ欠損があったとしても、それを後から再送したりしても意味がなく、それよりは明らかな遅延や途切れがない方が体感的な品質が良いといったアプリケーションです。

処理負荷の低さ

リソース面については、クライアント側、サーバー側どちらの観点もあり得ます。クライアント側の例としては、非常に安価かつ小型のIoTデバイスで、通信帯域も非常に狭いような場合には、少しでもデータ量や処理負荷を下げたいというニーズが生じることがあります。

また、非常に多くのリクエストを受けるサーバー側で、応答を簡単にしたい場合なども存在します。そうしたケースとして代表的なものが、DNS(*Domain Name System*)、RIP (*Routing Information Protocol*)、DHCP (*Dynamic Host Configuration Protocol*)、NTP(*Network Time Protocol*)などのプロトコルです。たとえば、DNSはIPアドレスとドメイン名との変換を行う、インターネット上の電話帳のようなプロトコルであり、DNSサーバーは数多くの問い合わせに次々と対応する必要があります **図5.5** 。DHCPは、クライアントに対して自動的にIPアドレスを割り当てるプロトコルですが、送信するデータ量が非常に小さく、何度もメッセージ交換をする必要はありません。

このようなケースでは、すべての通信に対してわざわざコネクションを確立し、

図5.5 DNSサーバーのイメージ

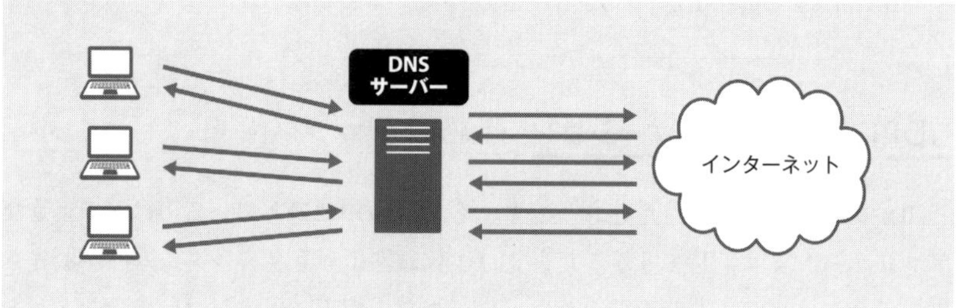

DNSサーバーが数多くのクライアントの問い合わせを処理する。

信頼性を担保する(パケット到達確認をする)といったことをしていると、全体としての効率が低下してしまいます。そのため、応答性の良さや処理の簡易化を優先し、UDPが利用されています。

5.3 TCPのしくみ

コネクション型のプロトコル

近年まで、インターネット上のトランスポート層プロトコルとして最もよく利用されてきたのがTCPです。ここでは、UDPとの比較もしつつ、TCPの特徴について解説しておきます。

TCPの基本 コネクション型

TCPの基本的な仕様はRFC 793に規定されています。

TCPは**コネクション型**の通信を行うためのプロトコルです。つまり、送受信デバイス間で通信の開始について合意してからデータ送受信を行い、最後に通信の終了を確認します。データ転送時には、送信側はデータを送信し、受信側はデータ受信確認用のメッセージ(ACKと呼ばれる)を返します。この受信確認によって、どこまでデータが無事に届いたかを確認し、確実にデータを届ける信頼性の高さを実現します。

UDPとは異なるTCPの特性として、通信する両者がパラレルにデータを送受信できる、**全二重通信**と呼ばれる通信が可能な点があります。いったんコネクションを確立して道路を作れば、どちらからも通行できるといったイメージですね。

TCPでは、データの転送単位を**セグメント**(*segment*)と呼びます(実用上では、厳密ではないですがパケットと呼ばれることもある)。また、ネットワークの状況によっては宛先へ到着するセグメントの順序が逆転することがありますが、TCPではセグメントに対して識別子を付与するため、受信側で順序を管理することができます(**コネクション管理**、後述)。簡単に言えば、順序が逆転していても、正しい順序に並べ替えることができるという意味です。さらに、ネットワークの混雑状況を推定してセグメントの送出量を調節する**輻輳制御**や、消失したセグメントを再送する**再送制御**など、信頼性の高さを保証するための手法をいくつも提供しています。

その具体的なしくみとして、TCPでは通常のデータパケットのほかに「制御用パケット」を用います。

制御用パケットでは、ペイロードではなく「ヘッダー内の制御用フラグ」を用いてメッセージを伝達します。すなわち、エンドノード間で「コネクションを確立したい」「OK」といった内容の制御用フラグを立てたメッセージをやり取りすることで、コネクションを確立します。

また、コネクション確立後のデータパケットの送受信においても、ヘッダー内に記載された番号を用いてデータパケットを識別します。その結果として、どのデータを受け取ったか、あるいは受け取っていないかを管理できます。

このように、**TCPのしくみにおいてヘッダー情報の担う役割が大きい**ことから、本書では「TCPヘッダー」について解説してから、TCPのしくみである「コネクション管理」「再送制御」「輻輳制御」について順を追って見ていきます。その前に、TCPの基本事項の解説の一環で「TCPとUDPの比較」「TCPの用途」を簡単に触れておきます。

TCPとUDPの比較

TCPとUDPの違いや機能の比較を **図5.6** **表5.1** に示します。UDPは非常にシンプルであるのに対して、TCPは多くの機能を備えていることが明白です。TCPはACKによる受け取り確認を行いつつデータを送出すること、再送を行うことから信頼性が高い一方でリアルタイム性が低くなる可能性があります。

前述のとおり、UDPはデータ消失や順序逆転を考慮せずにデータを送信するので、信頼性は低下しますがリアルタイム性が高いのです。

図5.6 TCPとUDPの違い

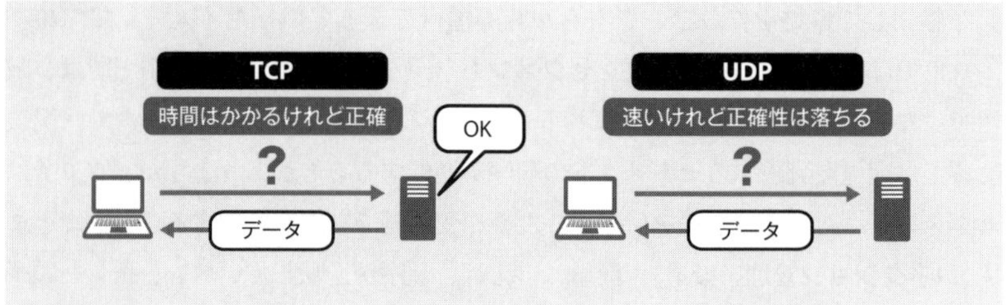

表5.1 TCPとUDPの比較

名称	転送タイプ おもな機能	信頼性	リアルタイム性	通信相手の数	輻輳制御機能
TCP	ストリーム型 コネクション管理、シーケンス番号、再送制御、順序制御、輻輳制御、チェックサム	ある	低い	1対1	あり
UDP	データグラム型 チェックサム	ない	高い	1対1、 1対多	なし

TCPの用途

一方、リアルタイム性よりも信頼性が重要なアプリケーションには広くTCPが利用されます。以下がその代表例です。

- HTTP (*Hyper Text Transfer Protocol*) ➡Webブラウジング
- SMTP (*Simple Mail Transfer Protocol*) ➡メール送信に使われる
- FTP (*File Transfer Protocol*) ➡ファイル転送を行う

TCPヘッダー

TCPヘッダーの構成を 図5.7 に示します。UDPヘッダーと比べてフィールドが多いのが一目でわかります。ここでは、とくに重要なものに絞って解説します。

- 送信元ポート番号(16ビット)
  送信元のポート番号を指定する。ポート番号はトランスポート層におけるアドレス情報と言える番号で、通信アプリケーションの識別に利用される
- 宛先ポート番号(16ビット)
  通信相手のポート番号を指定する

図5.7 TCPヘッダーフォーマット

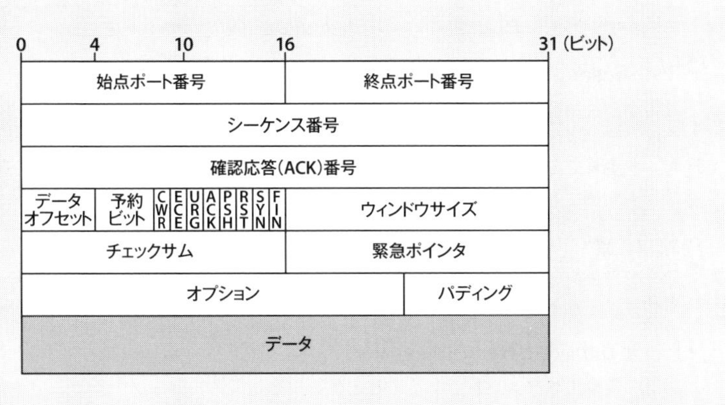

- シーケンス番号(32ビット)
  送信したデータを特定するために用いられるシーケンス番号を指定する。つまり、受信側はこのフィールドを参照することで、どのデータを受け取ったのかわかり、**順序制御**(*sequence control*)を行うことができる
- 確認応答番号(32ビット)
  受け取ったシーケンス番号に対する確認応答(ACK)番号を格納するフィールド。より正確には、「次に送ってほしいシーケンス番号」が入る。これは、「この番号より前のシーケンス番号のデータは、すべて受信に成功している」ということを意味する
- ウィンドウサイズ(16ビット)
  受信側が受信可能なデータサイズをバイト単位で通知する(広告する)ためのフィールド。送信側は、通知されたウィンドウサイズを超えてセグメントを送信することはしない。つまり、TCPでは送信側はネットワークの状況に応じて、無理のない範囲でなるべく多くのデータを送出しようとする。そのために用いられるのが輻輳制御アルゴリズムであり、送信データ量を表すウィンドウサイズ(輻輳ウィンドウ)を制御するが、ここで通知されたウィンドウサイズを超過することはないということである

以下、各コントロールフラグは全8ビットから成り、各ビットが1にセットされた場合に当該フラグが有効となり、特定の動作を指示します。

- URG (*Urgent Pointer field significant*)
  緊急に処理すべきデータが含まれていることを意味する
- ACK (*Acknowledgment field significant*)
  確認応答番号のフィールドが有効であることを意味する。コネクション確立時の一番最初のTCPセグメント以外は、必ず1になっている

- PSH (*Push Function*)
  受信したデータをすぐに上位のアプリケーションに渡さなければならないことを意味する。0の場合はしばらくの間バッファにためておくことが許される
- RST (*Reset the connection*)
  コネクションを強制的に切断するために用いるフィールド。何らかの異常を検出した場合に、このフィールドを有効にしたパケットが送信される。たとえば、使われていないポート番号に接続要求が来たときなど、このフラグを有効化したパケットを返送して接続を強制終了させる
- SYN (*Synchronize sequence numbers*)
  コネクションの確立時に用いられる。またこのとき、通信を開始する際のシーケンス番号のフィールドが初期値に設定される
- FIN (*No more data from sender*)
  通信の最後のセグメントであることを意味する。コネクション切断時に用いられる
- CWR (*Congestion Window Reduced*)
  輻輳ウィンドウの減少を通知するフィールド。次のECEフィールドとセットで用いられる
- ECE (*ECN-Echo*)
  輻輳が発生したことを通知するときに用いられる
- チェックサム(16ビット)
  データが正しく受信されたかを確認するために用いられるフィールド。その役割はUDPの場合と同様である

コネクション管理 3wayハンドシェイク

TCPでは通信を開始するとき、通信相手との間でコネクションを確立します。コネクションの確立手法は**3wayハンドシェイク**(*three-way handshaking*)と呼ばれます。その名のとおり、以下の3ステップで相互のコネクションを確立します。

❶送信側から、コネクション確立要求として、TCPヘッダー内のSYN(コネクションの確立要求)フラグを有効化したセグメントを送信

❷受信側から、上記に対するACKとともに、受信側からのコネクション確立要求としてSYNフラグを有効化したセグメントを送信

❸送信側から、受信側からのSYNに対するACKフラグを有効化したセグメントを送信

この流れを 図5.8 に示します。前述したとおり、SYNおよびACKフラグのフ

図5.8 3wayハンドシェイク

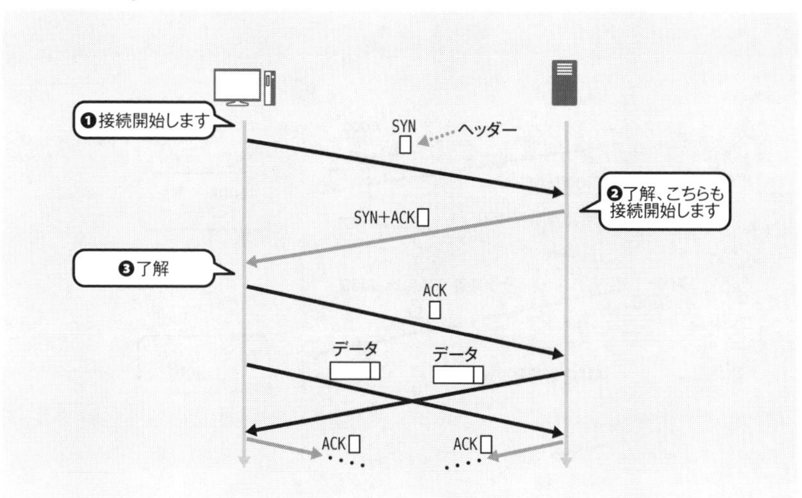

ィールドはTCPヘッダー内に用意されており、このビットを1にすることで有効化しています。上記の手順❷においてACKとSYNを同時に送ることで、少しでも往復回数を減らすように工夫されています。

シーケンス番号

セグメントの位置を特定するために用いられるのが**シーケンス番号**です。シーケンス番号を参照することで、連続して送信されるデータ内のどこを受け取って、どこを受け取っていないのかを受信側で知ることができます。また、受信したセグメントの順番が入れ替わっていたとしても、シーケンス番号を参照することにより受信側で正しい順番を知ることができます。つまり、受信側で正しい順番となるように整理する**順序制御**が可能です。

シーケンス番号は、1バイト単位でカウントされます。たとえば、一度に送信するデータ量(最大セグメントサイズ)が1000バイトの場合、シーケンス番号は1回の送信ごとに1000ずつ増えることになります。図5.9 に例を示すとおり、受信側は、次に受信したいシーケンス番号をACKに格納して送信側に返します。シーケンス番号が3001で1000バイトのデータを送った場合、受信側はシーケンス番号4000に該当するデータまで受け取ったことになります。次に受け取りたいシーケ

図5.9 シーケンス番号

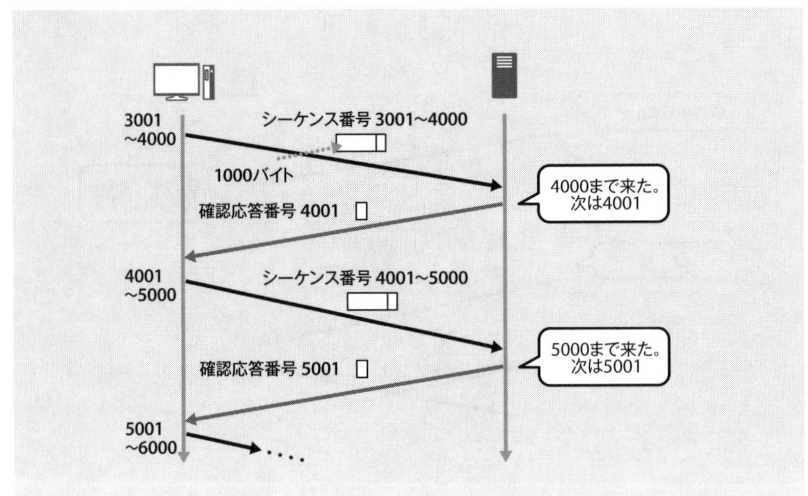

ンス番号は4001なので、ACKに記載されるシーケンス番号は4001となります。送信側では、受け取ったACKに含まれるシーケンス番号を参照し、最大セグメントサイズ分のデータを送信します。なお、シーケンス番号の初期値はコネクション確立時に設定されます。

再送制御

ネットワーク上でのエラーなどにより、パケットが消失することがあります。どのようなネットワークでも、さまざまなノイズなどが発生するため、エラーが起こることは避けられません。TCPでは、消失したパケットを再送することで、信頼性を担保します。先述のとおりACKによって受け取りの確認はできる一方で、「ロスした」ことは明示的には確認できない点に注意する必要があります。どのセグメントが消失したのかを推定するため、2つの手法が用いられます。

一つめが**再送タイマー**です。TCPでは、セグメントの送出からそれに対応するACKが返答されるまでの時間を**RTT**（*Round Trip Time*, 往復遅延時間）として継続的に計測しています。このRTTよりもやや大きい時間を**RTO**（*Retransmission Time Out*, 再送タイムアウト）として算出/設定しておきます。送出したセグメントに対してタイマーをセットし、対応するACKがRTOを経過しても届かないとき、当該セグメントは消失したものと判断し、再送を行います **図5.10** 。

もう一つは、**ACK(重複ACK)を利用した方法**です。前述のとおり、受信側は次に受け取るべきシーケンス番号をACKに載せて返送します。受信側は未受信のセグメントがある場合、当該セグメントが届くまで同じシーケンス番号の記載されたACKを返送し続けます。つまり、送信側では同じシーケンス番号を要求するACKを複数回受信することになります。そして、この「重複ACK」を契機として、当該セグメントが消失したと判断して再送を行う手法を**高速再転送**と呼びます。

ポート番号

トランスポート層では、**ポート番号**によって通信を識別します。レイヤー3ではIPアドレスを、レイヤー2ではMACアドレスを用いてデバイスを特定しているのと同じようなことです。

トランスポート層は「論理的な通信路」を扱うため、ポート番号は基本的に、同じコンピューター内でのアプリケーションの識別に使われます。よく使われるようなアプリケーションについては、通常利用するポート番号があらかじめ定められている場合があります(**ウェルノウンポート番号**/*well-known port numbers*)。よく知られているポート番号について、**表5.2** にまとめておきます。

図5.10 **タイムアウトによる再送**

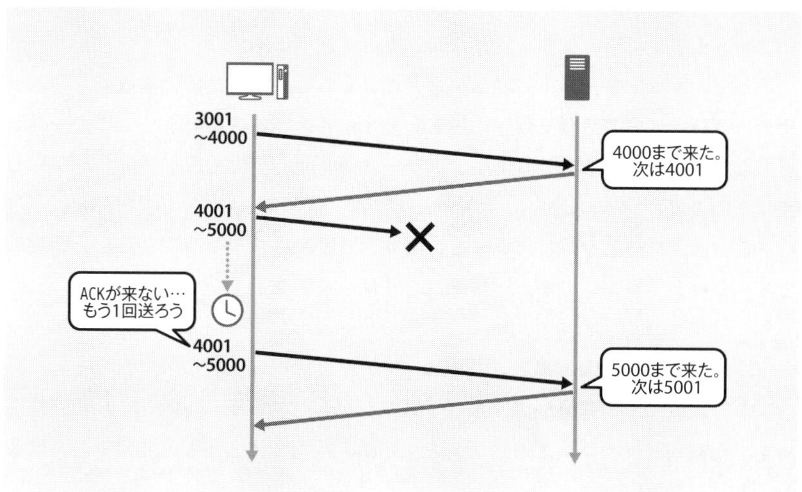

表5.2 主要なポート番号とアプリケーション

ポート番号	アプリケーションプロトコル
21	FTP (*File Transfer Protocol*)
23	Telnet
25	SMTP (*Simple Msil Transfer Protocol*)
80	HTTP (*Hypertext Transfer Protocol*)
110	POP3 (*Post Office Protocol-Version 3*)
143	IMAP (*Interel Message Access Protocol*)
443	HTTPS (*Hypertext Transfer Protocol Secure*)

なお、アプリケーションの特性に応じて、適したトランスポート層プロトコルというものはありますが、TCPでもUDPでも同じポート番号を利用できます。データ送信側では、任意にTCPやUDPを使い分けることができますが、受信側ではどのプロトコルかを判断する必要があります。トランスポート層プロトコルの情報をIPヘッダーに記載する領域として「プロトコル番号」が用意されており、このフィールドを参照することでトランスポート層プロトコルを判断します。

輻輳制御 ネットワークの混雑を防ぐ意味

ここまで何度か触れているとおり、ネットワークの中はブラックボックスです。送信側から受信側まで、数多くのノードやケーブルなどを介してデータが転送されていきますが、その状態を正確に知ることは非常に困難です。

そして、ネットワーク上の通信リンクは、そこに接続されている数多くのユーザー、デバイスで共有して利用するものです。各デバイスが好き放題にデータを送信してしまえば、あちこちでネットワークが輻輳し、ほとんど機能しなくなってしまいます。

そこで他人に迷惑をかけないよう、譲り合って利用するための手法が必要なのです。これを実現するのが、**輻輳制御**と呼ばれる手法です。

さまざまな輻輳制御アルゴリズム

TCPには数多くの**輻輳制御アルゴリズム**(*congestion control algorithm*)が存在します。輻輳制御アルゴリズムはネットワークの環境変化とともに開発され、普及してきました。

ここでは、輻輳制御の基本的な考え方について、簡単に述べておきます。送信側が送り出したいデータ量を決定するパラメーターは**輻輳ウィンドウサイズ**と呼ばれ、その大きさを増減させることでデータ送出量を調節します。輻輳制御の基本的な流れは 図5.11 のとおりです。

❶データの送出量を徐々に増加させていく

❷ネットワークの混雑を検知したら送出量を減らす

つまり、通信相手に届くまでに経由するネットワークの状態を探り、混雑しすぎない程度に最大の通信レートを実現する、というイメージです。ネットワークの混雑状態の推定方法として、大きく分けて3種類の方法があります。

❶Loss-based

❷Delay-based

❸ハイブリッド型

最も典型的なものがパケットロスを手掛かりとする❶Loss-basedと呼ばれる手法です。パケットロスが起こるということは、ネットワークが混雑してバッファ溢れが起こっているからだろうという考え方に基づいています。

もう一つが、遅延すなわちRTTを指標に用いる❷Delay-basedと呼ばれる手法です。RTTが大きいということは、ネットワークが混雑して待ち時間が増えているせいだろうと推定するわけです。古くから存在するもののLoss-based手法と

図5.11 **輻輳制御**

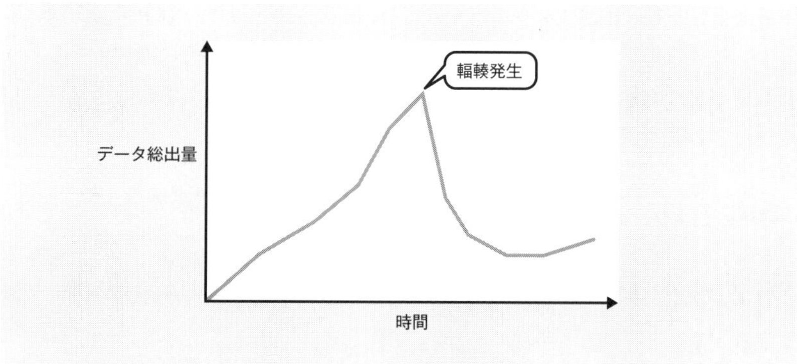

輻輳制御の大まかなイメージ。徐々にレートを上げて、輻輳したら落とす。

の共存が難しいといった課題があったのですが、近年開発された有力なアルゴリズムにより、かなり広まりました。

そして最後の一つが、Loss-basedとDelay-basedを掛け合わせた❸**ハイブリッド型**のアルゴリズムです。

いずれの手法にしても、ネットワークの輻輳状態を判断し、輻輳ウィンドウサイズを増減させます。このテーマは、ネットワークの性質やコンピューターシミュレーションの手法について学ぶのに適しているため、次章でシミュレーターの結果を用いて詳しく取り上げます。

5.4 TCPの課題とQUICの登場
UDPベースの動作とセキュリティの観点

TCPはインターネットの主要なトランスポート層プロトコルとして、広く使われてきました。しかしながら近年では、ネットワーク環境の変化によって、いくつかの課題も顕在化していました。そこで開発されたのがQUICと呼ばれるプロトコルです。ここでは、TCPの課題とQUICの登場に関する流れを概観します。

TCPの課題 技術の進歩と新たな課題の顕在化

コンピューターの性能の向上や、ユーザーの利用形態の変化、アプリケーションの進化とともに、通信プロトコルも変わる必要があります。TCPで言えば、ネットワークの高速化とともに、通信レートを上げるより効率的に通信できるような改良が進んできました。それでも近年では、TCPのベースであるコネクション確立などの点で、その課題が顕在化してきました。

コネクション確立時の手順の多さ

先述したとおりTCPでは、確実にデータを届けるためまず最初に、通信相手とのコネクションを確立します。そのコネクション確立に用いられるのが、3wayハンドシェイクと呼ばれる手法でした。

3wayハンドシェイクでは、その名前のとおり、送受信デバイス間で3回、パケットのやり取りを行いコネクションを確立します。

❶まず順方向の接続要求を行い、

❷順方向の要求に対する回答とともに、逆方向の接続要求を行い、

❸逆方向の要求に対する回答をする

という流れです。TCPのコネクション確立において、これ以上はパケット交換を減らすことはできません。

ここでTCPは、TCP単独で利用されるわけではなく、他のプロトコルと同時に利用されるという点を考慮する必要があります。たとえば、Webブラウジングなどで広く用いられてきたHTTP/2では、実質的にHTTPSすなわち**TLS**(*Transport Layer Security*)が必須となってきました。つまり、TCPの3wayハンドシェイクに続いて、TLSのハンドシェイク(TLSハンドシェイク)と呼ばれる鍵交換のやり取りが行われます**図5.12**。実際のデータ送信が開始されるのは、その後です。つまり、データ送信が開始されるまでに、何往復もパケットの交換が行われるわけです。

遅延の増大

このときに大きな問題となるのが**遅延の増大**です。

TCPにおける遅延は、「RTT」として表現されることが多いです。先述のとおりRTTとは、送信側においてパケットを送信した時刻から、当該パケットに対するACKを受け取るまでの時間のことです。一言で言えば、相手側から応答が返ってくるまでの時間です。このRTTには、相手側においてパケットを機械的に処理する時間なども含まれますが、一般的には信号の物理的な伝搬時間がほとんどを占めます。

信号の伝搬時間は、通信相手との「物理的な距離」に応じて定まり、機械の高性能化や信号処理方式の高度化などによって短縮できるものではありません。つまり、コネクション確立時に何往復もパケットを交換するためには、その信号伝搬に要するだけの時間が必要となるわけです。Web高速化のニーズが高まるなかで、この遅延は看過できない問題となってきました。

Head of Lineブロッキング

さらに、もう一つの問題が**HoL**(*Head of Line*)**ブロッキング**と呼ばれる現象で

図5.12 TCP+TLSのハンドシェイク

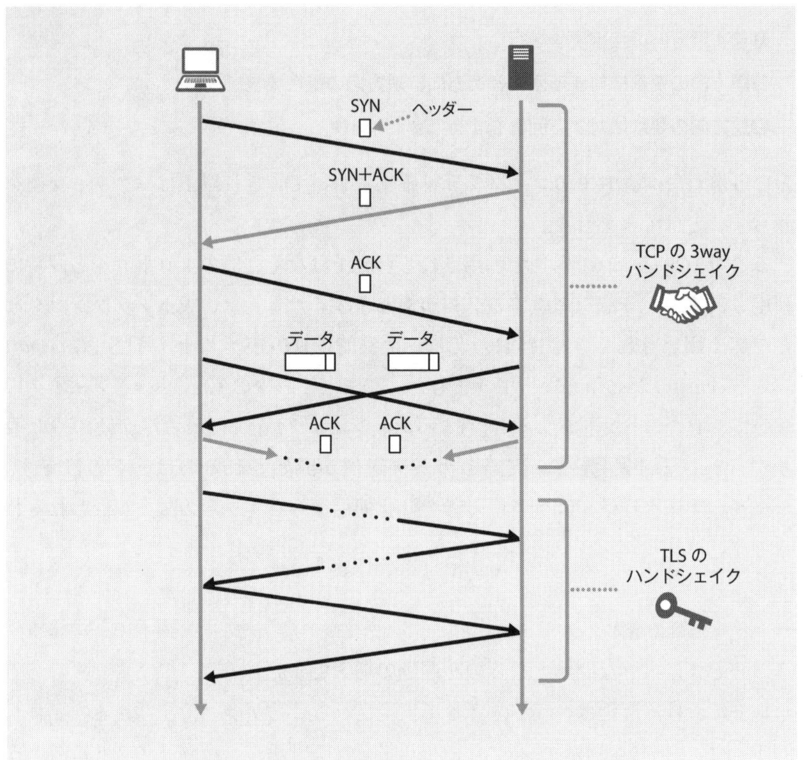

3wayハンドシェイクに加えてTLSのハンドシェイクも行う。

す。大まかなイメージとしては、その名のとおり、行列の先頭で後続者をブロックしてしまうという問題です 図5.13 。

先に説明したとおり、TCPでは、シーケンス番号を用いてデータの順番を特定します。そして受信側では、シーケンス番号の順番どおりにしかデータを処理しません。もし、パケットロスなどにより抜けているシーケンス番号があった場合には、当該データの到着を待ち、再送の要求を出したりします。

つまり、それ以降のデータが先に届いていたとしても、受信側では何もできないのです。これは確実にデータを送り届けるためのTCPのしくみではあるのですが、一部のロスによってデータ処理全体に遅延が発生し、効率が悪化してしまいます。

図5.13 Head of Lineブロッキング

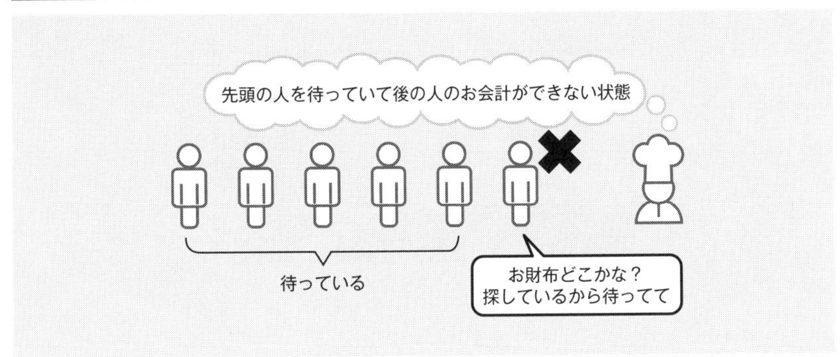

QUICの特徴 QUICの開発の狙いは何か

上記の課題を解決するために、新しく開発されたプロトコルが**QUIC**です。Googleでは2012年頃から、現在標準化されているQUICの原型となるプロトコルを開発し、自社のWebブラウザーでの利用を開始していました*1。

QUICは**UDPベース**で動作するプロトコルです。ハンドシェイクによるコネクション確立の遅延を低減しつつ、TCPのような信頼性やTLSによるセキュリティを実現するために開発されました。

なお、HTTP/3と合わせて開発されたQUICですが、HTTP以外のプロトコルとも組み合わせて利用できるため、今後の利用拡大が期待されています。このあたり、7章以降でまた詳しく解説しますが、ここでは簡単に概要を記しておきます。

HTTP/2とHTTP/3

HTTP/2とHTTP/3のプロトコルスタックを、それぞれ図5.14に示します。レイヤー3にIPを用いる点は変わりません。

その上位のトランスポート層について、**HTTP/2**では**TCPベース**として、その上でHTTPを利用します。**TLS**はオプションという扱いですが、**近年では実質的には必須**という状態でした。

これに対して**HTTP/3**では、**UDPベース**として、その上に**TLS**、**QUIC**、**HTTP**が載っています。

*1 URL https://chromiumcodereview.appspot.com/11125002/

図5.14 HTTP/2とHTTP/3のプロトコルスタック

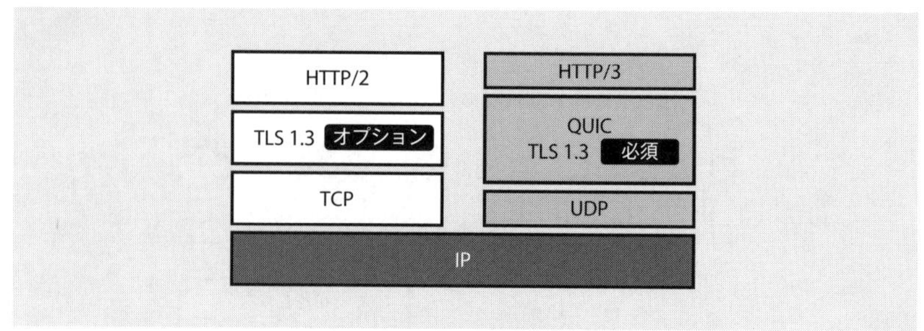

QUICの内部にTLS 1.3が入っているような表現になっていますが、これは**QUICがTLSのハンドシェイクを利用する形となっている**ことを示します。

とくに、TLSの**0-RTT**(**0-RTTハンドシェイク**)と呼ばれるコネクション確立方式を利用することで、ハンドシェイクの往復なしでデータ送信を開始するしくみを提供しています。また、TLSによる暗号化も行い、ペイロードに加えQUICヘッダーまで含めて暗号化されます。

―――コネクション確立手順の簡略化や新プロトコルの導入障壁への対応

つまり、TCPを利用せずにUDPベースにすることで、ハンドシェイクに要するRTTによる遅延増大という課題の解決を図っています。

また、新たなプロトコルではなく、従来からあるUDPを利用することで**既存装置でそのままQUICパケットの処理が可能**となっています。インターネット上には開発/導入された時期も管理者も異なるような機器が非常に多く設置されているため、まったく新たなプロトコルを導入するのは非常にハードルが高いのです。

―――HoLブロッキングの回避

さらに、TCPを利用しないため、HoLブロッキングも回避できます。

QUICではコネクションを**ストリーム**(*stream*)という単位で管理し、複数のストリームを並列的に扱うことができます。そして、ストリーム内のデータについてのみ、順序制御を行うため、あるストリームにおけるパケットロスは他のストリームには影響しません。

また、TCPと同じくネットワーク輻輳を避けるための輻輳制御を実施するとともに、ロスしたデータの再送については、TCPよりも効率的に行うようになっています。

5.5 本章のまとめ

本章では、HTTP/3など昨今のインターネットサービスの進化においてポイントとなっているトランスポート層に焦点を当てました。トランスポート層は、送信元と宛先との間での「データの送り方」とも言えるような部分を担当します。インターネット黎明期より、ほぼUDPとTCPの二大プロトコルが使用されてきましたが、近年開発されたQUICの存在感が増しています。

次章では、ネットワークの評価において重要な手法であるシミュレーションを扱います。実際のコードを見て、手を動かしながらスループットや遅延などをシミュレーター上で測定することで、ネットワークのブラックボックス性や、TCPの特性/課題、QUICの意義などを実感できるのではと期待しています。

Column

代表的な輻輳制御アルゴリズムについて

輻輳制御アルゴリズムには長い改良の歴史があり、単独で書籍になるほどのテーマです。本文で取り上げているとおり、アルゴリズムは「Loss-based」「Delay-based」「ハイブリッド」の三つのカテゴリーに大きく分類されます。それぞれ**パケットロス**、**遅延**、またはその**両方**を基準に通信状況を評価し、データ送信速度を調整します。

長年にわたり使用されてきた**NewReno**は、多くの後続アルゴリズムに影響を与えています。近年では、**CUBIC**と**BBR**が注目されています。CUBICはLinuxカーネル2.6.19から標準で搭載され、Loss-basedアルゴリズムの中でもとくに普及しています。BBRはGoogleによって2016年に発表されました。Delay-basedのアプローチを採用しており、Google Cloud PlatformやYouTubeなどで導入された実績があります[*a]。

*a URL https://cloud.google.com/blog/ja/products/gcp/tcp-bbr-congestion-control-comes-to-gcp-your-internet-just-got-faster?hl=ja

第6章

前章では、代表的なトランスポート層プロトコルについて紹介しました。とくにインターネット黎明期から現在に至るまで、重要なプロトコルとして広く利用されてきたTCPですが、近年では課題も顕在化しQUICの開発へとつながっていたことを前章で触れました。

本章では、そのTCPの詳細や変遷について、モバイルの普及をはじめとしたネットワーク環境の進化や、私たちのインターネットの使い方の変化とともに述べていきます。とくに、シミュレーターを用いてパフォーマンスを比較しながら見ていくことで、変遷の過程をより深く理解できればと考えます。

[比較&評価で見えてくる]
TCP/IP

シミュレーターを通して変遷の過程を辿る

6.1 TCPのしくみと輻輳制御
輻輳制御の目的と基本設計

インターネット普及以来、トランスポート層のプロトコルとして従来TCPが多く用いられてきました。そのしくみの中でも、ネットワークを共用するという観点でとくに重要なのが「輻輳制御」と呼ばれる手法です。本節ではまず、輻輳制御の目的や設計についてポイントを絞り込んで紹介します。

輻輳制御の目的 輻輳時のパフォーマンス低下

インターネットのように、通信ネットワークには多くのノードが接続されます。というより、数多くのデバイスが接続されてこそ、ネットワーキングの価値が高くなるという考え方もできます。

すなわちネットワーク上の機器や回線(概念的には「通信路」と呼ばれる)は、複数のデバイスの通信によって共用されます。各デバイスが好き勝手に大量のデータを送受信した場合、ネットワークが混雑し、全体的にパフォーマンスが低下してしまいます。

このような状態を「輻輳」と呼び、輻輳の発生を回避するために、これまでに多大な努力が払われてきました。その代表的なしくみが、TCPにおける「輻輳制御アルゴリズム」です。

輻輳とはどのようなことか

よくある喩えですが、通信されるデータ(パケット)を自動車、通信路を道路と考えると、輻輳をイメージしやすくなります 図6.1 。道路は不特定多数の自動車によって共用されます。道路にはそれぞれ、車線数や制限速度などのキャパシティがあります。もし流入してくる自動車の数がそのキャパシティに対して多くなってくると、混雑してしまいます。混雑すると全体的に流れが悪くなって、いちいち時間がかかる(遅延が増大する)ようになります。

そして、通信ネットワークの場合には、通信機器の扱えるデータ量のキャパシティをも超過すると、メモリから溢れるなどしたパケットは廃棄されることもあります。また過負荷な状態が継続すれば、ネットワーク上の装置がダウンしてし

図6.1 輻輳のイメージ

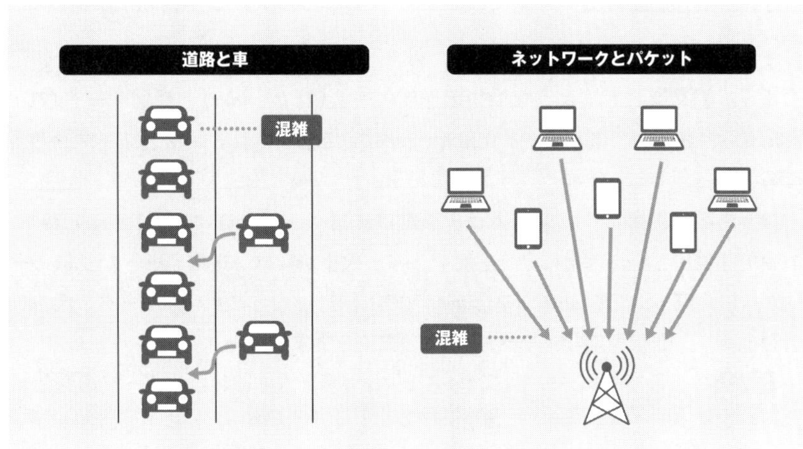

ネットワーク上のパケットの混雑と、道路上の車の混雑。

まう場合もあります。もちろん輻輳した場合に備えて、交通整理を行うような手法も開発されていますが、まずは「輻輳を起こしにくくする」ことが重要です。

輻輳を回避する方法

自動車の例で言えば、混雑を減らすためにまず考えつくのは、流入してくる自動車の数を制限することです。同じ道路を数多くの自動車が共用するため、それぞれが遠慮なく車を走らせてしまうと、どうしても混雑が起こりやすくなります。ですので、自動車を走らせて良い時間や頻度を制限してしまえばよい、という考え方です。

ただし、不特定多数の人が利用する場所ですから、誰がどのくらい利用するかなどを事前にすべて把握することは不可能であり、一律の制限を適切にかけることは困難です。逆に制限を強くしてしまうと、道路が空いているのに、通りたい人が通れないといった状況も生まれてしまいます。

そこで、「混雑具合に応じて調整してもらおう」というのがTCPにおける輻輳制御の基本的な考え方です。限りある共用リソースを有効に使いつつ、混雑も起こさない、ほど良い状態を目指します。

なお、文献によっては輻輳制御（*congestion control*）は輻輳回避（*congestion avoidance*）とも表記されます。ただし、輻輳状態の一つを「Congestion avoidance」と表記するので、これと区別するために本書では「輻輳制御」という用語で統一します。

輻輳制御の基本設計 輻輳制御の観察から

まず輻輳制御の全体像を概観するため、とてもシンプルなネットワークを想定します。図6.2に示すようなTCPの送信ノード(*TCP sender*)と受信ノード(*TCP receiver*)、その間にあるゲートウェイ(*gateway*)で構成されるネットワークを考えてみます。

TCPの輻輳制御アルゴリズムは、通常は送信ノードのOSに実装されており、TCPで通信する際には常に動作しています。大まかには、送信ノードが受信ノードからのRTTやACK(*Acknowledgement*, 確認応答)をもとにネットワークの混み具合を推測し、送信可能なデータ量*swnd*を調整します。

図6.3は、ある送信ノードにおけるセグメント(TCPにおけるデータの送信単位をセグメントと呼称する)の送信状況を表します。1番から6番までのセグメントは送信済みですが、7番以降は未送信です。送信済みのセグメントのうち、1番から3番までは確認応答が完了(*acked*)しており、4番から6番までは未完了(*unacked*)です。

ここで、*cwnd*は**輻輳ウィンドウ**(*congestion window*)と呼ばれ、送信ノードがACKを待たずに送信可能なセグメント数の上限値を表します。

図6.2 ネットワーク構成

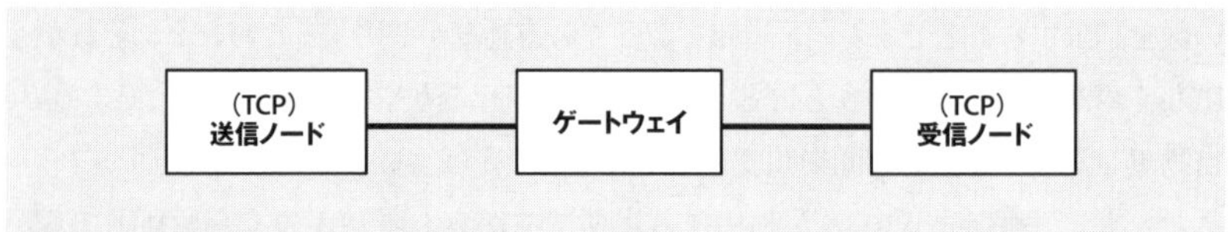

図6.3 ある送信ノードの送信状況

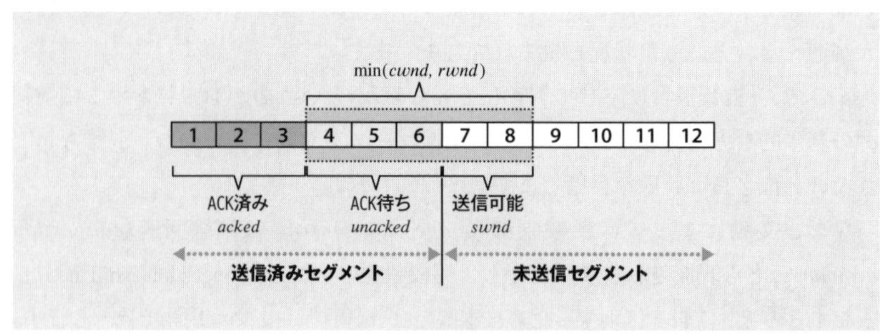

一方で、*rwnd*は**受信ウィンドウ**(*receive window*)と呼ばれ、受信ノードが受信可能なセグメント数の上限値を表します。よって、送信ノードと受信ノードの両方の事情を考慮すれば、ACKを待たずに送信できる最大セグメント数はmin(*cwnd*, *rwnd*)と表されます。

図6.3 の状況では、min(*cwnd*, *rwnd*)が5なので、送信可能なセグメントは7番と8番になります。以上を数式で表すと、次のようになります。

$$swnd = \min(cwnd, rwnd) - unacked$$

制御可能なパラメーター

ただし、上式において*swnd*を与える要素のうち、送信ノードが制御可能なのは*cwnd*のみです。言い換えれば、送信ノードにおける輻輳制御とは、*cwnd*を調整することに他なりません。

では、たとえばどのような制御の方法が考えられるでしょうか。もしRTTが大きくなってきたとしたら、ネットワークが混雑しているせいではないか、と推測することができます。あるいは、受信ノードから同じシーケンス番号を記載したACKが複数回送られてきた場合はどうでしょう。受信ノードがACKに書き込むのが次に受け取るべきシーケンス番号だったことを思い出すと、当該パケットが届いていないことを意味します。つまり、ネットワーク上のどこかでパケットが失われたことが考えられます。

このようなパケットロスの原因として、何らかのエラーのほか、先述したようなネットワークの混雑の可能性も高いです。よって、いずれの場合にも*cwnd*を小さくし、送信データ量を抑えるのが適切なのではと考えられます。逆に、RTTが小さかったり、とくにパケットロスなども生じていない場合には、ネットワークは空いていてスムーズに疎通していると推定されます。このような状況では*cwnd*を大きくし、送信データ量を増やした方が効率が良さそうです。

輻輳制御アルゴリズムの設計とは

ただし、上記はあくまで大まかな考え方であり、感覚的なものです。ネットワーク機器を適切に動作させるためには、きちんとしたアルゴリズムに落とし込む必要があります。たとえば、

- RTTがどの程度大きくなれば混雑していると判断できるのか
- 同じACKを何回受け取ったらパケットが廃棄されていると確信できるのか
- 送信データ量を増やす/減らすと言っても、どのくらい増減させたら良いのか

このようなことを適切に決める必要がありますが、どれも難しい問題です。

ネットワークの状況を見通すことができれば簡単なのですが、**実際のネットワークは規模が大きく、接続されるデバイスも非常に多い**ため、全体を見通すことができないためです。送信ノードからは、広いネットワーク上のどこで混雑が発生しているのかといったことも簡単にはわかりません。そのため、輻輳制御アルゴリズムの研究開発に多大な努力が払われてきたのです。

代表的な輻輳制御アルゴリズム 基本のNewReno

これまでに、数多くの輻輳制御アルゴリズムが開発されてきました。

その中でも、とくに有名であり長らく標準的に使用されてきたアルゴリズムがNewRenoです。1996年に提案されて以来、WindowsなどのOSに標準搭載されるなど、数多くの機器で用いられてきました。制御の考え方も理解しやすいことから、こういった解説においても代表的なアルゴリズムとして取り上げられることが多いです。

Loss-based輻輳制御

NewRenoは、TCP輻輳制御アルゴリズムにおける分類としては、Loss-based輻輳制御と呼ばれるものに該当します。

これは、その名のとおりネットワーク輻輳状態の指標としてパケット廃棄(*loss*, **ロス**)数を用いる手法です。一般的に、ネットワークが空いていればパケットは廃棄されずすべてのパケットが目的地まで転送されることが期待されます。一方でネットワークが混雑するほど、バッファ溢れ等により経路上のどこかで廃棄されるパケット数が増加すると考えられます。

Loss-based輻輳制御では、この原理をベースとして、「廃棄されるパケットの数」によってネットワークの輻輳状態を推定します。すなわち基本的には、パケット廃棄が発生するまでは徐々に輻輳ウィンドウサイズを増加させていき、パケット廃棄を検出すると大きく減少させます。シンプルに言えば、パケットが廃棄され

ない範囲でなるべく高いスループットを実現しようとする方法です。

AIMD制御

Loss-based輻輳制御では、ネットワーク上の輻輳状態を直接知ることができないため、徐々にパケット数を増やして様子を探り、廃棄されたところで大きく減少させます。

このような制御方法は**AIMD**（*Additive-Increase / Multiplicative-Decrease*）**制御**と呼ばれます。パケット廃棄が発生するまでは徐々に輻輳ウィンドウサイズを増加（加算的な増加/*additive increase*）させ、パケット廃棄が発生すると大きく輻輳ウィンドウサイズを減少（乗算的な減少/*multiplicative decrease*）させる、という意味です。

AIMD制御の大まかなイメージを**図6.4**に示します。輻輳ウィンドウサイズ制御の一般表現として、時刻tにおける輻輳ウィンドウサイズ$w(t)b$について、時刻t+1で更新された輻輳ウィンドウサイズの値**式6.1**で表すことができます。なお輻輳ウィンドウサイズは、基本的にACK受信ごとに更新されます。

$$w(t+1)=\begin{cases} w(t)+a & (\text{非輻輳時}) \\ w(t)*b & (\text{輻輳時}) \end{cases} \qquad \text{式6.1}$$

ここで変数a, bはそれぞれ、RTTあたりの非輻輳時の輻輳ウィンドウサイズ増加量およびパケット廃棄検出時の輻輳ウィンドウサイズ減少量を定めるパラメー

図6.4 AIMD制御のイメージ

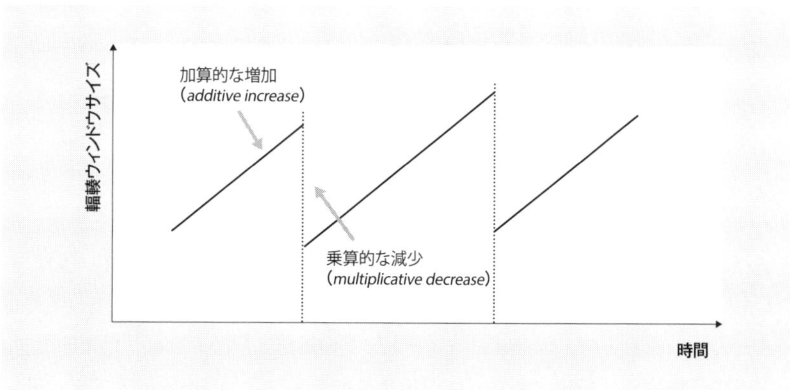

ターです。この式は、輻輳が発生していないときには輻輳ウィンドウサイズをaずつ加算していき、輻輳が発生しているときには$w(t)b$だけ減少させるということを意味します。NewRenoは、上式のパラメーターを$a = 1/w(t)b$, b=0.5と設定しており、つまりRTTごとに輻輳ウィンドウサイズを1ずつ増加させ、パケット廃棄検出時には半減させるという動作になります。

ちなみに、式6.1のパラメーターa, bを変えることで、輻輳ウィンドウサイズの増加速度や減少速度を調整できることが容易に想像できます。たとえば、aを大きくすれば輻輳ウィンドウサイズは速く増加させられますし、bを大きくすれば輻輳時の輻輳ウィンドウサイズの減少を抑えることができます。実際、これらの値を上手に調整するために提案されたアルゴリズムもいくつか存在しますが、AIMD制御であるという点でベースの考え方は同じです。

6.2 輻輳制御アルゴリズムの観察

NewReno/HSTCP/Scalable TCP/CUBIC

AIMD制御について解説しましたが、文章とイメージ図だけだと、なかなか実感しにくいのも事実です。そこで、ここではシミュレーターを用いた輻輳制御アルゴリズムの動作の観察について述べていきます。目に見えないネットワークの動作を検証するために、シミュレーションは有効なツールとなります。

ネットワークシミュレーターの必要性

ネットワークシミュレーターとは、その名のとおりネットワークをコンピューター上で疑似的に再現し、その動作を模擬して検証するものです。シミュレーターには商用のもの、オープンソースで無償で使えるものなど、いくつも存在します。

シミュレーターは非常に便利なもので、研究開発にとっては欠かせません。たとえば、新たなプロトコルや制御アルゴリズムを検討するとき、その検証のためにいちいち新しい装置を実機で開発するとしたら、時間やお金がいくらあっても足りません。そんなとき、コンピューター上でその動作を検証できれば効率的です。また、ある程度シンプルな条件では理論計算が可能なこともあるのですが、少し条件が複雑になると理論的に検討することが非現実的になります。数多くのノードが接続された大規模なネットワークなども、実際に構築するのは大変ですが、シミュレーターであれば簡単です。

シミュレーター利用時の注意点

このように、シミュレーターには多くの利点がありますが、一方で利用する際に注意すべき点もいくつもあります 図6.5 。

シミュレーションの利点は、何らかの定量的な結果を簡単に得ることができる点ですが、それがそのまま注意点でもあります。つまり、シミュレーションで得た結果が適切かどうか、そのまま信じて良いのか、きちんと検証する必要があります。一般的に、慣れない人ほど十分な検証をせずに結果を鵜呑(うの)みにしてしまう傾向が見られるように思います。たとえば、シミュレーションを実行する際には各種条件の設定などを行いますが、その条件を適切に設定できているのか。あるいは、独自に実装したアルゴリズムなどを、正しく実装できているのか。このように、シミュレーターと言えども、人為的なミスなどが入り込む余地が多く存在します。

したがって、理論と整合するかどうか＝正しくコーディングや条件設定ができているかを十分にテストすることが重要です。そのためには、理論検証が可能な簡単な条件で実行し、理論値とシミュレーション結果を比較するのがセオリーです。極端な話、妙にパケットロスが多いことに気づき、よくよく条件設定を見直してみたら、リンク帯域が1桁小さく設定されていたなどということも起こり得ます。このようなミスに気づかず、「この手法はパケットロスが多いから良くない

図6.5 シミュレーター利用時の注意点

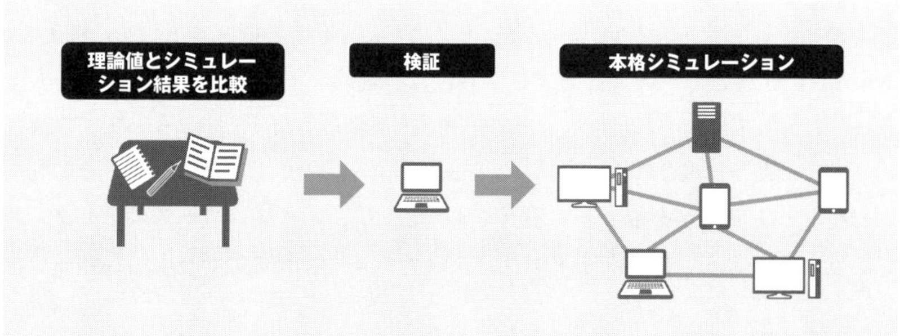

理論値との比較➡検証➡本格シミュレーションの流れ。

ようだ」と短絡的に結論付けてしまったとしたら、どうなるでしょう。本当にそんなことが起きるのかというレベルの話のように聞こえるかもしれませんが、実際には何も考えずに結果のみを採用してしまうこともよく起こるので十分な注意が必要です。

理論値と整合しないなど、何かおかしい場合には、ミスによるバグなど何かしら原因があるので、きちんと考えて追究する必要があります。このようなテストが終わった段階で、ようやく理論的には計算できないような大規模なシミュレーションなどへと進むことができるのです。理論や実機だと困難な条件をも含め、任意の条件で評価ができるのがシミュレーションの強みです。

ネットワークシミュレーターns-3の基礎知識

ns-3 (*Network Simulator 3*) *1 は、ネットワーク研究と教育への利用を目的に、GNU GPLv2ライセンスのもとでオープンソースで開発されているシミュレーターです。

ジャンルとしては、「離散イベンド駆動型ネットワークシミュレーター」と呼ばれるシミュレーターです。これはたとえば、パケットの送受信などのイベントを契機に、システムの挙動を離散的に変化させるような構造を指します。ns-3はLinux、FreeBSDおよびCygwin上で動作し、複数のライブラリを組み合わせて構築されており、外部ソフトウェアへの拡張も容易です。たとえば、アニメーション描画、データ分析、可視化ツールなどと連携可能であり、非常に高いモジュール性を有しています。C++あるいはPythonでシナリオファイルを記述することで、任意のネットワーク構成を実現可能です。

なお、ns-3の使い方そのものについて詳しく解説することは、本書で扱える範囲を超えてしまっています。ns-3はTCPをはじめとした各種プロトコルに加えて、Wi-FiやLTEなどの無線通信方式、さらには物理的な電波の伝搬モデルなどもモジュールとして実装されており、カバー範囲が多岐にわたります。よって、世界中の研究者により利用される代表的なシミュレーターの一つである一方で、その利用には少しハードルがあることも事実です。とくに、オープンソースソフトウェアにありがちなことではありますが、公式のドキュメントやサポートが親切という

*1 URL https://www.nsnam.org

わけでもありません。ただし、本書によって各レイヤーの役割や代表的プロトコルのしくみなど、ネットワーク技術の基本を学んだ状態であれば、多少なりとも取っつきは良くなるはずです。

ns-3によるNewRenoの観測　シナリオの設定

本シミュレーションで用いたコードは、ns-3.27というバージョンで作成したシナリオファイルです。ns-3にはTCPを模擬するためのモジュールが存在し、代表的な輻輳制御アルゴリズムが実装されています。任意のネットワークを構成し、このモジュールを利用して通信アプリケーションを設定することにより、TCPのセグメントやACKの送受信をトレースすることができます。

ここでまず、最初に模擬するネットワーク構成を 図6.6 に示します。送信ノード(*TCP sender*)から受信ノード(*TCP receiver*)に対して、ファイル転送を行います。

TCP senderの挙動確認

確認シミュレーションを実行したときの、TCP senderの内部変数の推移を 図6.7 にまとめます。

1段めは輻輳ウィンドウサイズ*cwnd*を、2段めはスロースタート閾値*ssthresh*(詳細は後述)を、3段めはRTTを、4段めは状態遷移を表します。

2段めに関しては、*ssthresh*の初期値は非常に大きいため、グラフ中からはみ出していることに注意してください 図6.7❶ 。

4段めに関しては、グレーで塗りつぶしている状態に遷移していることを表します。たとえば、最初の約2秒間は`Open`状態に属しており、そのあとは`Recovery`状態に遷移したことを表します。なお、輻輳制御の大まかな動作は「状態」の概念がなくても理解できると判断し、本書ではあまり詳しくは触れていません。

図6.6　ns-3で模擬するネットワーク構成

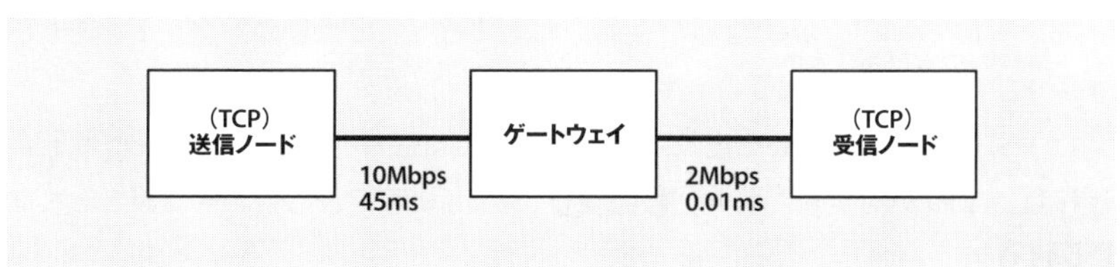

図6.7 NewRenoの振る舞い

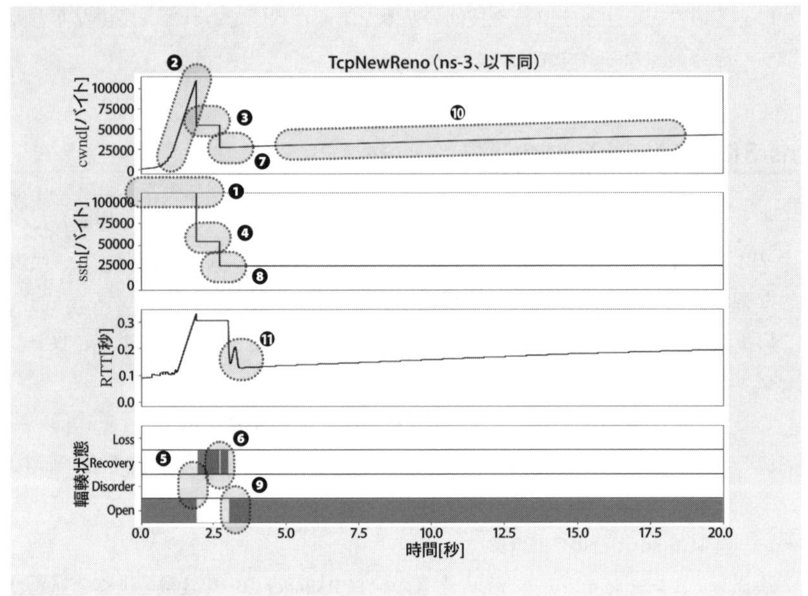

状態遷移の確認

図6.7では、次のような状態遷移を確認できます。

まず、シミュレーション開始から1.93秒付近まで、Open(Slow start)状態で指数関数的に*cwnd*が増加します 図6.7❷。このフェーズを「スロースタート」と呼びます。

送信ノードがデータ送信を始めるとき、どの程度のデータレートが適切なのかがわからないため、様子を見ながらゆっくり送信を始めます。まず*cwnd*を1セグメントサイズに設定して送信し、これに対するACKを受け取ったとき、*cwnd*を1増加させます。送信側はACKを1つ受け取るごとに、2つのセグメントを送信できることになります。

よって、*cwnd*は指数関数的に増加していくような挙動となるのです。このスロースタートアルゴリズムにより、混雑したところへ急に大量のパケットを送り出すようなことを避け、輻輳の発生を抑えます。

1.93秒付近で重複ACKを複数回受信し、Disorder状態を経てRecovery状態に遷移し、*cwnd*が約半分に減少し 図6.7❸ 、*ssthresh*もそれに合わせて減少します 図6.7❹ 。

なお、Disorder状態の滞在時間が非常に短いため、図中で視認できない点に注意が必要です 図6.7❺ 。ここで輻輳ウィンドウサイズを半減させているのは、まさにAIMD制御におけるMDの部分に該当します。

一方で、スロースタート閾値*ssthresh*とは何なのでしょうか。スロースタートとは、先述のとおりネットワーク上の様子を探りながら送信データレートを上げていくことです。

ただし最初はゆっくりなのですが、指数関数的に*cwnd*が増加するため、時間の経過とともにデータ転送量が大幅に増えていくという挙動を示しました。でも輻輳を検知して*cwnd*を低下させた後にも同じことを続けたら、またすぐに輻輳を起こしてしまう可能性が高いと考えられます。これを防ぐための方法が、輻輳回避(*congestion avoidance*)アルゴリズムです。

輻輳回避では、輻輳を検知した時点での*cwnd*の半分の値をスロースタート閾値*ssthresh*として設定するのです。

そして、*cwnd*が*ssthresh*を超える場合には、ACKを受け取るたびに増やす輻輳ウィンドウの増加分を緩やかにし、輻輳を発生させにくくします。

それから、2.7秒付近で新しいACKを受信し、一瞬だけOpen状態に戻りますが、その後すぐに重複ACKを受信し、Disorder状態を経てRecovery状態に遷移します 図6.7❻ 。このパケットロスによる輻輳検知からの一連の流れにより、*cwnd*と*ssthresh*はさらに半分程度に減少します 図6.7❼❽ 。

その後、3.0秒付近で再び新しいACKを受信して、Open状態に遷移します 図6.7❾ 。ここでは上記の輻輳回避アルゴリズムが効いているため、*cwnd*は少しずつ、線形関数的に増加します 図6.7❿ 。

なお、図6.7 内の3段めで小さなピークが立っており、輻輳直後に到着したパケットはRTTが大きいことも確認できます 図6.7⓫ 。

6.3 ネットワーク高速化とアルゴリズムの進化
CUBIC

NewRenoは、実質的に標準的なTCP輻輳制御アルゴリズムとして利用されてきました。ただし、提案された当時のネットワーク環境では有効に機能していたのですが、時が過ぎ、ネットワーク環境の変化とともに、当初は思いもよらなかったような課題が顕在化しました。

そして、従来技術と共存しつつ、その課題を解決するために開発されたのが「CUBIC(キュービック)」と呼ばれるアルゴリズムです。

ネットワークの高速化とロングファットパイプの一般化

TCPが普及し始めた1990年代以降、さまざまなトレンド変化がありました。ブロードバンド(*broadband*)と呼ばれた大容量アクセスから、光ファイバー回線の普及、LTEから5Gに至るモバイルサービスの進化など、とくにネットワークの高速化は著しいものがありました。

ネットワークの回線速度が向上することは、**単位時間あたりの通信データ量が増える**ことを意味し、その回線上を流れる「通信フローの転送レート向上」が期待されます。

また、単なる高速化のみならず、**遠距離にあるノード間での通信**が非常に多くなりました。代表例がクラウドサービスの普及であり、ユーザーの手元のデバイスから遠隔地にあるデータセンターに設置されたクラウドサーバーとの間で通信が行われることも多いです。また、ビジネス用途では、全国に点在する拠点に設置されたサーバー間でのデータ転送や、データセンター間での通信(DCI/*Data Center Interconnection*, データセンターインターコネクト)も非常に多くなっています。

いくら回線が高速化しても、信号が送信ノードから受信ノードまで到達するために要する**物理的な伝搬遅延は短縮できません**。信号の伝搬には、無線信号であれば約3.33μs/km、光ファイバー中であれば約5μs/kmかかることが知られており、遠距離ノード間の通信においては無視できない値となります。たとえば、太平洋を横断する海底ケーブル中の伝搬遅延は50msを超えます。

このような、広帯域かつ高遅延の通信環境は**ロングファットパイプ**(*long fat pipe*)図6.8と呼ばれます。

NewRenoの課題の顕在化

そして、TCPが利用される通信環境としてロングファットパイプが一般的になる中で、NewRenoの課題が顕在化してきました。あらゆる環境において最適なアルゴリズムというものは稀有(けう)であり、NewRenoが開発された環境からの乖離(かいり)が大

図6.8 通信環境の変化とロングファットパイプ

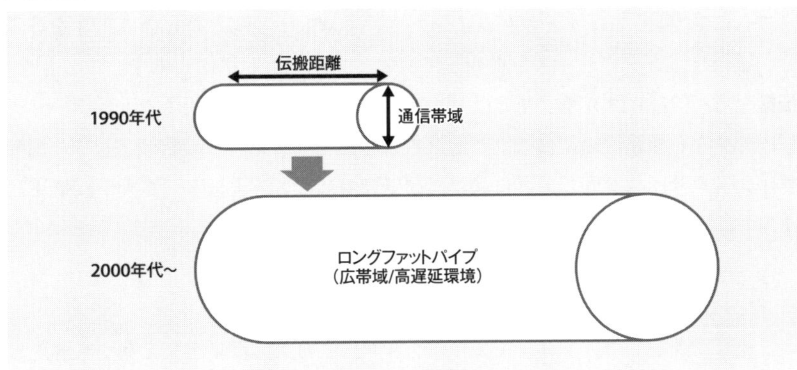

きくなってくれば、それなりの課題が出てくるのは仕方のないことだと言えます。

具体的な課題としてまず、輻輳ウィンドウサイズの増加スピードが回線速度に対して遅すぎるため、広帯域を有効活用できないという課題があります。図6.9を見ると一目瞭然なのですが、輻輳回避フェーズにおいてスループット回復に要する時間が長くなります。NewRenoでは輻輳ウィンドウサイズを半減させてから徐々に増加させるため、広帯域環境では輻輳ウィンドウサイズが相対的に小さい

図6.9 広帯域化に伴う収束時間の増加

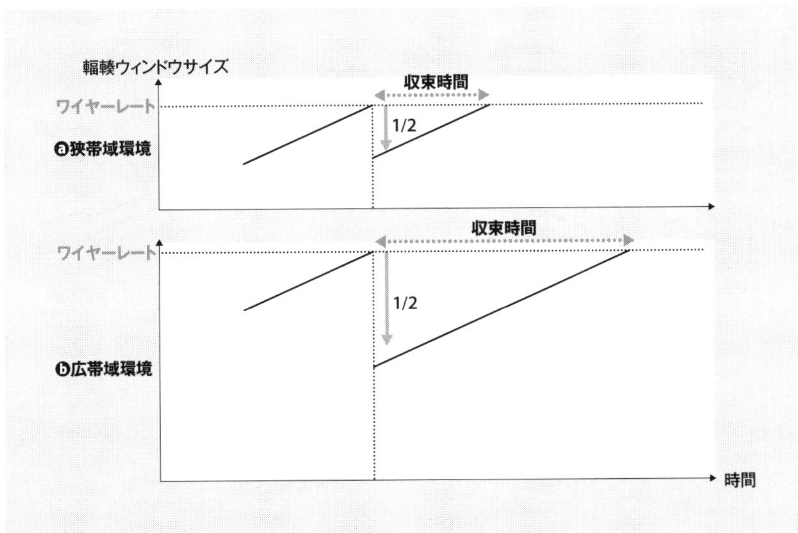

時間が長くなり、せっかくの帯域を有効活用できません。

さらに 図6.10 に示すとおり、送信ノードはACKを受信したときにRTTを計測し、輻輳ウィンドウサイズを更新して次のセグメントを送信します。このとき、伝搬距離が伸びRTTが増加するほどACK受信に要する時間が長くなり、データ送信間隔すなわち図中の待機時間が伸びることになります。その結果として、輻輳ウィンドウサイズが同じときには、高遅延環境になるほどスループットが低下します。

――シミュレーターによる確認 ロングファットパイプにおけるNewReno

上述した課題について、シミュレーションによる実測結果を交えながら解説していきます。

シミュレーション条件(シナリオ❶と呼称)を 図6.11 に示します。基本的な条件は先ほどと同様ですが、一方のリンクの速度および伝搬遅延を変数として、何回か測定を行った結果を比較します。すなわち、リンク速度を低速=10Mbps、高速=50Mbpsと変化させ、伝搬遅延を短距離=20ms(=10ms+10ms)、長距離=110ms(=10ms+100ms)と設定し、計4パターンでの測定を行います。

シミュレーション実行結果を 図6.12 にまとめて掲載します。1Gbpsの高速リン

図6.10 高遅延化に伴う待機時間の増加

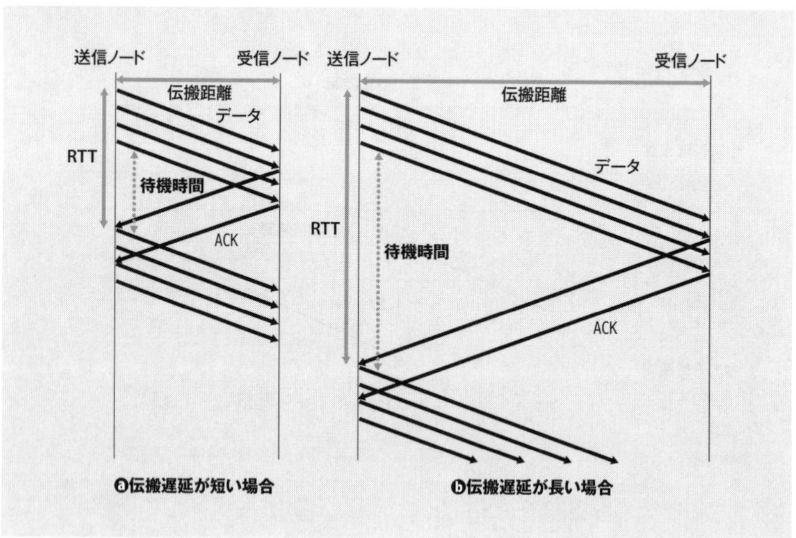

図6.11 シミュレーション条件(シナリオ❶)

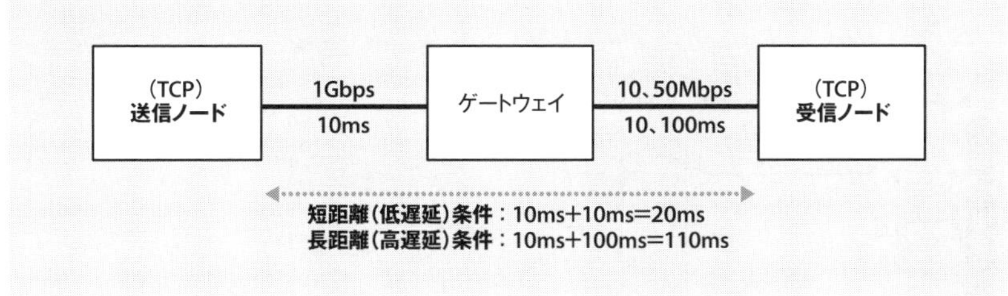

クからゲートウェイで速度低下が起こるためにパケット廃棄が発生し、輻輳回避フェーズに入る点は全条件で共通のため、それ以降の動作の違いについて述べます。

狭帯域低遅延環境(10Mbps, 10ms)のときは、AIMD制御により安定したスループットを達成しています。つまり、徐々に輻輳ウィンドウサイズを増加させていき、輻輳状態となったときに半減させますが、そもそも帯域が狭く一瞬で回復するため、ほとんどスループット低下が観測されません。

狭帯域高遅延環境(10Mbps, 100ms)では、RTTが長くなったためスループットが約10Mbpsに達するまでに約50秒を要しています。100秒後までの間には輻輳状態を観測しておらず、すでに高遅延の影響が出始めているとも言えます。

広帯域低遅延環境(50Mbps, 10ms)では、輻輳ウィンドウサイズの回復に要する時間が長くなっているため、輻輳ウィンドウサイズを減少させた後のスループット低下の影響が表れています。

そして、広帯域高遅延環境(50Mbps, 100ms)では、100秒ではスループットが25Mbps程度までしか上がっていません。輻輳ウィンドウサイズを徐々に増大させてはいますが、RTTが長いために時間がかかり過ぎ、せっかくの広帯域を有効活用できていません。

このように、ロングファットパイプにおけるNewRenoの課題を、シミュレーション結果から確認できました。

図6.12 シミュレーション結果(シナリオ❶)

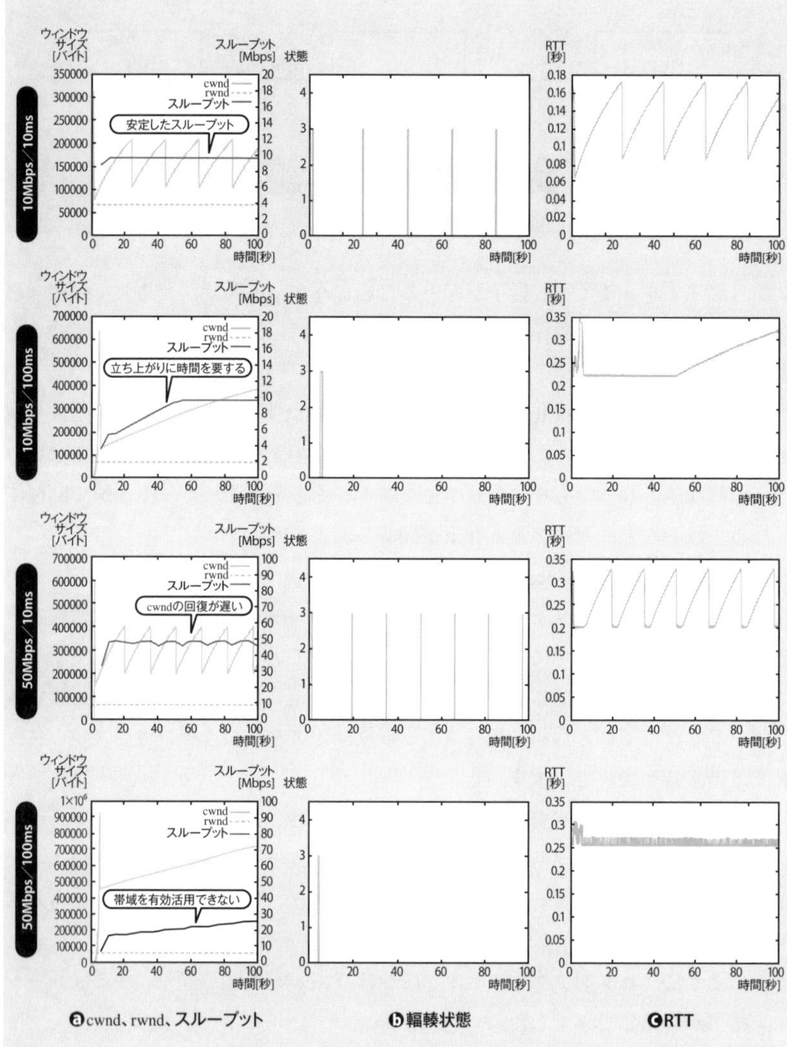

NewRenoの改良とロングファットパイプ向け輻輳制御 HSTCPとScalable TCP

NewRenoの課題に対して、ロングファットパイプ向けの輻輳制御アルゴリズムがいくつか提案されました。その代表例として、HSTCP（*HighSpeed TCP*）とScalable TCPを取り上げます。

まずHSTCPでは、AIMD制御の **式6.1** の変数a, bを、輻輳ウィンドウサイズに応じて調整します。一定の閾値より小さい時にはNewRenoと同様の値をそのまま用いますが、輻輳ウィンドウサイズがある閾値を超えると、a, bの値を輻輳ウィンドウサイズの関数として表します。大まかには、輻輳ウィンドウサイズが大きくなるほど、aの値は大きく、同時にbの値は小さくなります。この調整によって、NewRenoと比べて輻輳ウィンドウサイズの増大および回復の高速化が図られています。

一方のScalable TCPでは、**式6.1** の変数aの値を0.01とし、輻輳ウィンドウサイズ増加量を常に一定とします。この修正により、従来手法における輻輳ウィンドウサイズが大きくなるほど輻輳ウィンドウサイズ増加速度が低下する課題の解決を図っています。また、パケット廃棄時の輻輳ウィンドウサイズの減少量を現在値の$\frac{1}{8}$とし、大きな値をキープするように設計されています。

シミュレーターによる確認 HSTCP/Scalable TCP

これらのアルゴリズムについても、シミュレーションによって動作を確認してみましょう。

まずHSTCPを用いた際の結果を **図6.13** に掲載します。NewRenoと比べて、各環境における輻輳ウィンドウサイズの増加が顕著に速くなっています。肝心の広帯域高遅延環境（50Mbps, 100ms）でも、輻輳ウィンドウサイズを高速に増加させており、数十秒でスループット回復を完了させています。

Scalable TCPのシミュレーション実行結果は **図6.14** に示します。こちらも同様に、輻輳ウィンドウサイズの増加が高速化されています。全体的にはHSTCPと似た挙動を示しますが、よりAIMD制御周期が短くなっており、広帯域高遅延環境（50Mbps, 100ms）でのスループット回復の高速性についても同様です。

図6.13 シミュレーション結果(シナリオ❷ HSTCP)

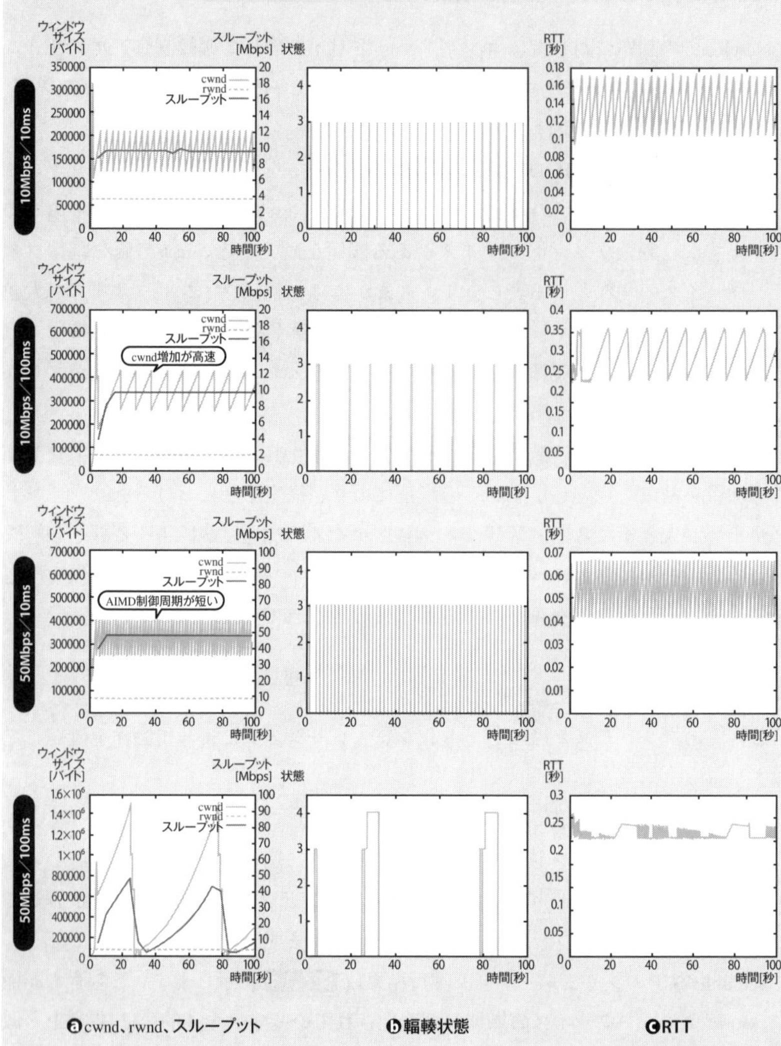

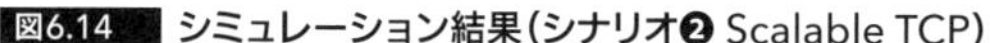

図6.14 シミュレーション結果(シナリオ❷ Scalable TCP)

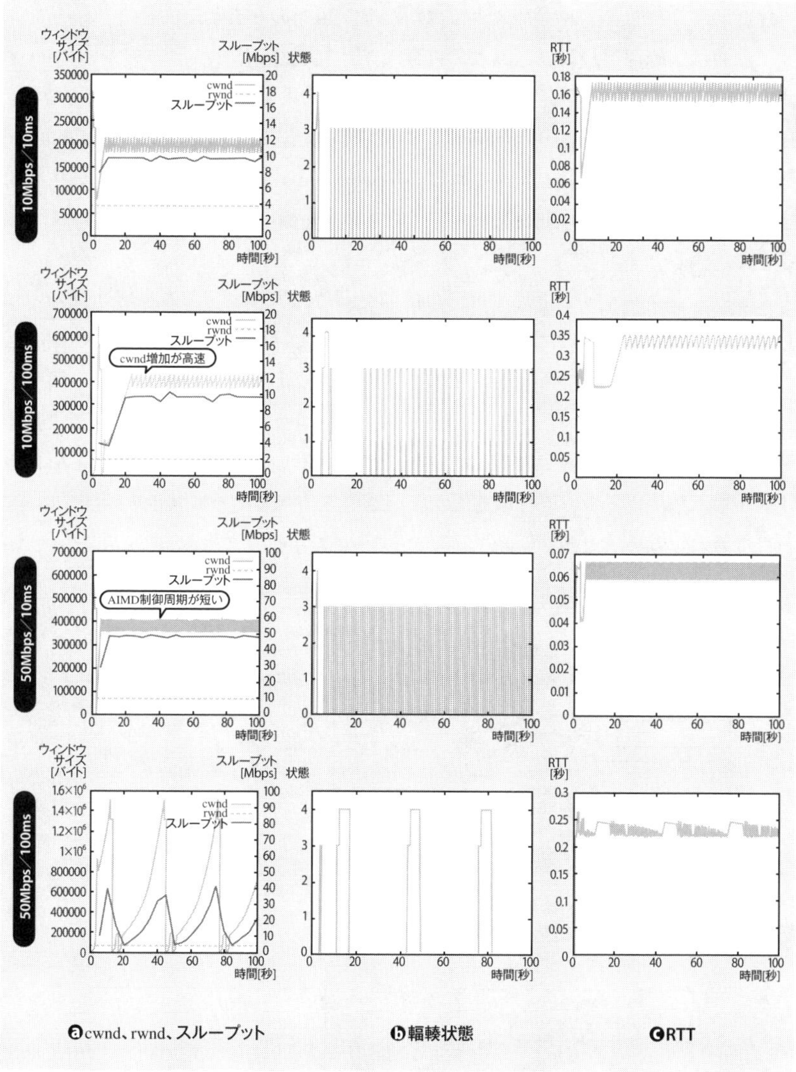

[新たな課題❶]既存アルゴリズムとの共存と親和性

ただし、これらのアルゴリズムには新たな課題がありました。

一点めは、**既存アルゴリズムとの共存**です。図6.15に示すようにNewRenoを使うノードと混在する場合のシミュレーション結果図6.16を見てみましょう。HSTCP、Scalable TCPは50Mbpsのリンク帯域をほぼ占有してしまい、NewRenoが追い出されてしまっています。これは、NewRenoと比べて輻輳ウィンドウサイズを大きく保とうとする傾向が強い(アグレッシブ/*aggressive*であると形容される)ことに起因します。

もし、インターネット上のすべての機器が同時にアルゴリズムを切り替えられたとしたら、このような問題は発生しません。ただ、そんなことは現実的には起こり得ません。また、繰り返しになりますが、ネットワークは多くの人やデバイスによって共用されますし、他者のことはコントロールできず、お互いに悪影響を与えないようにする観点は非常に重要です。新しいアルゴリズムを備えたデバイスが参入したことで、既存の通信が圧迫されるようなことは大きな問題であり、避けなければなりません。

図6.15 シミュレーション条件(シナリオ❸)

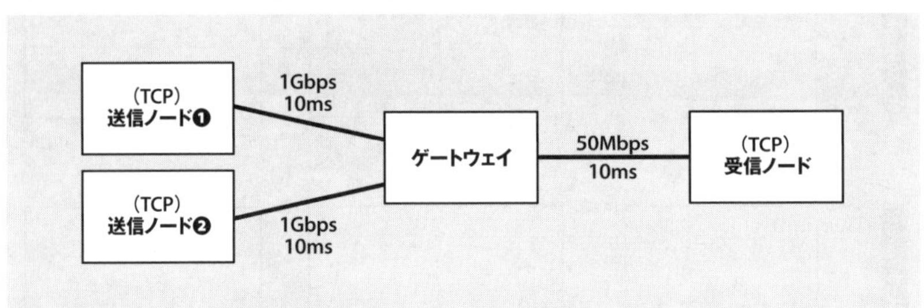

図6.16 シミュレーション結果(シナリオ❸)

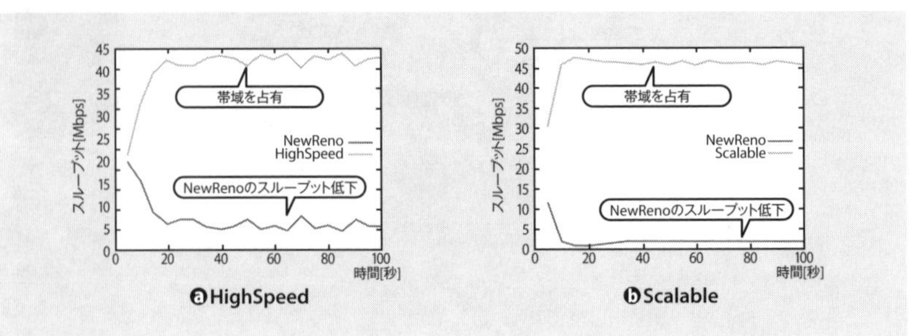

このような既存アルゴリズムとの親和性、あるいは公平性などと呼ばれる観点は新技術の導入において重要であり、もっと親和性の高いアルゴリズムが求められました。

[新たな課題❷]RTT公平性

二点めの課題が、**RTT公平性**です。これは、RTTが大きく異なるフロー間でのスループットの公平性を指します。

図6.17 および 図6.18 に示すとおり、RTTが異なるフローがボトルネックリンクを共有したとき、HSTCPやScalable TCPはRTTが大きいフローを追い出してしまいます。RTTの大きいフローは、ほとんど通信できておらず、これがRTT公平性の低下です。これらのアルゴリズムでは、スケーラビリティを向上させるため結果的に輻輳ウインドウサイズが大きいフローが優遇されてしまったと理解できます。

RTT公平性の向上をおもな目的として開発されたのが、次に説明するCUBICです。

図6.17 シミュレーション条件(シナリオ❹)

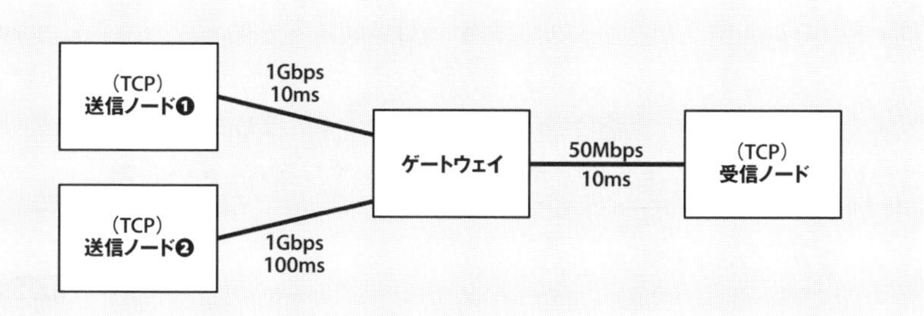

図6.18 シミュレーション結果(シナリオ❹)

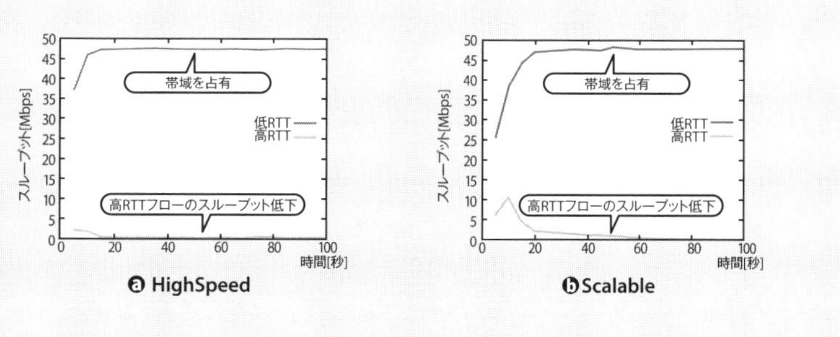

近年の代表的なLoss-based輻輳制御 CUBIC

CUBIC(CUBIC TCP)は、Linux 2.6.19以降で標準搭載されていて、近年の標準的アルゴリズムの一つです。広帯域/高遅延環境への適用を前提にして開発され、安定性とスケーラビリティに優れ、先ほど述べた既存アルゴリズムとの親和性、RTT公平性にも配慮されています。

CUBICにおける輻輳ウィンドウサイズの増加は、図6.19に示すような三次関数(*cubic function*)で表されます。輻輳イベント開始からの経過時間を変数とした三次関数を用いることで、輻輳ウィンドウサイズ増加速度をRTTに依存しないようにし、RTT公平性を向上させています。また、RTTが小さい場合には輻輳ウィンドウサイズ増加量を抑えるように設計されているため、既存TCPとの親和性が高くなっています。これを実現する輻輳ウィンドウサイズ増加関数は、式6.2で表されます。

$$w(t) = C(t-K)^3 + W_{max} \quad \text{式6.2}$$

ここで、まずW_{max}はパケット廃棄を検知した時点の輻輳ウィンドウサイズを表します。CはCUBICパラメーターであり、tはファストリカバリー(*fast recovery*)開始からの経過時間です。さらにKは、輻輳ウィンドウサイズ増加速度を決定するパラメーターであり、式6.3を用いて求められます。なお、式6.3中のβは、パケット廃棄時の輻輳ウィンドウサイズ低減量を表すパラメーターです。

$$K = \sqrt[3]{\frac{W_{max}\beta}{C}} \quad \text{式6.3}$$

図6.19 CUBICにおける輻輳ウィンドウサイズ増加

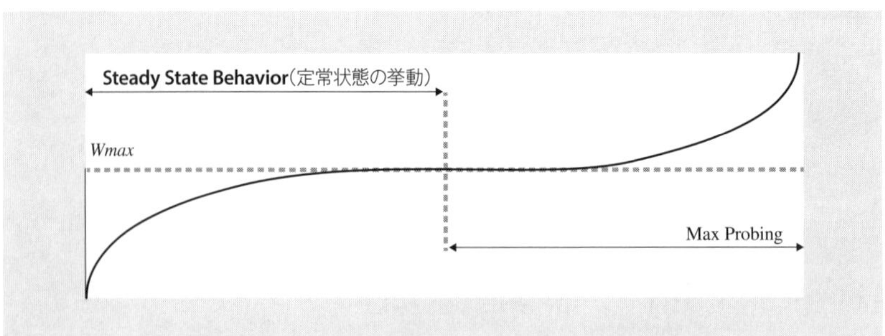

参考 Sangtae Ha, Injong Rhee, Lisong Xu「CUBIC: a new TCP-friendly high-speed TCP variant」(ACM SIGOPS operating systems review, vol.42, no.5, pp.64--74, 2008)

シミュレーターによる確認　CUBICの輻輳ウィンドウサイズ制御

さて、CUBICの輻輳ウィンドウサイズ制御についても、シミュレーションで確認してみましょう。条件は先ほどのシナリオ❶と同様とし、実行結果を 図6.20 に示します。設計思想どおり、いずれの環境においても高速に輻輳ウィンドウサイズを増加させ、帯域を有効活用できていることがわかります。CUBICの特徴である三次関数による近似も各所に現れているのが確認でき、とくに広帯域高遅延環境(50Mbps, 100ms)における10秒前後などで顕著に現れています。

また、既存TCPとの親和性について、先ほどのシナリオ❸と同様の条件で確認してみます。図6.21 のシミュレーション結果が示すとおり、HSTCPやScalable TCPと比べて、NewRenoのスループットを大きく改善できることがわかります。つまりCUBICはアグレッシブ性を抑えているため、既存TCPとの親和性を高めることに成功しています。

さらにRTT公平性について、シナリオ❹と同様の条件でシミュレーションした結果を 図6.22 に掲載します。この条件ではRTTの差が非常に大きいため、スループットを完全に公平化することはできないですが、高遅延フローのスループットを大幅に改善しています。この結果は、輻輳ウィンドウサイズ増加速度がRTTに依存しないというCUBICの特長をよく表していると解釈できます。

CUBICの課題　キューイング遅延の増大

以上のように、CUBICにより、既存アルゴリズムの課題であったロングファットパイプへの適応、RTT公平性、そして既存アルゴリズムとの親和性、といった課題が解決されました。

しかしながら、それでもすべての課題が解決されたわけではありません。ウィンドウ増加関数を見てもわかるとおり、パケット廃棄が発生しない限りは際限なく輻輳ウィンドウサイズを増加させていきます。そのため、転送経路上のルーター等のバッファをパケット廃棄発生まで埋め尽くします。

その帰結として、ネットワーク上のバッファが多いとき、バッファでの転送待ち遅延(**キューイング遅延**/*queuing delay*)の増大を引き起こします。

シミュレーターによる確認　キューイング遅延

この課題についても、シミュレーションによって確認してみます。

図6.20 シミュレーション結果(シナリオ❺)

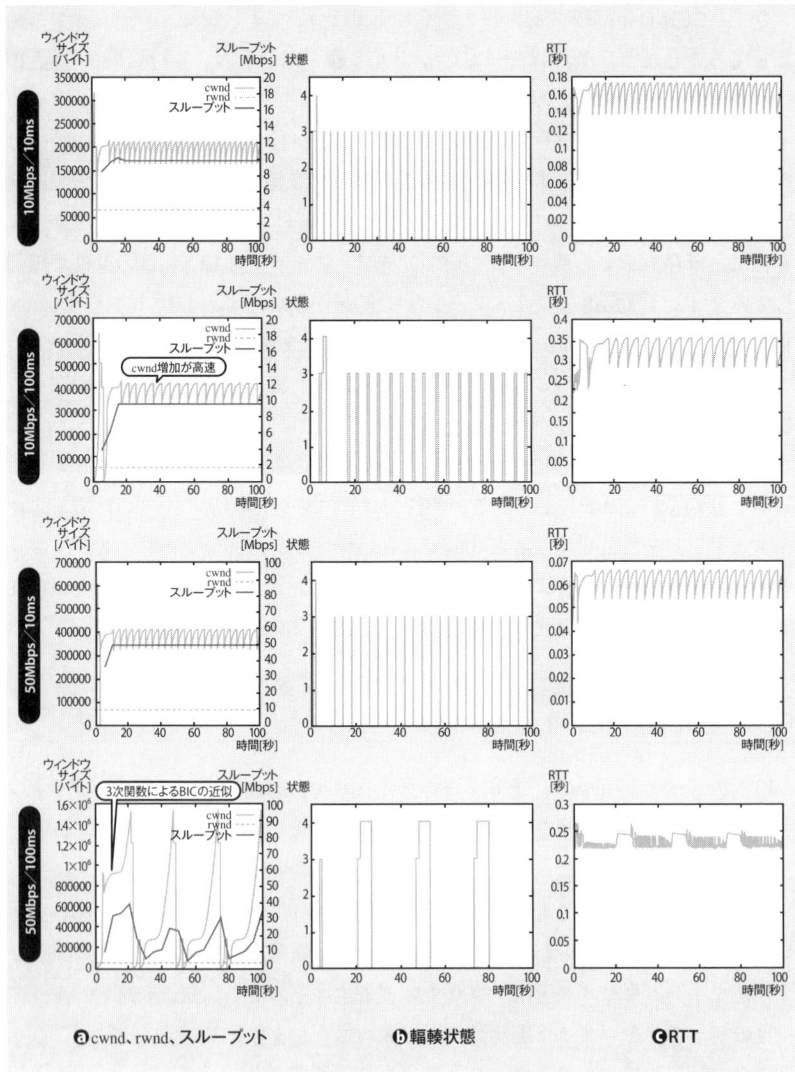

基本的な条件はシナリオ❻の広帯域低遅延環境(50Mbps, 10ms)と同様とし、ゲートウェイの最大キューサイズを100パケット/10000パケットと変化させて、RTTを測定した結果を 図6.23 に示します。最大キューサイズが100パケットのときには、RTTは最大でも0.1秒程度であるのに対して、最大キューサイズを10000パケ

図6.21 シミュレーション結果(シナリオ❻)

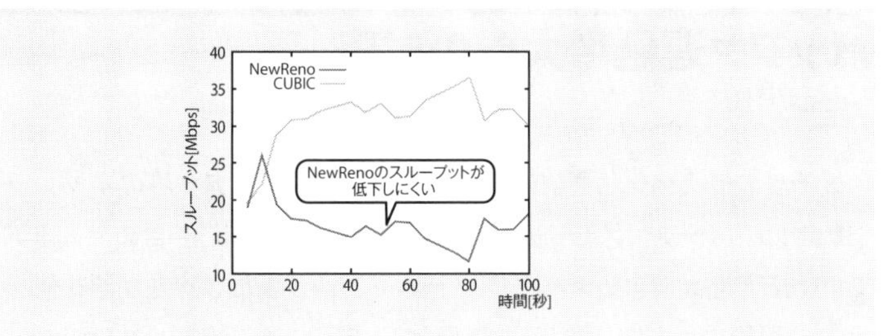

図6.22 シミュレーション結果(シナリオ❼)

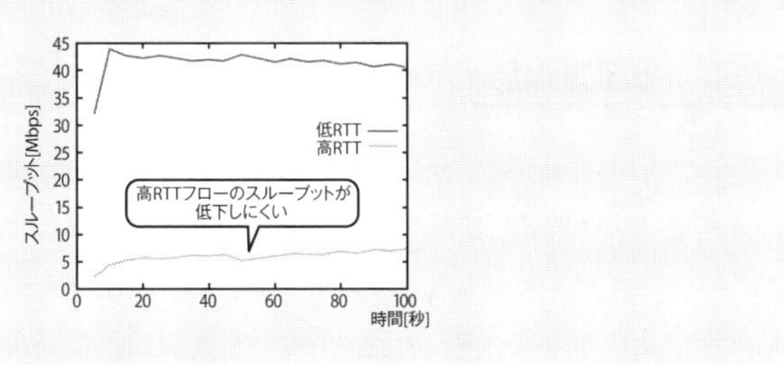

ットに設定した場合には、RTTが常に0.35秒になっています。この差は、送信キューにおける転送待ち時間の増加に起因します。

今回の条件では1つのゲートウェイでの転送待ち時間が増加しただけなので、その影響は限定的ですが、もし転送待ちを行う機器が多くなれば、そのぶんだけRTTが増大します。こうした課題の顕在化と対処について、次節にて紹介します。

図6.23 シミュレーション結果(シナリオ❽)

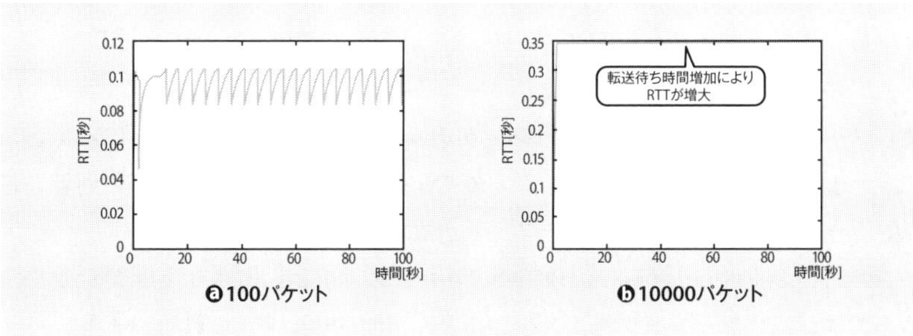

6.4 バッファ遅延増大への対応
Vegas/BBR

メモリの低価格化と通信速度向上を背景に、ルーター等のネットワーク機器に搭載されるバッファメモリのサイズが増加し、CUBICを含めた従来アルゴリズムでは、RTT増大によるスループット低下という新たな課題が顕在化しました。

この課題に対して、RTTを指標として用いる「BBR」というアルゴリズムがGoogleにより開発され台頭してきました。

バッファサイズ増加とバッファ遅延増大　メモリサイズの増大という問題

近年、スマートフォンやノートパソコン等にとどまらず、ルーターやスイッチ等のネットワーク機器に搭載されるメモリのサイズも増加しました。ネットワーク機器のバッファサイズが大きくなることで、パケット廃棄が起こりにくくなる利点があります。たとえば一度に大量のパケットが到着した場合にも、一時的にメモリに蓄積し、順番に送出することができます。逆にメモリが少なければ、パケットがまとめて到着すると溢れてしまい、その結果としてパケット廃棄が生じます。

NewRenoやCUBICをはじめとするLoss-based輻輳制御アルゴリズムでは、パケット廃棄が生じる度にスループットを低下させるため、一瞬のピークのような混雑で必要以上にスループットを低下させることは避けたいです。そう考えると、バッファサイズを大きくすることで、安定した通信を行うことができます図6.24。

Loss-basedアルゴリズムによる遅延の増大

一方で、メモリが大きすぎたときの弊害が遅延の増大です。この問題は、2009年前後からバッファブロート(*Bufferbloat*)という名前で指摘されていました。

TCPの基本的な動作として、送信ノードが新たなデータを送出するためには、受信ノードからのACKを受け取る必要があります。そのため図6.25に示すように、バッファ遅延の増大によってデータ到着までの遅延が伸び、ACKの到着も遅れ、データ送信間隔が伸びスループットが低下することになります。

さらに、とくにLoss-based輻輳制御アルゴリズムでは、パケット廃棄が発生するまでは、輻輳ウィンドウサイズをどんどん増加させます。これはつまり、バッファ溢れが発生するまでは、ネットワーク上にパケットをどんどん送り出してしまう、ということを意味します。多くのメモリを搭載したネットワーク機器が転送ルートを構成するとき、バッファ溢れが起こりにくい代わりに、各機器のバッファがパケットで埋め尽くされてしまい、その結果としてRTTが増大します。つまりTCP自身がバッファブロートを引き起こし、その悪影響が自らに及ぶという状況です。

図6.24 バッファサイズとパケット廃棄

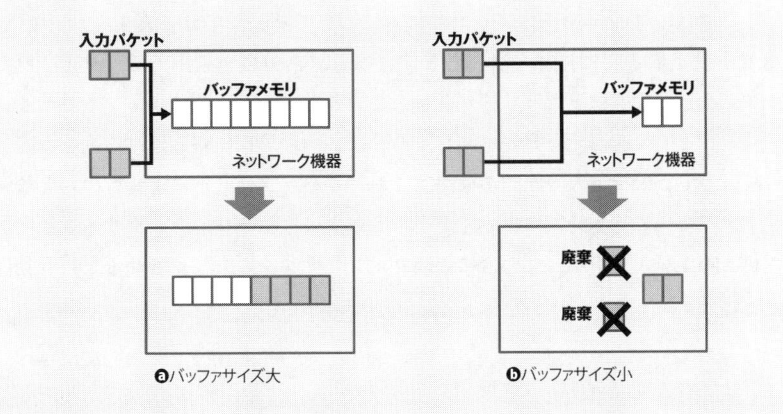

図6.25 RTTとスループットの関係

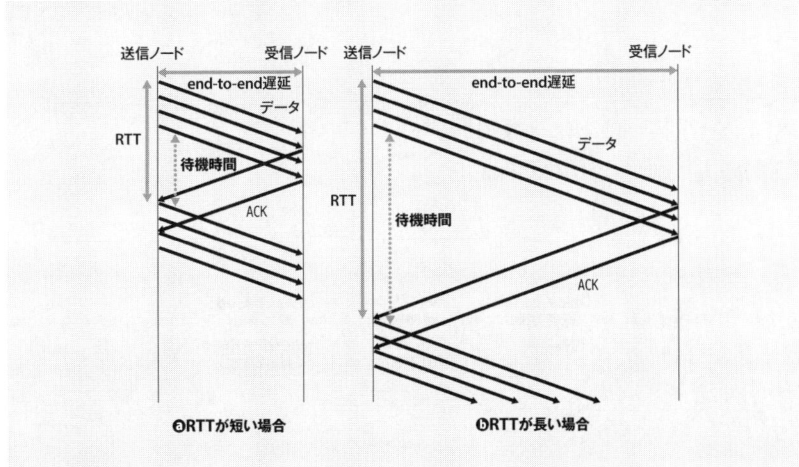

Delay-based輻輳制御　輻輳制御アルゴリズムの種類

前章で触れたとおり、TCPの輻輳制御アルゴリズムには大きく分けて3種類あります 図6.26 。パケット廃棄を輻輳の指標とするのが上述の**Loss-based**輻輳制御であり、RTTを輻輳の指標とするのが**Delay-based**輻輳制御です。また、これらを組み合わせたものが**ハイブリッド**輻輳制御です。タイプごとに異なった特徴があり、適した環境などが異なるため、状況に応じて適したアルゴリズムを選択して用いるのが適切です。

ここでは、「Delay-based」アルゴリズムについて解説しておきます。TCPでは、ACKを受け取る時にRTTを計測します。Delay-based輻輳制御では、測定されたRTTが大きくなるほど輻輳状態が悪化していると判断して輻輳ウィンドウサイズを調整します。送信元と宛先が同じであれば、物理的な伝搬遅延はそうそう変わらないので、RTT増大の原因が経路上におけるバッファ遅延によるものだと解釈します。よって基本的には、RTTが小さいときには輻輳ウィンドウサイズを増加させ、RTTが大きくなった場合に輻輳ウィンドウサイズを減少させるという動作を行います。

Vegas　代表的なDelay-basedアルゴリズムの例

これまでにさまざまなアルゴリズムが開発されてきましたが、最もベーシックと思われるTCP Vegas*2を取り上げて、Delay-basedアルゴリズムの挙動を確認してみましょう。Vegasでは、時刻tにおける輻輳ウィンドウサイズ$w(t)b$について、

*2 参考 Steven Low, Larry Peterson, Limin Wang「Understanding TCP Vegas: Theory and Practice」(Prinston University Technical Reports, TR-616-00, 2000)

図6.26 輻輳制御アルゴリズムの種類

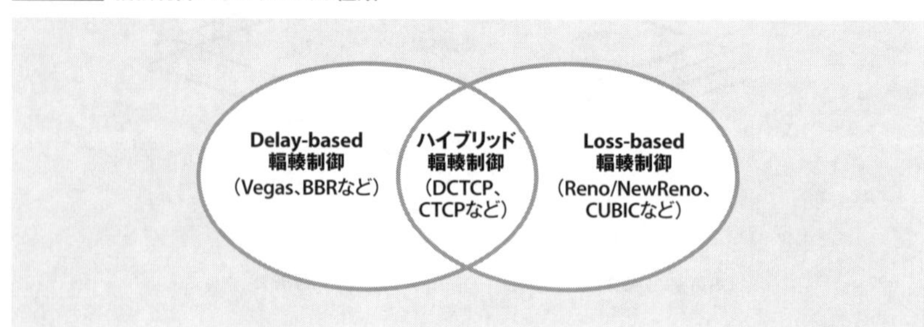

時刻t+1で更新された輻輳ウィンドウサイズの値を 式6.4 で表すことができます。

$$w(t+1) = \begin{cases} w(t) + 1/D(t) & (w(t)/d - w(t)/D(t) < \alpha) \\ w(t) - 1/D(t) & (w(t)/d - w(t)/D(t) > \alpha) \\ w(t) & (\text{その他}) \end{cases}$$ 式6.4

式6.4 においてdは往復の伝搬遅延(現実的には、RTTの最小値として推定)であり、$D(t)$は実際に測定されたRTTを表します。つまり$w(t)b/d$とは期待スループット、$w(t)b/D(t)$は実際のスループットを指しており、これらの差を閾値αと比較した結果に応じて$w(t)b$を増減させます。もしネットワークが空いていれば、期待スループットと実際のスループットとの差は小さくなり、RTTごとに輻輳ウィンドウサイズは1増加します。一方で、輻輳が強まりRTTが大きくなると、差がαを超え、RTTごとに輻輳ウィンドウサイズを1減少させることで、パケット送出を抑えます。

この振る舞いについても、シミュレーションによって確認してみましょう。図6.27 の条件でシミュレーションを実行した結果を 図6.28 に示します。先ほどまでと異なり、RTT、スループットともバッファサイズに依存せず一定である、ということが一目でわかります。RTT自体も50ms程度と小さい値です。本条件では伝搬遅延が往復で30msに設定されているため、バッファ遅延は合計20msほどです。つまり、バッファ遅延が少し伸びてきたところで増減のバランスがとれて、安定したスループットを得ている状態です。

図6.27 シミュレーション条件(シナリオ❾)

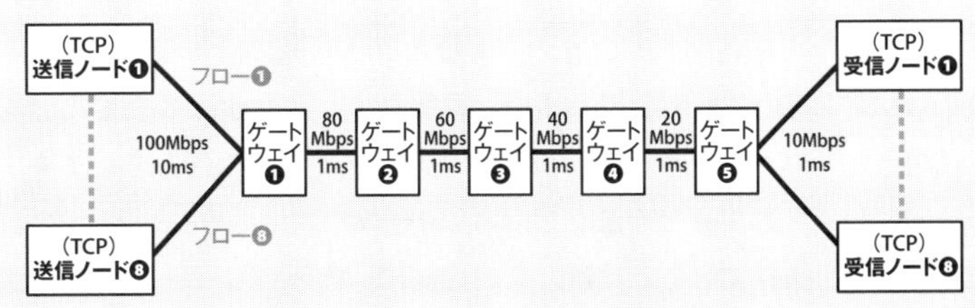

図6.28 シミュレーション結果(シナリオ❾)

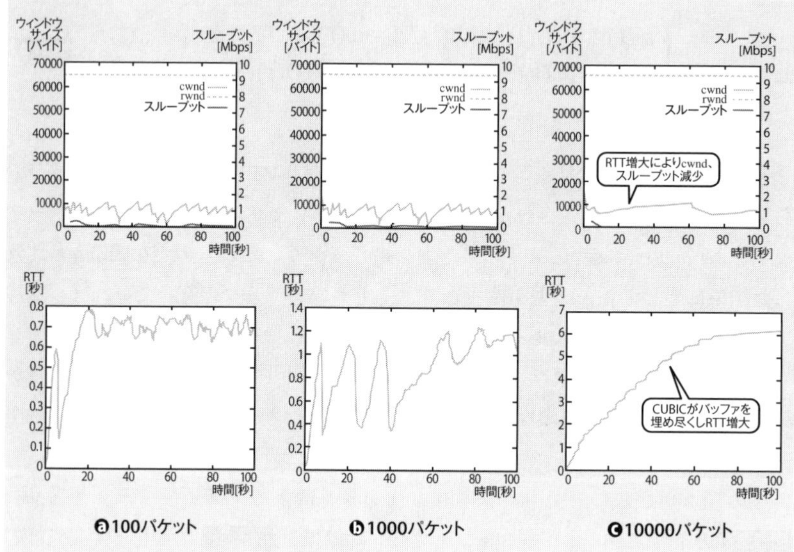

従来のDelay-based制御の課題

上記のとおり、Vegasは確かに理想的な環境ではパケット廃棄が発生せず、安定して低遅延性と高いスループットを実現することができます。ただ、主流のアルゴリズムでなかったことには、やはり理由があります。すなわち、Vegasはアグレッシブ性が非常に低く、RTTが増大するとすぐに輻輳ウィンドウサイズを減少させてしまうため、Loss-based輻輳制御に追い出されやすいです。

先ほどのシナリオ❾とほぼ同様の条件で、送信ノード1のフローだけをTCP Vegas、他のフローをCUBICに設定し、TCP Vegasの挙動を測定した結果を図6.29に示します。CUBICのフローたちがバッファを埋め尽くしてしまうので、RTTはバッファサイズとともに増大し、シナリオ❾とほぼ同様の値になります。このとき、VegasはRTT変化に反応してしまい、輻輳ウィンドウサイズをどんどん小さくし、結果としてスループットはほぼゼロに近い水準にまで落ちています。従来から一般的に利用されてきた手法がLoss-based輻輳制御であるNewRenoやCUBICなので、それらと共存することは難しく、Vegasを実際にインターネットで利用するのは困難だったことがわかります。

図6.29 シミュレーション結果(シナリオ⑩)

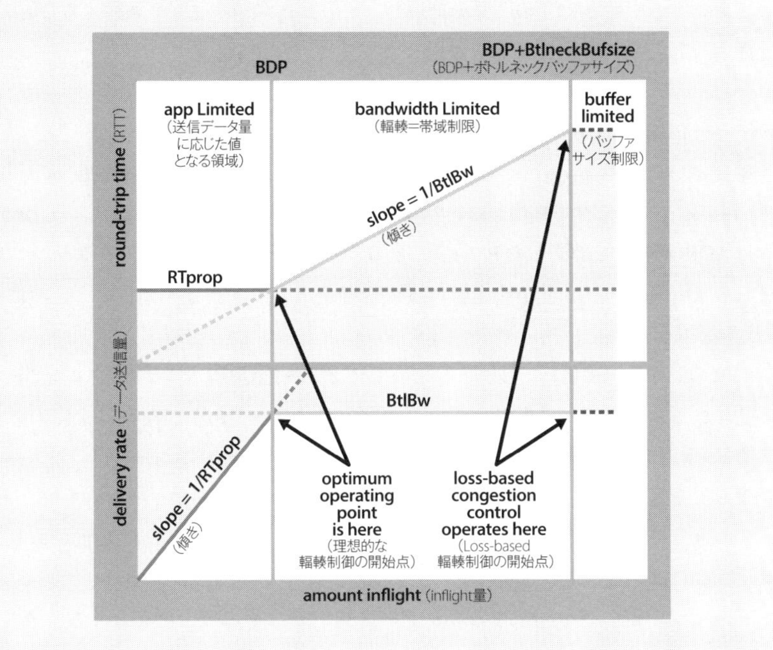

BBRの基本とBBR開発の狙い 新たなDelay-basedアルゴリズム

ここまでに紹介してきた課題を解決するためにGoogleが2016年9月に発表したアルゴリズムが「BBR」(*Bottleneck Bandwidth and Round-trip propagation time*)です*3。Linuxカーネル4.9以降で利用可能となり、YouTubeやGoogle Cloud Platform(GCP)等でも用いられるなど、その利用が広がりました。

BBRはDelay-based輻輳制御アルゴリズムであり、NewRenoやCUBICなど従来のLoss-based輻輳制御におけるパケットロス検出よりも早くネットワークの混雑を検知するというのが基本的な考え方です。ネットワーク帯域を最大限活用しつつ、バッファ遅延を発生させない、すなわち、パケットがバッファに蓄積され始

*3 参考 Sangtae Ha, Injong Rhee, Lisong Xu「CUBIC: a new TCP-friendly high-speed TCP variant」(ACM SIGOPS operating systems review, vol.42, no.5, pp.64--74, 2008)

める直前を理想的な状況とします。そのために、スループットとRTTを常に観測し、データ送出量とRTTの関係を把握しながらデータ送信速度を調節することで、上記の理想的なスループットを目指します。

BBRのしくみ

BBRでは、「RTprop」(*round-trip propagation time*)と「BtlBw」(*bottleneck bandwidth*)という2つの指標を用いて輻輳ウィンドウサイズを調節します。**RTprop**とはACKを用いて計測したRTTのことです。**BtlBw**とはボトルネックリンク帯域、つまりスループットを決定付ける転送経路上のボトルネックリンクにおける転送速度です。

BBRの動作を可視化して理解するためのグラフが **図6.30** です。横軸は「inflight」と呼ばれるネットワーク上に存在する送信中データ量であり、縦軸は上側のグラフではRTT、下側のグラフではデータ送信量となっています。

まったくデータを送信していない状態から徐々にinflightの量を増やしていくと、最初のうちはデータ送信量がそれに応じて上昇していき、RTTには変化がありません。これは、空いているネットワーク上をパケットが転送されていく状態です。

inflightが一定の値を超過すると、データ送信量はそれ以上増えなくなります。これはつまり、ネットワーク上のボトルネックリンクが輻輳状態となり、TCPのスループットが頭打ちになった状態です。これ以上inflightを増加させても、データ送信量はこのBtlBwを超えることはできません。その一方でRTTは増加していき、これはボトルネックリンクのバッファにパケットが蓄積し、キューイング遅延が増加していく状態です。そして、inflightが大きくなり過ぎれば、バッファサイズを超過してパケット廃棄が発生します。

上記のいくつかの段階の中で、Loss-based輻輳制御により輻輳が検出されるのは、バッファサイズを超過してパケット廃棄が発生したときです。もしバッファサイズが大きく、データ送信量がBtlBwに達してからパケット廃棄までに時間がかかるようなときには、輻輳の検出が遅いように感じられると思います。データ送信量がBtlBwに達した時点で、これ以上スループットが上がることはないため、それ以降はただバッファ量が増加するだけです。

これに対し、BBRが目指すのが、**inflight = BtlBw×RTprop**となる状態であり、この値を**BDP**(*bandwidth-delay product*)と呼びます。このとき、データ送信量がちょうど閾値であるBtlBwに達する計算となります。

図6.30 送信データ量とスループット、RTTの関係

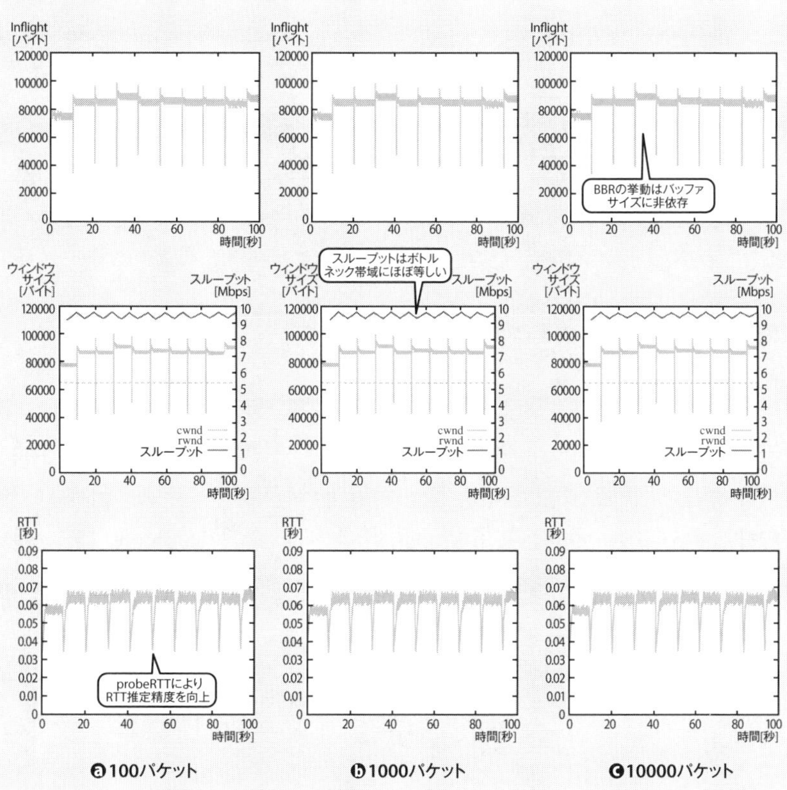

参考 Sangtae Ha, Injong Rhee, Lisong Xu「CUBIC: a new TCP-friendly high-speed TCP variant」(ACM SIGOPS operating systems review, vol.42, no.5, pp.64--74, 2008)

シミュレーターによる確認 BBRの挙動

さて、BBRの挙動についてもシミュレーションで確認してみましょう。まず、単純な条件としてBBRフローを一つだけ用いた際の振る舞いを観測します。図6.31の条件で、送信ノード1からBBRを用いてデータを送信した結果を図6.32に示します。ここでは、inflightの値、輻輳ウィンドウサイズおよびRTTを観測しています。

BBRは、バッファ遅延が発生しないようにデータ送信量を調節しているため、その挙動はバッファサイズに全く影響されないことが確認できます。スループットは、ボトルネックリンク帯域である10Mbpsに近い値を常に達成しています。そ

図6.31 シミュレーション条件(シナリオ⓫)

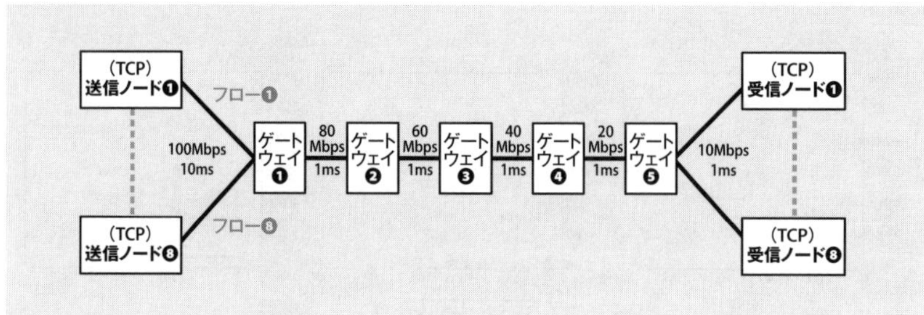

図6.32 シミュレーション結果(シナリオ⓫)

BBRの挙動はバッファサイズに非依存

スループットの公平化を達成

ⓐ100パケット

ⓑ1000パケット

ⓒ10000パケット

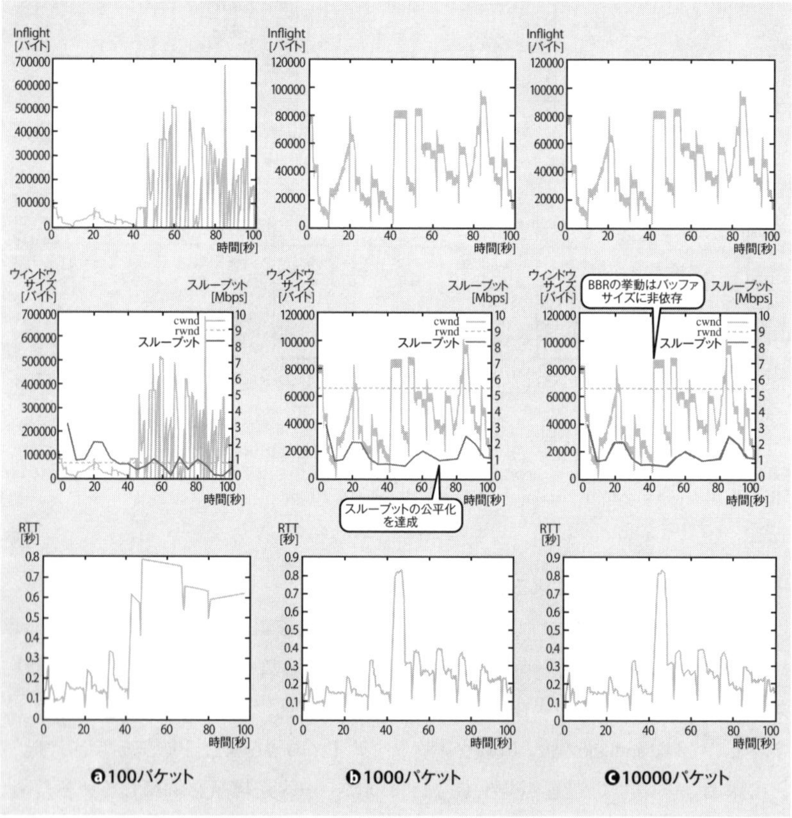

して、inflightの値は、ほぼボトルネックリンク帯域10MbpsとRTT約60msの積となっていることがわかります。

また、特徴的な振る舞いとして、約10秒程度の間隔で、一時的にinflight、RTT、輻輳ウィンドウサイズが落ち込んでいます。これはprobeRTTと呼ばれ、バッファ遅延が発生していないかを確認する動作です。たとえRTpropが変化しない状態が長く続いたとしても必ずしもバッファ遅延がゼロであるわけではなく、バッファ遅延が大きい状態で安定してしまっているかもしれません。これを確認するために、一定時間RTTprop推定値が変化しなかった場合に、*cwnd*を一定時間(200ms程度)小さくして送信データ量を減らし、RTprop推定の精度を向上させています。

BBRとLoss-basedアルゴリズムとの共存について

さて、Delay-basedアルゴリズムの弱点だった、CUBICなどのLoss-basedアルゴリズムとの共存の難しさについてはどうでしょうか。

シナリオ⓫とほぼ同じ条件で、送信ノード1のフローだけをBBR、他のフローをCUBICに設定し、BBRフローの挙動を測定してみます。**図6.33**のとおり、多数派であるCUBICフローがバッファを埋め尽くすため、バッファサイズが大きくなるほど遅延は伸びます。BBRはこの状況でも通信を継続し、大まかには公平値(フロー間でボトルネックリンク帯域を等分した値)に近いスループットを出しています。

このように、従来のVegasのように追い出されることがなく、インターネット上へも新たに導入しやすいことがわかります。

6.4 本章のまとめ

本章では、広く利用されてきたトランスポート層プロトコルであるTCPについて、その詳細と編成をまとめました。

ロングファットパイプ化の進展や、バッファブロートなど、技術の進歩や私たちのインターネット利用の変化により、プロトコル開発当初には思いもよらなかった課題が持ち上がってきました。それに対してさまざまな工夫によりパフォーマンスを維持したり上げてきたという経緯があり、技術進歩の歴史を理解しやすい、好事例だと考えています。

図6.33 シミュレーション結果(シナリオ⓬)

10Mbps/10ms
10Mbps/100ms
50Mbps/10ms
50Mbps/100ms

ウィンドウサイズ[バイト]
スループット[Mbps]
cwnd
rwnd
スループット
Inflight[バイト]
RTT[秒]
時間[秒]

いずれの条件でも安定した挙動

ⓐcwnd、rwnd、スループット　ⓑInflight　ⓒRTT

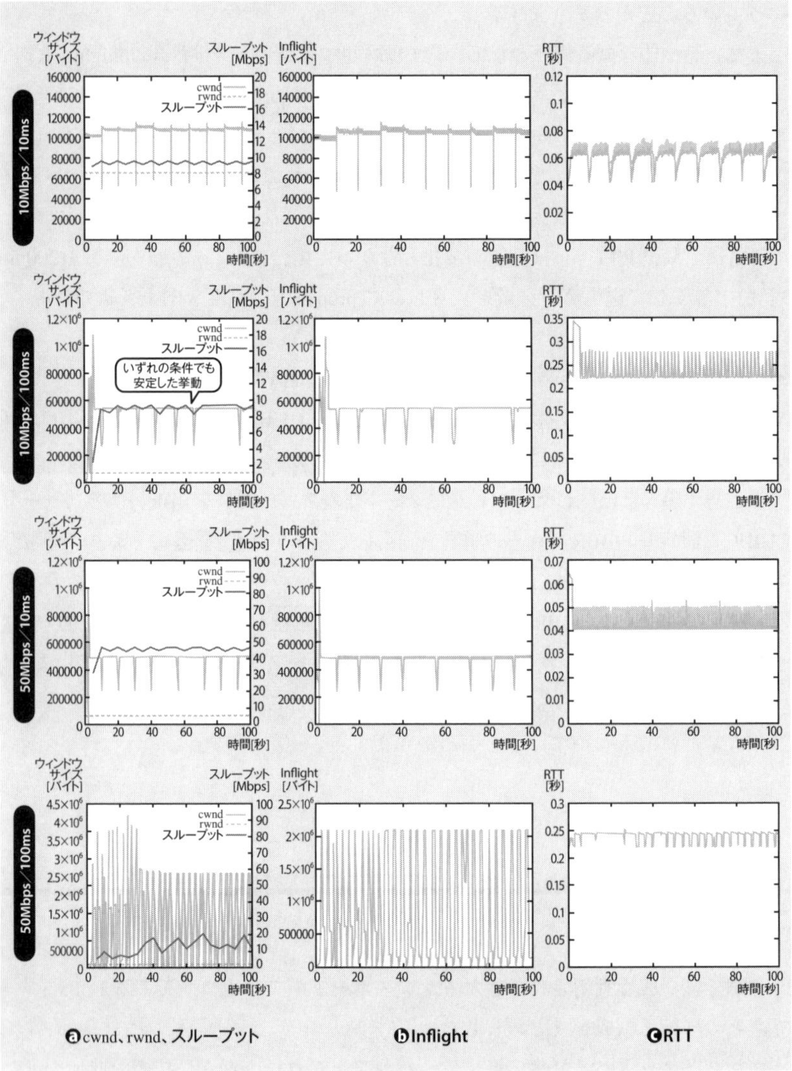

また、従来手法との親和性という、新技術の導入、あるいは旧技術からの置き換えの難しさについても、学ぶところが大きいのではないかと思います。これは、更地（さらち）に街をつくるよりも、昔ながらの街を再開発する方が大変といったことでもあり、現実世界でもさまざまな局面で見られることです。

さて、TCPはCUBICやBBRへと至りさまざまな課題が解決されたかに思われましたが、それでも技術の進歩やユーザーの利用の変化によるネットワークを取り巻く環境の変化は止まりません。次章では、TCPに残る諸問題の解決を目指して開発された新たなプロトコルであるQUICを中心に、上位レイヤープロトコルの動向について解説します。

参考文献

- 甲藤二郎「広帯域高遅延環境におけるTCPの課題と解決策」(電子情報通信学会『知識の森』, 3群4編2-1, 2014)
- Tom Kelly,「Scalable TCP: Improving performance in highspeed wide area networks」(ACM SIGCOMM computer communication Review, vol.33, no.2, pp.83-91, 2003)
- RFC 3649「HighSpeed TCP for Large Congestion Windows」(2003)
- Lisong Xu, Khaled Harfoush, Injong Rhee「Binary increase congestion control (BIC) for fast long-distance networks」(Twenty-third Annual Joint Conference of the IEEE Computer and Communications Societies (INFOCOM), pp. 2514-2524, 2004)
- Neal Cardwell, Yuchung Cheng, C. Stephen Gunn, Soheil Hassas Yeganeh, Van Jacobson「BBR: Congestion-Based Congestion Control」(ACM Queue, vol. 14, no. 5, pp. 50, 2016)
- Neal Cardwell, Yuchung Cheng, C. Stephen Gunn, Soheil Hassas Yeganeh, Van Jacobson「BBR Congestion Control」(Google Networking Research Summit, February, 2017)

第7章

本章では、HTTP/3に代表される、近年の上位層プロトコルについて扱います。ユーザーの利用形態としてモバイル通信が前提となったり、あるいはIoTデバイスによる通信が増えるなど、ネットワークを取り巻く環境が変化していることから、新時代に適したプロトコルの開発/普及が進んでいます。

そこで本章では、普及しつつあるQUICのしくみや特長を中心に、トランスポート層以上の上位レイヤープロトコルの動向について解説します。

近年の上位層プロトコル

HTTP/2, HTTP/3, QUIC

7.1 上位層のプロトコルスタックと主要プロトコルの再確認
開発背景、利用目的、使い分け

本章ではいくつかのプロトコルについて紹介します。本書では、各プロトコルの細かな仕様というよりは、開発背景や利用の目的、使い分けに関する考え方などを中心に記述します。そのためにまずは、とくに上位層に着目し、プロトコルスタックについて再確認してみましょう。

インターネットユーザーの動向

私たち一般ユーザーのインターネット利用は、継続的に増加を続けています*1。利用頻度、利用サービスの種類、利用金額など、さまざまな観点で増加傾向にあることが指摘されています。10代のスマホ利用については、1日あたり2時間を超えるユーザーの割合も上昇するなど長時間化が進んでいます。Web閲覧、SNSでの友人とのコミュニケーション、動画の視聴、音楽のサブスクリプション、ゲーム、ECサイトでの買い物に加えて、オンライン授業などでの利用も増加しています 図7.1 。

利用シーンについても、ちょっとした空き時間や移動中、何か他のことをしながらなど、多岐にわたります。そして、こうした傾向は今後も続いていくことが

*1 参考 情報通信白書 URL https://www.soumu.go.jp/johotsusintokei/whitepaper/

図7.1 スマートフォンとインターネット

日頃から多くの人々がスマートフォンのいろいろなアプリでインターネットに接続している。

予想されます。

以上のように、モバイルのトラフィックはインターネット上を流れるデータの多くを占めるようになっています。インターネットがここまで身近な存在となる以前は、固定回線を用いた業務利用などが多かったため、各種プロトコルの設計も、そのような利用形態を前提としていた面があります。そして、上記のようなアプリケーションにおいては、HTTPによる通信が主体となります。このような状況になってくると、HTTPを最上位レイヤーに利用する際のプロトコルスタックをアップデートする必要が生じてきました。

HTTP/2からHTTP/3へ　HTTP/2の開発経緯と3つの大きな課題について

Webアクセスの高速化への要求に応える形で、HTTP/2の標準化や普及が進んだのが2010年代前半頃です。

それまでのHTTP/1.1からの大きな進化は、1つのTCPコネクションで複数のリクエストを並行して送受信できるようになった点です 図7.2 。これは、Googleが開発し普及が進んでいたSPDY（スピーディ）と呼ばれる技術を吸収した手法です。画像や動画などのリッチなコンテンツの増加に対して、快適なWebアクセスを可能にするものでした。

図7.2　HTTP/2とSPDY

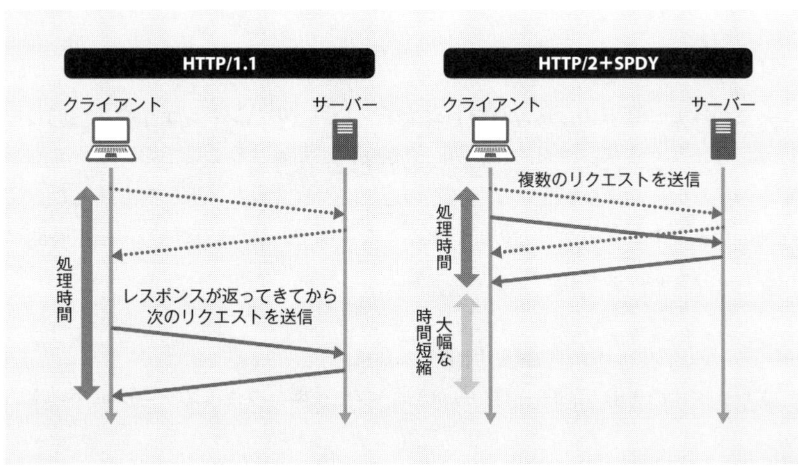

HTTP/2におけるSPDYによる多重化のイメージ。

HTTP/2の特徴 TCPの3wayハンドシェイクという課題

HTTP/2では、TCPの利用を前提としています。上記のSPDYも、あくまでTCPを高速化するための手法でした。

TCPについては、前章で触れたように、ネットワーク環境の変化に対応するために新たな輻輳制御アルゴリズムが開発されるなど、進化を続けてきました。

ただし、どうしてもボトルネックとなっていたのが、コネクション確立に用いられる**3wayハンドシェイク**でした。3wayハンドシェイクでは、接続元と接続先で3回パケットを送受信します。そのため、ラウンドトリップ*2の信号伝搬に要する遅延を避けることができません。

TLSにおけるコネクション確立時の課題

さらに近年では、**TLS**(*Transport Layer Security*)を用いた**HTTPSへの対応**が実質的に必須となっていました。

TLSは暗号化を行うためのプロトコルです。つまり、暗号化を行わない平文で通信をした場合、盗聴や改ざん、なりすましといった攻撃を受ける可能性があります。それらを防ぐために、まず送受信ホスト間で暗号鍵の交換を行い、両者にしかわからない鍵を使うことでセキュリティを担保します。すなわちTLSでは、通信開始時に鍵交換を行うためのハンドシェイクを行います。TLSのハンドシェイクでは、一部の手順が省略されることもありますが、2往復のメッセージ交換は必要になります。

したがって、**TCPの3wayハンドシェイク**と**TLSのハンドシェイク**を連続して行うことになります。結果的に、データ送受信が開始されるまでのコネクション確立のメッセージ交換が多くなり、その遅延が無視できない値になりました。遠隔地のデータセンターなどとの通信も多くなる中で、物理的な信号の伝搬時間は短縮しようがありません。

HoLブロッキングの顕在化と重要な課題

また、前述のとおり、**HoL**(*Head of Line*)**ブロッキング**によるデータ転送効率の

*2 処理要求を発してから応答が帰ってくるまでの往復のことで、その所要時間が前述のとおりRTTです。

低下も重大な課題でした。

復習となりますが、TCPではシーケンス番号を用いてセグメントを特定し、信頼性を担保します。受信側では、未受信のセグメントがある場合には、当該データの到着を待ち続けることとなります。もし、それ以降のシーケンス番号のデータが多く届いていたとしても、次の処理に進むことができないのです。

直感的にも、これは少しもったいないような気がするのではないでしょうか。実際、場合によっては、この仕様はデータの通信/処理全体のボトルネックとなることがあります。信頼性を実現するためとはいえ、もう少し柔軟に処理できたらうれしいような気がします。

HTTP/3とQUIC HTTP/3開発の目的と方針

上記のような課題を背景に、**HTTP/3**が2022年に標準化されました。

HTTP/3の最大の特徴は、トランスポート層プロトコルとして、TCPではなく**UDPをベースにしたQUICを採用している**点です。Googleは従来からWeb高速化を目的としたプロトコルの開発を進めてきましたが、現在のQUICの原型となるプロトコルについても、2012年頃から開発と試用を開始していました。

QUICの開発目的は、データ転送の信頼性やセキュリティを保ちながら、上記のTCPの非効率性を回避することです。そのため、UDPをベースにして、効率的なコネクション確立手法などを導入するという方針で開発されています。

まったく新たなプロトコルではなく、UDPをベースにしたことにも重要な意味があります。インターネット上には膨大な数のネットワーク機器が接続されており、既知のプロトコルでないと正常に動作しなかったり、セキュリティポリシーの問題でパケットが破棄されてしまったりします。その点、UDPであれば、古くから存在する、あらゆる機器が対応可能なので、導入のハードルが非常に低いのです。

コネクション確立ステップの短縮

HTTP/2とHTTP/3のプロトコルスタックを **図7.3** に示します。

HTTP/2ではTCPとTLSの上でHTTPを利用するのに対して、HTTP/3では、「UDP」「QUIC」「TLS」「HTTP」という形になっているのが一目瞭然です。

図7.3 HTTP/2とHTTP/3のプロトコルスタック

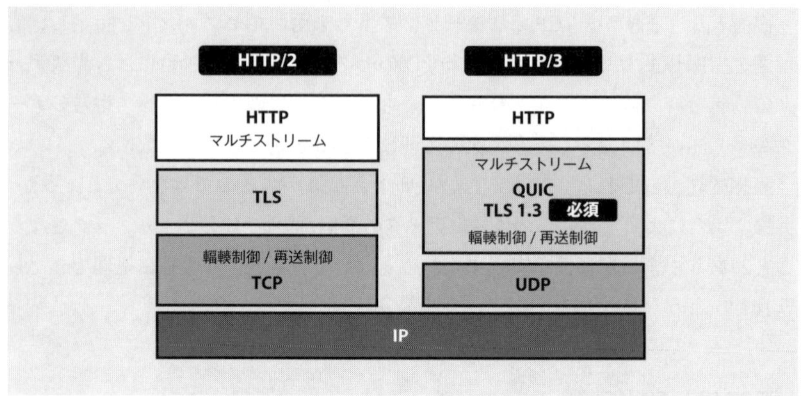

QUICとTLSの関係は次節以降で詳述しますが、QUICはTLSのハンドシェイクを利用してコネクションを確立します。TLSが必須であることも念頭において、それを上手に利用するように設計されているということです。とくに、TLSには「0-RTT」と呼ばれるラウンドトリップの少ない接続手法が定義されているため、条件が合えば迅速にデータ送信を開始できます。

HoLブロッキングの回避

さらにHoLブロッキングを回避するため、QUICではコネクションをストリームという単位に分けてパラレルに扱うことを可能にしています。あるストリームにおけるパケットロスは、他のストリームのデータ転送には影響しないため、TCPと比較してロスの影響を大きく抑えています。以下では、QUICのしくみについて、もう少し詳しく述べていきます。

7.2 [QUICのしくみ]パケットとストリーム 基本仕様と思想、目的

ここではまず、QUICパケットの仕様や、ストリームの定義といった基本的な事項について記述します。詳しい仕様については標準の文書などに譲り、本書で

は、QUICの仕様に反映されている思想や目的について解説を試みます。

QUICパケット QUICパケットの構成

QUICは、IETFにおいて2021年に標準化されました。RFC 9000のほか、機能ごとにRFC 8999, 9001, 9002などと合わせて文書化されています。

図7.4 にQUICを用いたHTTP/3パケットの構造と、比較のために従来のTCPによるHTTP/2パケットの構造を示します。

プロトコルスタックはレイヤー構造になっており、上位側レイヤーから順番に、当該レイヤーに関する情報を格納したヘッダーを付与します。あるレイヤーでヘッダーを付けた上で下位レイヤーに回した場合には、付与したヘッダーまで含めて、次のレイヤーのペイロードとして扱われます。

QUICヘッダーとペイロード

従来のTCPの場合には、TCPペイロードに対してTCPヘッダーを付け、さらにIPヘッダーが付与されます。

QUICの場合、QUICペイロードに対してQUICヘッダーが付与される点は同様ですが、そこへさらにUDPヘッダーが付けられます。この点がUDPをベースにしているという表現、および 図7.3 のプロトコルスタックでUDPの上にQUICが乗

図7.4 QUICパケット

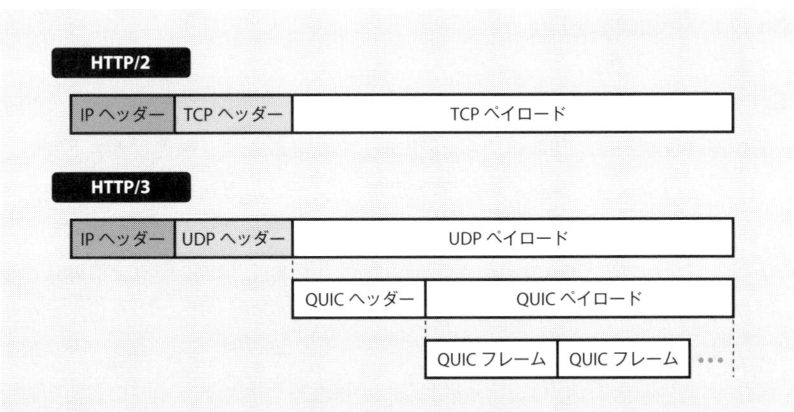

QUICパケットとTCPパケットの構造の図。

っていた所以(ゆえん)です。

UDPはほとんどのネットワーク機器で問題なく処理されるため、スムーズな導入も考慮すると、このようなヘッダー構成が都合が良いのです。送信元ポート番号、宛先ポート番号などは、実際にUDPヘッダー内に記載された情報を用います。UDPデータグラムのペイロードは、QUICヘッダーとQUICペイロードから構成されることになります。

ただし、図7.4 に示したとおり、QUICペイロードは複数のQUICフレーム(1つでもOK)から構成されます。QUICフレームは、QUICにおけるメッセージの単位として機能します。送信データの本体であるストリームデータのほか、コネクションの確立やクローズに用いる制御メッセージ、ACK、パディング(サイズ調節のための空白データ)などもフレームのタイプとして定義されています。

重要な点は、パケット構成を採用することで、HoLブロッキングを回避するための複数のストリームを用いたデータ送信などを柔軟に実行できるように工夫されていることです。

QUICヘッダー　ヘッダーの種類

QUICのヘッダーには「ロングヘッダー」と「ショートヘッダー」の2種類があります。これは、UDPやTCPなどの既存プロトコルにはなかった大きな特徴です。これまでにもオプションフィールドなどによってヘッダー長が可変となるのは一般的でしたが、最初から明示的にヘッダーに種類を設けたプロトコルは珍しいです。各ヘッダーの構成を 図7.5 に示します。

ロングヘッダー

ロングヘッダーは、**コネクション確立時**に利用されます。送受信ホスト間のバージョン確認や、ハンドシェイク時の初期パラメーターを通知するためのパケットなどが定義されています。そして、コネクションを識別するための送信元コネクションIDおよび宛先コネクションIDも記載されます。UDPやTCPにおけるポート番号と同じように、QUICでは「コネクションID」によってコネクションを特定します。

このロングヘッダーには、コネクションの確立時に合意をとるのに必要な情報を**まとめて送ってしまう**という思想がわかりやすく出ています。

図7.5 QUICヘッダー

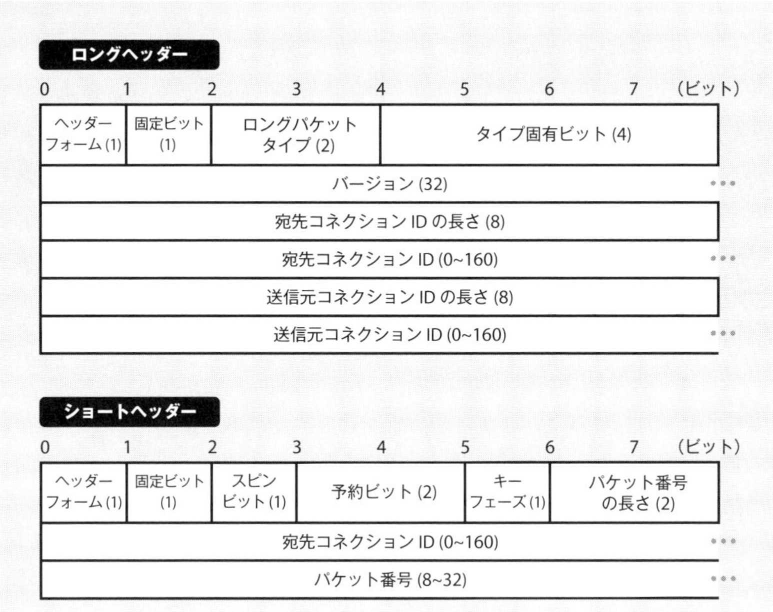

ロングヘッダーとショートヘッダーの各フィールドとビット数。

ショートヘッダー

ショートヘッダーは、**コネクション確立後のデータ送受信**に用います。すなわち、コネクション確立後、特別なことがない限りはショートヘッダーが付与されます。データ送信用のパケットは数が多くなることから、各パケットに付くヘッダーを少しでも短くすることは、パケットあたりのオーバヘッドを小さくし、データ転送効率を上げるのに非常に有効なのです。

ショートヘッダーの中身を見てみると、おもに**宛先コネクションID**が記載されます。宛先側では、各宛先コネクションIDに紐づく送信元コネクションIDは(すでにやり取りしたロングヘッダーパケットによって)既知であるため、宛先コネクションIDのみでコネクションを特定できるためです。このように、少しでもヘッダーの長さを減らし、データ転送効率を向上させています。

QUICコネクション　コネクションとストリーム

QUICのデータ転送の識別にあたっては、「コネクション」と「ストリーム」という二つの用語が出てきます。レイヤーやプロトコルによっては、これらが似たような意味で用いられることもありますが、QUICでは明確に異なります。慣れるまでは混乱しやすい面もあるかと思いますので、注意しながら以下の解説を追ってみてください。

まず基本として、QUICはUDPを利用しますが、**TCPと同じように**送受信ホスト間での**コネクション**を確立します 図7.6 。

コネクションID　通信先の識別

通信先の識別には**コネクションID**が使われます。QUICパケットを受信したときには、コネクションIDを確認して、次の処理を行います。

それでは、わざわざ新たに「コネクションID」というフィールドを用意してまで、コネクションという概念を導入した目的やメリットは何なのでしょうか。それは、コネクション識別にIPアドレスやポート番号などを利用する必要がなくなる点です。

コネクションIDを用いる背景とそのメリット　IPアドレスやポート番号などの問題点

TCPを用いる場合、通信相手の識別にはIPアドレスが、通信アプリケーションの識別にはポート番号が必要です。しかしながら、これらは通信中に突然変わってしまうこともあり得ました。たとえば、モバイルユーザーが移動して、スマートフォンの接続先が自宅のWi-FiからLTEに変わった場合など、IPアドレスが変わってしまいます。あるいは、プライベートIPアドレスとグローバルIPアドレスの変換に用いられるNAPT(*Network Address Port Translation*)によってIPアドレスとポート番号が変換されているとき、何らかの事情でアドレスマッピングが変更されることもあり得ます。

このようなとき、TCPでは同一の通信相手を特定できなくなってしまいます。つまりIPアドレスやポート番号が変わったら、単に新しい通信相手として新しいコネクションを作り直す必要がありました。

これに対して、**コネクションID**を用いて**コネクション**そのものを識別できれば、たとえIPアドレスなどが変わったとしても通信相手の特定が可能になり、コ

図7.6 TCPとQUICのコネクション識別

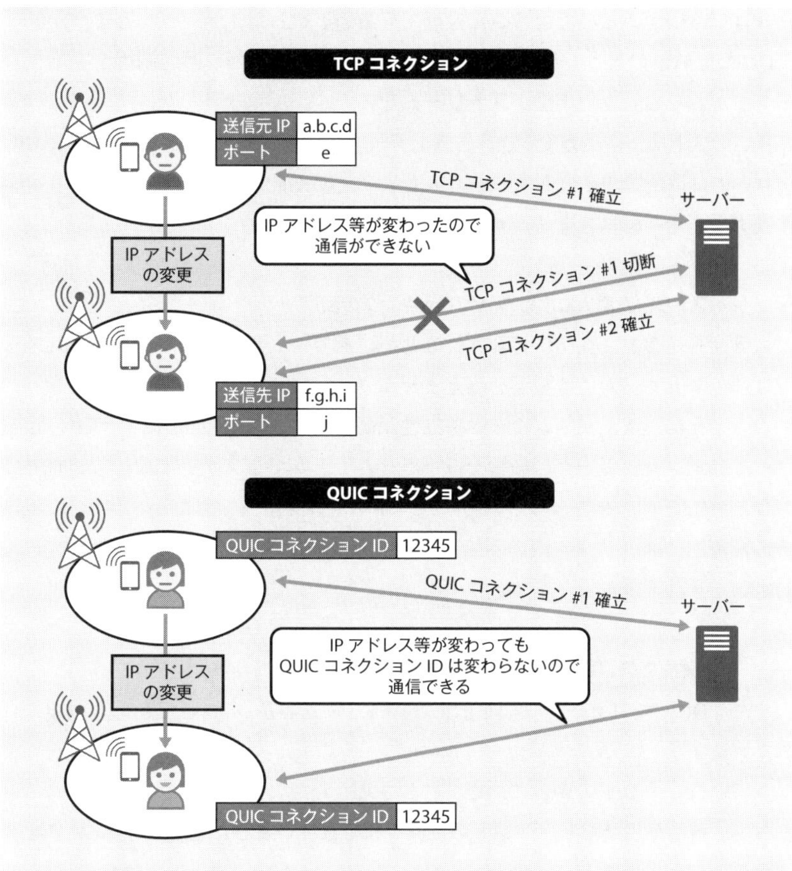

TCPとQUICのコネクション識別の違いについて、ユーザー移動時の継続性の例。

ネクションを維持できます。

モバイル利用が浸透した現在においては、このような設計の方が効率的なのは理解できます。ユーザーの行動やデバイスの進化、アプリケーションの普及といった背景がプロトコルの設計に反映されるという好例だと思います。

QUICストリーム ストリームID、順序制御&再送制御

QUICでは、1つのコネクションの中に、**仮想的なデータ転送単位**である「スト

リーム」を複数持てるようになっています。キャッチボールの相手は一人だが、ボールはいくつもあるのでたくさん投げても良いといったイメージでしょうか。

QUICはTCPのような**信頼性**を実現するため、**順序制御**や**再送制御**を実施するのですが、その管理の単位が**ストリーム**なのです。

複数のストリームがあるとき、各ストリームは**ストリームID**で識別され、QUICフレームには所属するストリームのストリームIDが記載されます。すなわち、順序制御や再送制御はストリームごとに実行されます。

ストリーム導入によるHoLブロッキングの回避

ストリームごとに別々に管理されるため、あるストリームでのパケットロスなどは別のストリームには影響を与えません。

このように、ストリームごとの**独立性が高い**ため、並列性が高く、TCPの課題だったHoLブロッキングの影響を低下させることができます。すなわち、TCPにおけるHoLブロッキングの影響範囲はコネクション全体でしたが、QUICにおける影響範囲はストリーム内のみです。TCPの重要な課題だったHoL問題に対し、対策がとられていることがわかります。

[確認応答]TCPにおけるACKとその課題

また、QUICではデータ受信を伝えるACK(確認応答)についても工夫が加えられています。

さて、ここでTCPの場合について、おさらいしておきましょう。TCPでは、シーケンス番号を用いてセグメントの位置を特定していました図7.7。ACKに記載されるのは、受信側が次に受け取りたいデータの位置を表す「シーケンス番号」です。このとき送信側では、無事にすべてのデータが届いたのはどこまでかはわかりますが、当該ACKに記載されたシーケンス番号以降の状況はまったくわかりません。

すなわち、多くのパケットを連続して送っていた中で、最初の1つだけロスが発生し、残りの99個は無事に宛先に届いていたとしても、ACKからは「最初の1つが届いていない」という情報しか得られないわけです。受信側でも、未受信のセグメントがある以上、次の処理に進むことができません。このとき、タイムアウトまたは重複ACKによって再送が行われますが、「最初の1つ」以降の状況はブラックボックスであるため、最適な再送処理を行える保証はまったくありません。

図7.7 [再掲]TCPにおけるACK

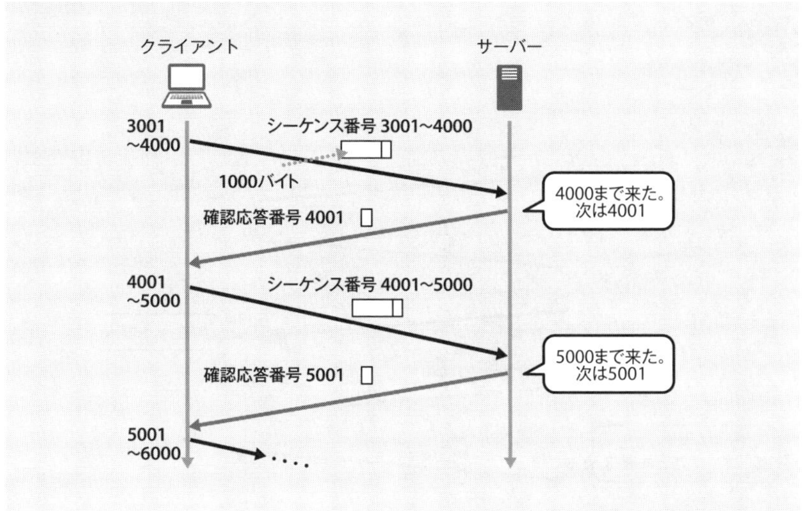

このように、TCPのACKから得られる情報は限られていたという課題がありました。

[確認応答]QUICにおけるACK

一方、QUICでは、順序制御や再送制御を行うためにACKを用いる点は、従来のTCPと同様です。ただし、データ位置の特定には、パケット番号とオフセットを用います。

パケット番号とは、送信者が送ったパケットの順番を示す値であり、送信側がパケットに付与するものです。図7.8に示すとおり、パケット送信時に1つずつ加算されていきます。そして、**オフセット**はストリーム中のデータ位置を特定する値です。各ストリームでは、オフセットの値を参照することでデータ位置を特定し、順序制御などを行います。

QUICパケットを受け取った際、受信側はACKを返しますが、ACKには受け取ったパケット番号の範囲が明記されます。送信側は、このACKを参照することで、パケットロスなどにより未着となっているパケットを特定できます。そして、ロスしたパケットに含まれていたデータのうち必要があるものを、新たなパケットとして再送します。たとえば、パディングなどは再送の必要はないので、新た

図7.8 QUICにおけるACK

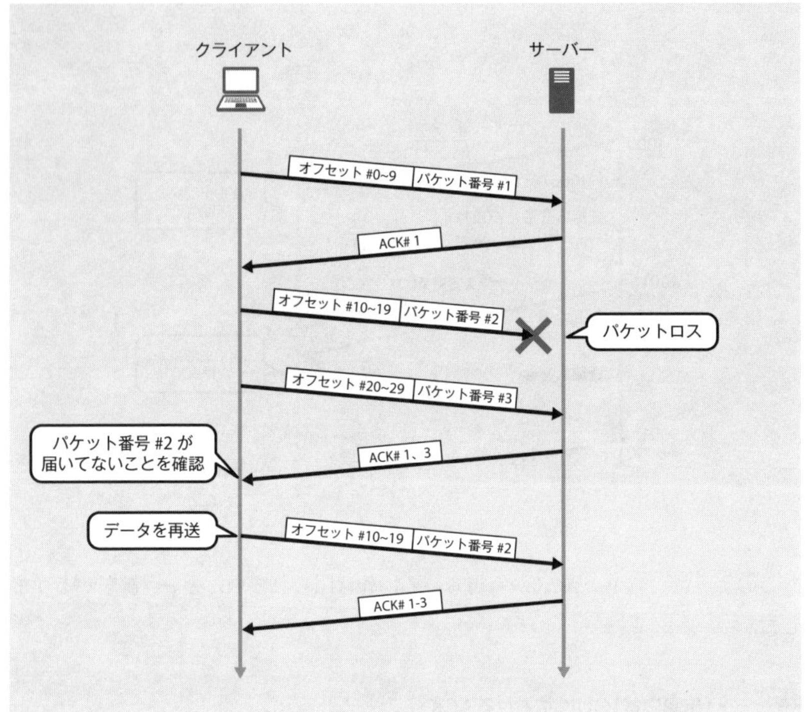

QUICでのパケット番号、オフセット、ACKの関係の図。

に送ることはしません。

上記のように、QUICのACKでは、記載される情報量がシンプルに増えており、きめ細かな受け取り確認と再送制御を実行できることがわかります。

7.3 [QUICのしくみ]ハンドシェイクと輻輳制御
時系列的な制御とその考え方

ここまでに、QUICのパケットやストリームの定義など、TCPの課題を解決するために導入された工夫について記述してきました。

本節ではハンドシェイクや輻輳制御など、QUICの時系列的な制御について、その考え方を中心に紹介します。インターネットの進化に応じて、新たなプロトコルがどのように開発されていくのか、その感覚を掴んでおけると良いでしょう。

1-RTTハンドシェイクと0-RTTハンドシェイク 2種類のハンドシェイク

QUICにおけるコネクション確立の手順について、最も特徴的なのは2種類のハンドシェイクが定義されている点です。TCPとTLSのハンドシェイクを実施する際のラウンドトリップの多さが最大の課題だったことから、メッセージ交換回数を減らし、低遅延で安全にコネクションを確立することが目的です。

大まかな理解としては、はじめてコネクションする相手とは丁寧なやり取りを行い、これを**1-RTT**ハンドシェイクと呼びます。そして、以前に接続したことのある相手に対しては、前に用いていた情報を流用することで、通信回数を減らします。これを**0-RTT**ハンドシェイクと呼びます。人間同士のコミュニケーションでも、知らない相手と情報交換するためには、まずは自己紹介などでお互いのことを知らないと、安心して話をすることができません。でも、すでによく知っている人とであれば、すぐに本題に入ることができます。1-RTTと0-RTTの違いとは、基本的にはこれと同じことです。

1-RTTハンドシェイクのシーケンス

図7.9に**1-RTTハンドシェイクのシーケンス**を示します。接続の要求を行うクライアントはまず、ClientHelloと呼ばれる最初のメッセージを入れたcryptoフレームをinitialパケット(パケット番号0)で送信します。

cryptoフレームとは、すなわちTLS 1.3の鍵交換用のメッセージです。従来のTLSと同様の鍵交換が用いられます。

これに対して、要求を受けるサーバー側は、initialパケット(パケット番号0)とhandshakeパケット(パケット番号0)を返します。前者にはServerHelloを格納したcryptoフレームおよびACKを格納します。そして、後者で、TLS 1.3のハンドシェイクを完了するcryptoフレームを送信します。

次に、クライアント側はinitialパケットとhandshakeパケットにそれぞれACKを格納して送信します。その結果として取得された1-RTT鍵を用いてデータを暗号化し、ストリームのデータを送信し始めます。

このやり取りの中で、TCPのハンドシェイクとTLSのハンドシェイクと同等の

図7.9 1-RTTハンドシェイクのシーケンス

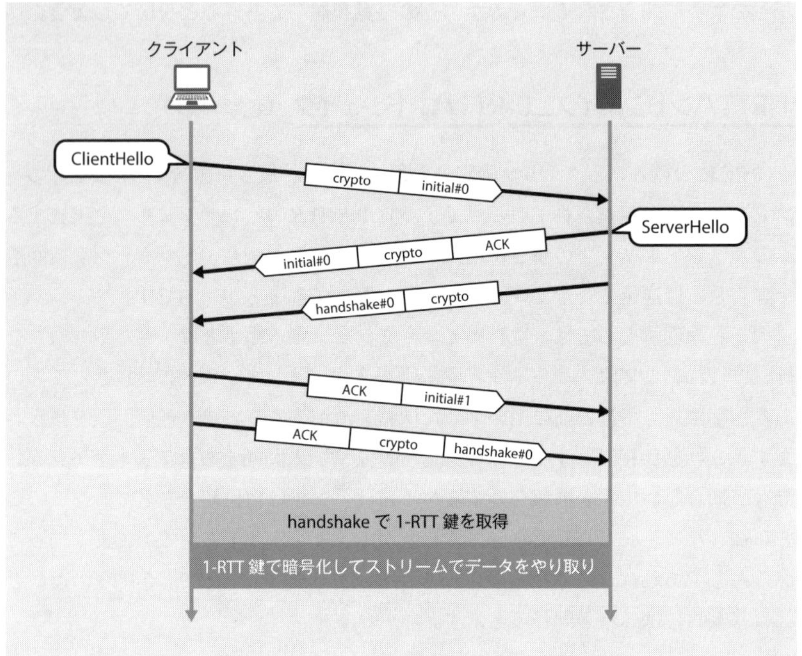

ことを実行していますが、メッセージ交換回数を少なくできていることがわかります。

0-RTTハンドシェイクのシーケンス

次に、さらにメッセージ交換回数が少なく、接続時の遅延が小さい0-RTTハンドシェイクについて述べます。**0-RTTのシーケンス**を 図7.10 に示します。

0-RTTの場合には、接続要求を行うクライアントは、ClientHelloと同時に0-RTTデータを送信します。前回のコネクションで用いた暗号化のパラメーターなどを記憶しておき、そのまま用いることで、コネクションを再現するようなイメージです。考え方としてはシンプルなことがわかります。

クライアント側では、接続先となるサーバーの情報を記憶しておくことは比較的容易です。その一方で、サーバー側では数多くのクライアントの接続要求を受け付けるため、どれだけの数や時間、接続情報を記憶しておくか、が一つのポイントとなります。

図7.10 0-RTTハンドシェイクのシーケンス

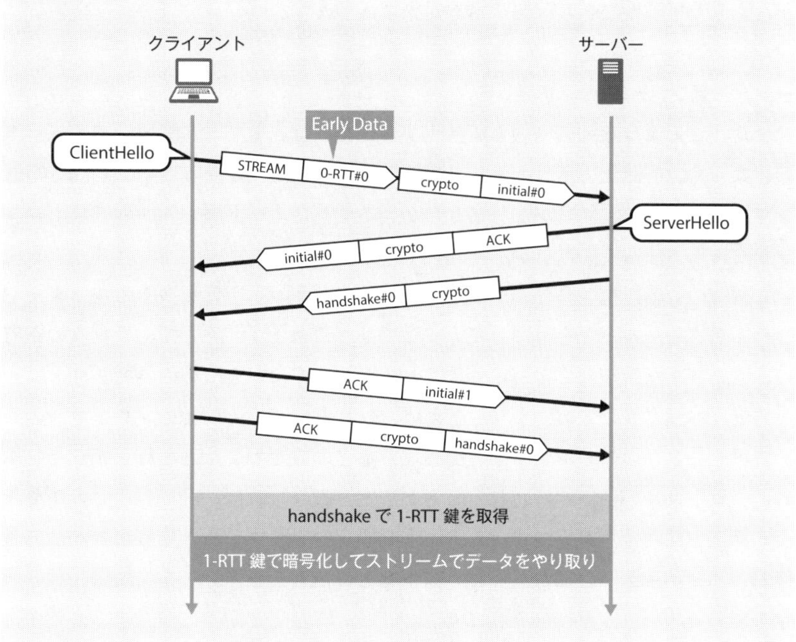

こうした運用上の制約はありますが、0-RTTハンドシェイクにより、コネクション確立のステップ数を最小化し、データ送信をすぐに開始することができます。

暗号化 QUICにおける暗号化の対象

ここまでに述べてきたとおり、QUICではTLSを利用して暗号化を行います。TLSによる暗号化そのものは、TCPのときと変わりません。

ただ、QUICではペイロードのみならず、**QUICヘッダーについても部分的に暗号化を行う**点が特徴と言えます。そもそもQUICでは、TCPではヘッダーに格納されていたような情報をも、ペイロード部分に入れて暗号化するようになっています。その上で、QUICヘッダー中のパケット番号なども含めて暗号化するということです。

QUICではパケット番号が1ずつインクリメントされていくといった特性があるため、この値を解析すればコネクションの特定などが可能になる恐れがあるためです。このように、データの中身だけではなく、コネクション自体の特定につながるような規則性なども保護すべき対象に入ります。

新プロトコル導入の難しさ

また、このような制御情報も暗号化することには、セキュリティ上のメリットのみならず、経路上のネットワーク機器の動作を安定化させるという観点もあります。ここまでにも何度か触れましたが、トランスポート層レベルのプロトコルを新たに導入することは、かなりハードルが高いです。

と言うのも、送信されたパケットは、インターネット上の数多くのルーターやファイアウォールなどを経由して宛先まで辿り着きます。そして、これらの機器は、さまざまな管理者によって管理されており、すなわち既存の各種プロトコルを想定して設定されています。たとえば、TCPやUDPなど特定のプロトコルのみを許可し、それ以外のパケットは廃棄するなどの設定もよく行われます。それ以外のプロトコルの通信が行われることが想定されなければ、許可しないのがセキュリティ上は安全だからです。このような設定をアップデートするか否かは、各機器のオペレーターの都合/判断/コストなどに依存します。とくに商用設備の設定を変えるということは、それにまつわるリスクなどを綿密に検討する必要があり、簡単なことではないからです。つまり、新たなプロトコルが開発されたからと言って、経路上の数多くの機器がそれに対応してくれるといった期待は持てないわけです。

パケット中の暗号化部分を増やすことは、古い機器が独自の解釈で想定外の振る舞いをするリスクを低減させると考えられます。

アドレス検証による攻撃抑制

セキュリティに関する別の観点として、**アドレス検証**(*Address Validation*)についても触れておきます。

近年、DDoS(*Distributed Denial of Service*)と呼ばれる攻撃が増加を続けてきました。数多くのデバイスをマルウェアに観戦させてボットネットを構築し、攻撃者の命令によって特定のサーバーに攻撃トラフィックを集中させ、サービスダウンさせる攻撃です。一口にDDoSと言っても多種多様な攻撃があるのですが、近年問題視されていたのがアンプ攻撃(*amplification attack*)と呼ばれる手法です。送信元IPアドレスを偽ったDNSの問い合わせパケットなどを送信することで、サーバーからの応答を攻撃対象に大量に送りつける手法です。偽装問い合わせパケットの数十倍のデータ量を攻撃対象に送ることができるため、「アンプ」(=増幅攻撃)と呼ばれます。あるいは、DNSサーバーなどで反射させるように見えることから、リフレクション攻撃(*reflector attack*)とも呼ばれます。

いずれにせよ、踏み台とするデバイスからの送出データ量が少ないため、回線の細いIoTデバイスなどからでも効率的に攻撃が可能という困った特性がありました。QUICでは、このアンプ攻撃を防ぐため、送信元アドレスの正当性を検証するしくみを備えています。コネクション確立時には、サーバーは受信したパケットの送信元IPアドレスに対して応答し、正当に処理が行われることを確認します。このように、近年の攻撃トレンドなども考慮して、攻撃を防ぐためのしくみを取り入れていることがわかります。

輻輳制御　QUICにおける輻輳制御の基本

QUICでも、TCPと同じように輻輳制御を行います。ネットワークが空いているときには、なるべく送信レートを大きくし、混雑時には低下させることで輻輳の拡大を防ぎます。

そして、QUICの標準におけるデフォルトの輻輳制御アルゴリズムは「NewReno」なので、まさにTCPと同様です。すなわちTCPの基本技術であるスロースタート、高速リカバリ、輻輳回避などの状態遷移を継承しています **図7.11** 。これは、QUICにおいてもRTT測定、パケットロス検知を行うように規定されているためです。

QUICの広がりと展望

ただし、前章までに扱ったように、NewRenoはあくまで古典的なアルゴリズムであり、ロングファットパイプのような環境では性能が低下する課題があります。また、さまざまな環境における既存のTCPなど、他種トラフィックとの共存などについても検討の余地があると考えられます。そして今後も、ネットワーク環境の変化に応じて、新たな手法が必要になる可能性は高いと言えます。新たなアプリケーションの普及や、それに伴うユーザーの通信の利用形態の変化は、今後もまだまだ起こってくるはずだからです。

現状では、QUICはHTTP/3の文脈で**モバイルユーザーによるWeb利用**が主たるユースケースとして想定されていると言えます。ただ、プロトコルスタックの

図7.11 輻輳制御の状態遷移

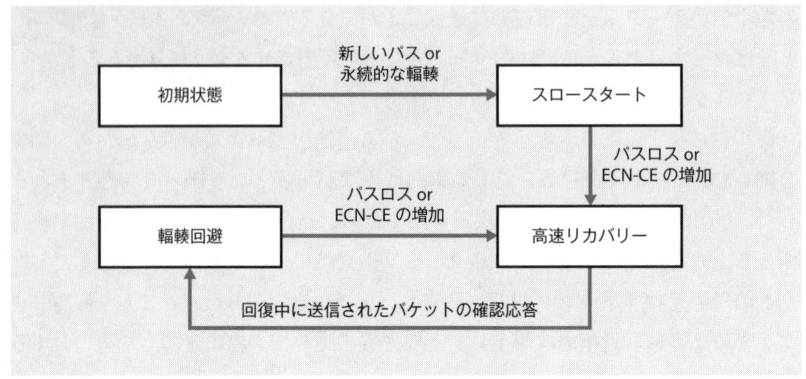

RFC 9002の状態遷移の図。

レイヤー分けの利点とは、レイヤーごとに適したプロトコルを選択できるところでした。ですので、今後はQUICをHTTP以外のプロトコルと組み合わせるような使い方も広がっていくことが予想されます。

7.4 WebTransport/MQTT/CoAP HTTP以外の上位層プロトコルについて

トランスポート層より高いレイヤーの、HTTP以外のプロトコルについて、本節で概観しておきます。プロトコルにはそれぞれの特徴があり、用途によって向き不向きがあります。ここでは少し広めに、いくつかのプロトコルについて比較しながら、それぞれの特性や用途を見ていくことで、「適材適所」という感覚をつかめると良いでしょう。

WebTransport 双方向通信の必要性

さて、HTTPは**クライアント/サーバーモデル**を採用しています。つまり、クライアントとサーバーの間には**非対称性**があります。

基本的に単方向の通信であるため、**双方向**で通信をするためには、何かしらの工夫をする必要がありました。これまで、双方向のリアルタイム通信を行う場合に利用されてきたのが**WebSocket**というプロトコルです 図7.12 。WebSocketは、確立済みのHTTP/2セッション上で、TCPを利用してデータを転送します。

なお、類似のプロトコルとして、トランスポート層にUDPを用いる**WebRTC**というものがあります。ブラウザーやモバイルアプリで、オンライン会議や映像配信などのリアルタイム通信を実現することをおもな目的として開発されました。ただし、WebRTCはP2P(ピーツーピー)(*Peer to Peer*)と呼ばれる通信形態を採用しているという特徴があります。

WebTransportとは何か

そして、HTTP/3およびQUICを前提として開発された**双方向通信プロトコル**が「WebTransport」です*3。**WebTransport**は、WebクライアントとHTTP/3サーバー間での**リアルタイム**かつ**双方向**の通信を可能にするプロトコルです。2024年の原稿執筆時点で、WebTransportは「今後の活用が期待される技術」という位置付けです。

WebTransportへの期待 メタバースやクラウドゲームなどのエンタメ領域

たとえば、Webブラウザーを利用したオンライン接客やある種の**メタバース**(*metaverse*, 3D仮想空間およびそのサービス)などでは、リアルタイムかつ双方向

*3 名前に「Transport」が入っていますが、トランスポート層ではなく、アプリケーション層のプロトコルです。

図7.12 WebTransportによる双方向通信

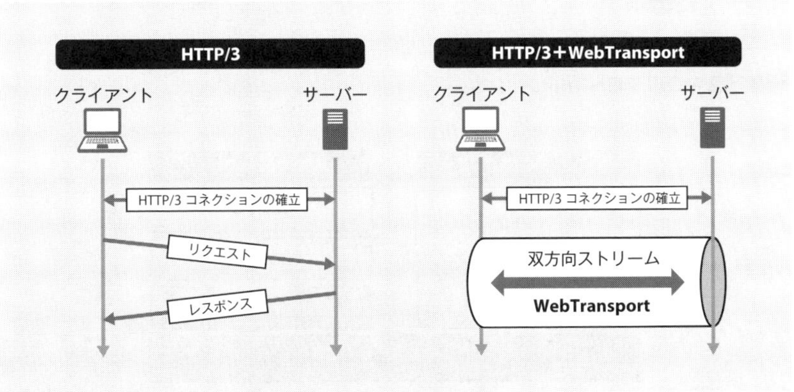

通常のHTTP/3の双方向通信と、WebTransportによる双方向通信の違い。

のコミュニケーションが重要となり、WebTransportはうってつけのプロトコルだと考えられます。

また、**クラウドゲーム**(*cloud gaming*, ストリーミング配信でプレイするゲームおよびそのサービス、ゲームオンデマンド)などでも双方向、低遅延な通信が必須なケースが多く、エンタメ分野における活躍も見込まれます。

このように、WebTransportはHTTP/3とQUICをベースにした技術の中でも、かなり期待を集めるプロトコルですので、その使い方も含めて次章でも扱います。

MQTT　MQTTの開発目的と適した領域

IoT向けなどで比較的よく利用されるプロトコルとして、**MQTT**(*MQ Telemetry Transport*)が挙げられます。図7.13 に示すとおり、OSI参照モデルにおけるレイヤー5以上のプロトコルであり、HTTPが適さない場合などによく用いられます。基本的にはTCPベースで用いられてきましたが、MQTT over QUICに関する取り組みも報告されるなどしています。

MQTTの目的は「軽量性」「オープン性」「シンプル性」の高い通信を提供することです。HTTPと比べて軽量であり、データ量や消費電力が小さいため、とくにデバイスの処理能力やネットワーク帯域が不十分なケースに適しています。

pub/subモデルとそのの基本

MQTTでは、「pub/subモデル」(*publish/subscribe model*)と呼ばれる手法を採用しています 図7.14 。

図7.13 MQTTプロトコルスタック

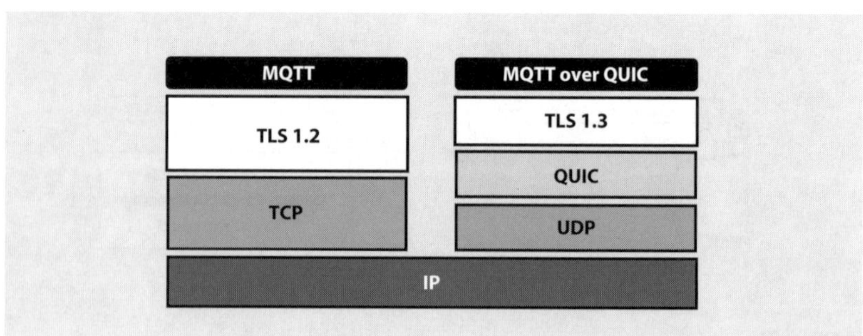

図7.14 pub/subモデル

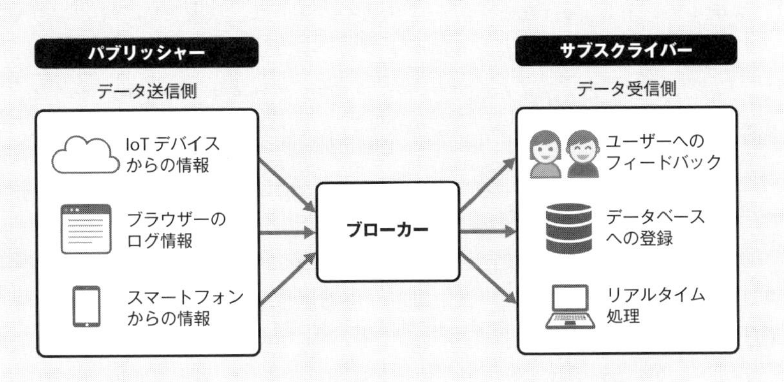

HTTPで採用されているのは一般的なクライアントサーバーモデルであり、クライアントとサーバーが直接コミュニケーションします。

それに対し、pub/subモデルでは、両者(パブリッシャー/*publisher*とサブスクライバー/*subscriber*と呼ばれる)は直接的にコミュニケーションすることはなく、ブローカー(*broker*, 仲介役)が仲介します(ただし、パブリッシャーとブローカーの機能を兼ねる実装も許容されている)。パブリッシャーとはデータを送る(パブリッシュする)側であり、サブスクライバーとはデータを受け取る(サブスクライブする)側です。パブリッシャーは、サブスクライバーを考慮せずにデータを送信し、これをブローカーが受け取ります。サブスクライバーは、ブローカーからデータを受け取ります。

pub/subモデルのメリット 一対多のシステム対応、非同期のコミュニケーション

このような通信形態のメリットは、**一対多**のシステムに適すること、また**非同期のコミュニケーション**が可能なことです。

あるパブリッシャの送信したデータを、多数のサブスクライバーがそれぞれ受信することが容易です。また、ブローカが受信したデータを一定時間保存しておけば、各サブスクライバーは都合の良いタイミングでデータを受け取ることができます。たとえば、断続的に起動やインターネット接続を行うようなデバイスにとっては、メッセージの待ち受けのために無駄な電力を使わなくて良くなるため、非同期のデータ配信が適しています。HTTPでは、送受信ホスト間で直接的かつ同期的にメッセージ交換を行う必要があるため、このような用途には不向きです。

MQTTにおいて、パブリッシャやサブスクライバーとなるデバイスは、一般的に「クライアント」と呼ばれます。あるクライアントは、状況に応じてパブリッシャともサブスクライバーともなり得ます。そして、MQTTにおけるコネクションは、クライアントとブローカの間で一対一で確立されます。つまり、クライアント同士が直接コミュニケーションすることはありません。

MQTTのユースケース

総じてMQTTは、スマートフォンなどの高機能なデバイスというよりは、**電力やコンピューティングのリソースに制約があるようなデバイス**に適したプロトコルだと言えます。

コンピューターやネットワークに関する機器や技術は、お金さえ潤沢にあれば、大は小を兼ねる的なシチュエーションが多いです。極端な話、超高速な専用線を各コンピューターに用意できるのであれば、通信路を共用するための輻輳制御アルゴリズムの検討など必要なくなります。ただし、現実的には、どうしてもコストの制約はありますし、これからは環境負荷の低さすなわち消費エネルギーの低減なども重要な評価指標となります。

そうすると、必ずしも**常時接続を前提としない、非同期型のコミュニケーション**が活躍するユースケースは、今後も多くあるのではないでしょうか。

CoAP　CoAPの特長とメッセージングモデル

次に、「CoAP」(*Constrained Application Protocol*)という、非常に軽量なプロトコルを取り上げます。

CoAPは、MQTTのようなpub/subモデルではなく、非常に簡単に言えばHTTPの簡易版といった動作をします。「Constrained」の名のとおり、マイコンのような**リソース制約のあるデバイス**での利用を想定しており、**IoT向けプロトコル**と言われます。トランスポート層にはUDPを利用しており、各処理の軽量化が図られています。

CoAPのメッセージングモデルを **図7.15** に示します。HTTPと同じく、クライアントサーバーモデルを採用しています。CoAPの固定長ヘッダーは4バイトと短く、メッセージのタイプやリクエスト/応答コード、メッセージIDなどを指定します。ヘッダー長やシグナリングのオーバヘッドを極力小さくすることで、低速

/高遅延/高ロス率といった厳しい環境への耐性を上げています。また、デバイスの処理能力という観点でも、より安価で性能の低いデバイスでも利用しやすいというメリットがあります。

環境に応じた通信タイプ CONとNON

メッセージの送り方のタイプは複数定義されており、確認応答のためACKを用いる「確認可能」(*Confirmable*, CON)や、確認応答を行わない「確認不可能」(*Non-confirmable*, NON)などがあります。

図7.15 はCONタイプを示しており、クライアント側からのメッセージに対して、サーバー側から当該メッセージIDを指定したACKを送信し、パケット到達を確認します。このようにメッセージIDを用いてメッセージの特定、重複検出などを行います。一方でNONタイプでは、図7.16 に示すように確認応答を行いません。これらは、ネットワークの帯域やパケットロス率、ロスをどの程度許容するかといった環境や要件に応じて選択されるものです。

CoAPの基本機能とユースケース プロキシとキャッシュ、代理応答

また、そもそも電力やネットワークアクセスなどの制約を想定しているため、「プロキシ」と「キャッシュ」の機能をサポートしています。

キャッシュとは、データを一時的に保存しておき、リクエストに対して迅速かつ効率的に応答するしくみです。メモリやWebブラウジングなどでも、一般的によく用いられる手法です。

プロキシとは、クライアントあるいはサーバーの代理として動作し、代理で応

図7.15 CoAPのメッセージングモデル

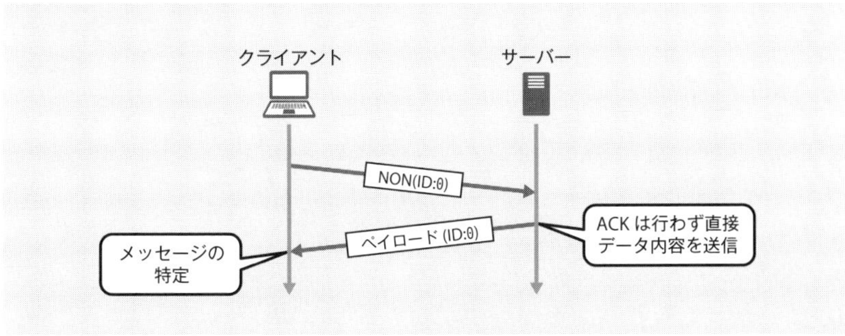

CoAPの信頼性の**高い**メッセージ送信モデル。

図7.16 NONタイプのメッセージングモデル

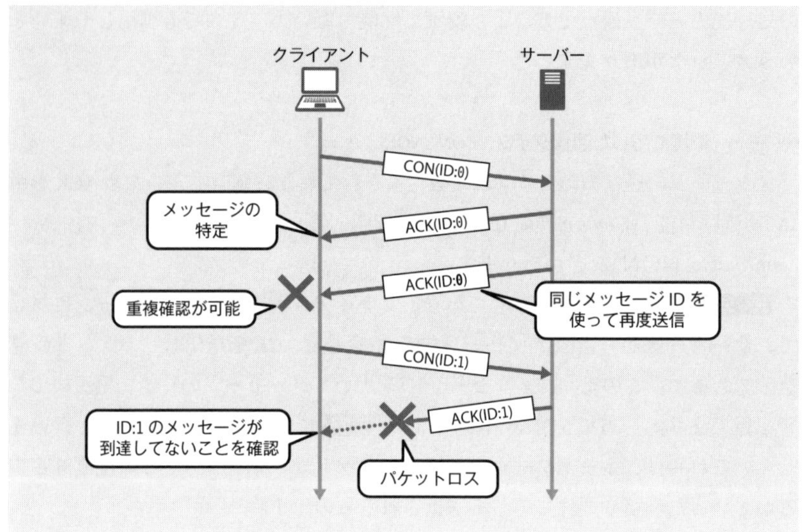

CoAPの信頼性の**低い**メッセージ送信モデル。

答を行うしくみです。こちらも、一般的によく用いられる手法です。

CoAPにおけるプロキシとキャッシュも、目的は同じく「代理応答」です。どのようなケースを想定しているかと言うと、デバイスをスリープ状態にしておき消費電力を低減する、といったことです。たとえば、デバイス側がスリープしていてリクエストに対する応答を行えないとき、プロキシがキャッシュを用いて代理で応答するといった使い方ができます。

このように、デバイスの性能や用いられる環境によって、より適したプロトコルが存在することがあります。

7.5 本章のまとめ

本章では、HTTP/3として普及しつつあるQUICのしくみや特長を中心に、近年のトランスポート層以上の上位レイヤープロトコルの動向について記述しました。これはすなわち、

- モバイルトラフィックの継続的な増加
- さまざまなアプリケーションの普及
- TLSの必須化

などにより、TCPを前提にしたHTTP/2の課題が顕在化し、それを解決する取り組みが行われてきた成果だと言えます。

本書の目的は、初学者にもわかりやすくネットワーク技術の基礎を解説すること、そして今後の研究開発を担う若手技術者の方に貢献することです。本章で扱った内容は、まさにリアルタイムな教材としてぴったりだと考えられます。つまり、関連技術の進歩やユーザーの利用形態の変化とともに既存プロトコルの限界が顕在化し、新たなプロトコルが開発され普及する、そういった流れを掴めたなら何よりです。研究開発とはすなわち、課題を見出して整理し、解決の方向性を探り、新たな技術を開発することだからです。

さて、やはり仕様を読むだけではピンとこないので、次章では実際にQUICやHTTP/3を扱い、その動作や特長を実感してみましょう。

第8章

前章では、HTTP/3に至る流れと、新たなプロトコルとして期待の集まるQUICの大まかなしくみや特長について記述しました。

本章では、実際にQUICによる通信を行い、パケット転送の流れを可視化してみます。さらに、QUICサーバーを立ててWebTransportでの通信も行ってみます。目には見えないメカニズムを可視化し、順を追って確認することで、プロトコルのしくみや考え方を理解しやすくなるはずです。

［比較＆評価で見えてくる］HTTP/3

QUICとWebTransportの実装を通じてメカニズムを学ぶ

8.1 Go言語によるQUICの実装
QUICによるサーバー&クライアントの通信の流れ

QUICは通信プロトコルなので、サーバーとクライアントの両方でQUICに対応している必要があります。ここでは、自分でQUICのサーバーとクライアントを準備して通信を行ってみます。

quic-goの準備

今回は、quic-go[*1]という実装を用います。活発な開発が続けられており、使いやすいツールです。その名のとおり、quic-goはGo言語で記述されています。

まず下準備として、Go言語やGitをインストール&セットアップしておく必要があります。具体的な手順はOSなどの環境にもよるのと、情報が多く存在するので、ここでは省略します。

下準備ができたら、GitHubリポジトリからquic-goのソースコードをダウンロードします。ターミナル.appやコマンドプロンプトを用いて次のコマンドを実行します。

```
git clone https://github.com/quic-go/quic-go.git
```

なお、Gitがインストールされていない、コマンドラインを使用できないなどの場合、Webブラウザーで直接リポジトリページにアクセスし、[Code]ボタンをクリックし[Download ZIP]を選択してダウンロードすることもできます 画面8.1 。

「quic-go」という名前の新たなディレクトリを作成し、その中にリポジトリの内容をコピーします。展開したquic-goフォルダの直下に、testディレクトリを作成します。testディレクトリとその中は次のような構成にしておきましょう。

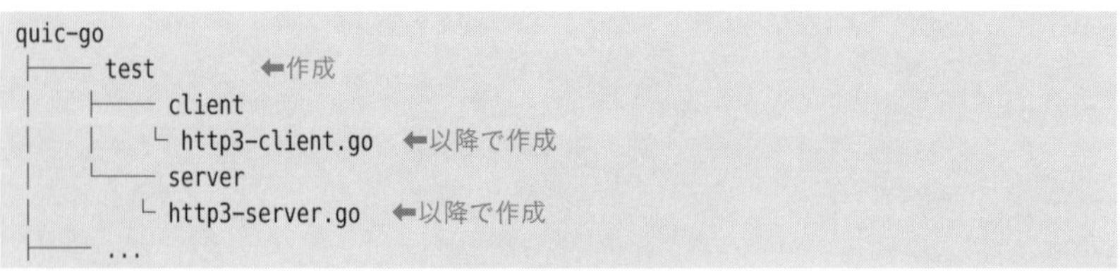

```
quic-go
├── test          ⬅作成
│    ├── client
│    │    └ http3-client.go  ⬅以降で作成
│    └── server
│         └ http3-server.go  ⬅以降で作成
├── ...
```

*1 URL https://github.com/quic-go/quic-go/

画面8.1 ソースコードをWebのリポジトリページからダウンロードする

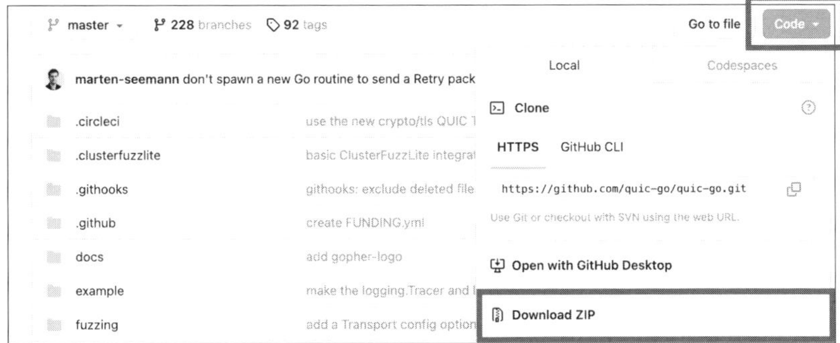

クライアント側のコード http3-client.go

http3-client.goを作成します。**コード8.1**では、テストとしてhttps://example.comに対してGETリクエストが送っています。HTTP GETリクエストは、指定されたURIの内容を取得しようとする操作です。

コード8.1 http3-client.go

```
package main ←❶

import ( ←❷
  "crypto/tls"
  "bufio"
    "fmt"
    "io/ioutil"
    "log"
    "net/http"
  "context"
  "os"

    "github.com/quic-go/quic-go"
  "github.com/quic-go/quic-go/http3"
  "github.com/quic-go/quic-go/internal/
utils"
  "github.com/quic-go/quic-go/logging"
  "github.com/quic-go/quic-go/qlog"
)

func main() { ←❸
  var qconf quic.Config
  qconf.Tracer = func(ctx context.Context,
p logging.Perspective, connID quic.
ConnectionID) *logging.ConnectionTracer {
    filename := fmt.Sprintf("client_%x.
qlog", connID) ←❹
    f, err := os.Create(filename)
    if err != nil {
      log.Fatal(err)
    }
    log.Printf("Creating qlog file %s.\n",
 filename)
    return qlog.NewConnectionTracer(utils.
NewBufferedWriteCloser(bufio.NewWriter(f),
 f), p, connID)
  }

  r := http3.RoundTripper{ ←❺
    TLSClientConfig: &tls.Config{
      KeyLogWriter:       os.Stdout,
      InsecureSkipVerify: true,
                        // 開発環境以外では非推奨
    },
    QuicConfig: &qconf,
  }
  req, _ := http.NewRequest("GET",
 "https://example.com", nil) ←❻

  resp, err := r.RoundTrip(req) ←❼
  if err != nil {
    log.Fatal(err)
  }

  body, _ := ioutil.ReadAll(resp.Body) ←❽
  fmt.Print(string(body)) ←❾
}
```

testディレクトリで以下のコマンドを実行すると、リクエストに応じてhtml形式のデータを取得できます。クライアント側は、ただhttp3オブジェクトを生成してリクエストを行うだけというシンプルなものですね。

```
go run client/http3-client.go
```

コード8.1 の内容について、もう少し詳しく見ていきましょう。

❶ `package main`

プログラムのメインパッケージを定義している。Goプログラムはmainパッケージから実行が始まる

❷ `import`ステートメント

必要なパッケージをインポートする。今回必要となるのは、以下のパッケージである

- `crypto/tls`
- `bufio`
- `fmt`
- `io/ioutil`
- `log`
- `net/http`
- `context`
- `os`
- `github.com/quic-go/quic-go`
- `github.com/quic-go/quic-go/http3`
- `github.com/quic-go/quic-go/internal/utils`
- `github.com/quic-go/quic-go/logging`
- `github.com/quic-go/quic-go/qlog`

❸ `func main()`

プログラムの開始点であるmain関数を定義する

❹ qlogファイル出力を定義

QUICの通信データをqlog形式でファイルに出力するための定義を行っている。qlogとは、QUICの通信ログを記録するためのフォーマット。このqlogを利用することで、通信状況を分析したり可視化したりできる(詳しくは後述)

❺ `http3.RoundTripper`オブジェクトを作成

HTTPリクエストの送信に使用される`http3.RoundTripper`オブジェクトを作成する。`KeyLogWriter`で、TLSの鍵交換に関するデバッグ情報を標準出力に出力する設定をしている。この情報はWiresharkでQUICの通信データを確認するときに使用する。`InsecureSkipVerify: true`はアクセスするサーバーが使用している証明書への検証を無効にしている。これはセキュリティ上、推奨されないので**開発環境以外では使用しない**

また、先ほど定義したqlogの設定も行っている

❻`http.NewRequest`を使用してHTTPリクエストを作成

`https://example.com`へのGETリクエストを作成する。ここではシンプル化のため、エラーチェックは行わずにエラーは無視している(ただし、本来はエラーチェックを行うべきである)

❼`r.RoundTrip(req)`でリクエストを送信

`http3.RoundTripper`の`RoundTrip`メソッドを使用してHTTPリクエストを送信し、レスポンスを受け取る。エラーがあればプログラムを終了する

❽`ioutil.ReadAll`でレスポンスボディを読み取る

`ioutil.ReadAll`関数を使用してレスポンスボディをすべて読み取る。同様に、エラーチェックは行わずにエラーは無視している

❾`fmt.Print`でレスポンスボディを表示

`fmt.Print`関数を使用してレスポンスボディを表示する。レスポンスボディはバイト配列なので、stringに変換してから表示する

先ほどのように コード8.1 を実行すると、clientディレクトリにqlogファイルが生成されているのが確認できます。このファイルは後で、qvisというQUICパケットの可視化ツールで読み込みます。また、TLSのキーログについてはWiresharkでパケットを確認するときに使います。

サーバー側のコード http3-server.go

続いて、http3-server.goを作成してみましょう。 コード8.2 はリクエストに対して、`"hello world!"`メッセージを返すだけのコードです。IPアドレスはローカルホストのものであり、サーバーに必要な秘密鍵と自己署名証明書を作成して実行しています。内容について、以降で少し詳しく見ていきます。冒頭の`package main`や`import`、`func main()`はクライアント側のコードと同様です。

コード8.2 http3-server.go

```
package main

import (  ⬅❶
  "crypto/ecdsa"
  "crypto/elliptic"
```

前ページより続き

```
 "crypto/rand"
  "crypto/tls"
  "crypto/x509"
  "crypto/x509/pkix"
  "encoding/binary"
  "fmt"
  "log"
  "math/big"
  "net/http"
  "time"

  "github.com/quic-go/quic-go/http3"
)

func main() {
  fmt.Println("The server is started.")

  tlsConf, err := getTLSConf(time.Now(), time.Now().Add(10*24*time.Hour))  ←❷
  if err != nil {
    log.Fatal(err)
  }

  mux := http.NewServeMux()  ←❹
  mux.HandleFunc("/", func(w http.ResponseWriter, req *http.Request) {
    fmt.Printf("remote: %s\n", req.RemoteAddr)
    fmt.Fprint(w, "hello world!")
  })
  s := http3.Server{  ←❺
    Addr:      "127.0.0.1:18443",
    TLSConfig: tlsConf,
    Handler:   mux,
  }

  if err := s.ListenAndServe(); err != nil {
    log.Fatal(err)
  }
}

func getTLSConf(start, end time.Time) (*tls.Config, error) {
  cert, priv, err := generateCert(start, end)
  if err != nil {
    return nil, err
  }
  return &tls.Config{
    Certificates: []tls.Certificate{{
      Certificate: [][]byte{cert.Raw},
      PrivateKey:  priv,
      Leaf:        cert,
    }},
```

前ページより続き

```
  }, nil
}

func generateCert(start, end time.Time) (*x509.Certificate, *ecdsa.PrivateKey,
error) {  ←❸
  b := make([]byte, 8)
  if _, err := rand.Read(b); err != nil {
    return nil, nil, err
  }
  serial := int64(binary.BigEndian.Uint64(b))
  if serial < 0 {
    serial = -serial
  }
  certTempl := &x509.Certificate{
    SerialNumber:          big.NewInt(serial),
    Subject:               pkix.Name{},
    NotBefore:             start,
    NotAfter:              end,
    IsCA:                  true,
    ExtKeyUsage:           []x509.ExtKeyUsage{x509.ExtKeyUsageClientAuth, x509.
                                                          ExtKeyUsageServerAuth},
    KeyUsage:              x509.KeyUsageDigitalSignature | x509.KeyUsageCertSign,
    BasicConstraintsValid: true,
  }
  caPrivateKey, err := ecdsa.GenerateKey(elliptic.P256(), rand.Reader)
  if err != nil {
    return nil, nil, err
  }
  caBytes, err := x509.CreateCertificate(rand.Reader, certTempl, certTempl,
                                         &caPrivateKey.PublicKey, caPrivateKey)
  if err != nil {
    return nil, nil, err
  }
  ca, err := x509.ParseCertificate(caBytes)
  if err != nil {
    return nil, nil, err
  }
  return ca, caPrivateKey, nil
}
```

❶ import ステートメント

クライアント側のコードと同様に❶で必要なパッケージをインポートしている。コード8.2で必要となるのは、以下のパッケージである

- crypto/ecdsa
- crypto/elliptic
- crypto/rand

- `crypto/tls`
- `crypto/x509`
- `crypto/x509/pkix`
- `encoding/binary`
- `fmt`
- `log`
- `math/big`
- `net/http`
- `time`
- `github.com/quic-go/quic-go/http3`

❷`getTLSConf`関数で秘密鍵と自己署名証明書を取得

実行した時間から10日後まで有効なTLS証明書とそれに対応する秘密鍵を取得し、tlsConf変数に保存している。getTLSConf関数では、generateCert関数を呼び出し、指定された有効期間で新しい証明書と対応する秘密鍵を取得して、tls.Config構造体を返している

❸`generateCert`関数で秘密鍵と自己署名証明書を生成

getTLSConf関数で呼び出したgenerateCert関数では具体的には以下の手順で秘密鍵と自己署名証明書を生成している

①ランダムなシリアル番号生成
8バイトのランダムなバイト列を生成し、これを証明書のシリアル番号として使用する

②証明書テンプレートの作成
x509.Certificate構造体を作成し、証明書の各フィールドを設定する

③秘密鍵の生成
ECDSAアルゴリズムを用いて秘密鍵を生成する

④証明書の生成
x509.CreateCertificate関数を使用して、証明書テンプレートと秘密鍵から実際の証明書を生成する

⑤証明書の形式を変換
生成された証明書(バイト列)をx509.Certificate構造体に変換する

生成されたx509.Certificateオブジェクトは、SSL/TLS接続の確立、証明書の検証、公開鍵暗号の操作など、さまざまな用途で使用することができる

❹`http.NewServeMux()`を作成

HTTPリクエストをルーティングするためのServeMuxを作成。HTTPリクエストが来たクライアントのアドレスをログに出力し、レスポンスとして `"hello world!"` を送り返す

❺`http3.ListenAndServe`でQUICサーバーを作成し起動

http3.Serverオブジェクトを作成。ここでは、サーバーのアドレスとポート、自己署名証明書と秘密鍵が保存されたtlsConf、ハンドラとして先ほど作成したServeMuxを指定している。エラーがあればプログラムを終了する

以下のコマンドにより、サーバーのプロセスを動かしてみます。

```
% go run server/http3-server.go
```

そして、先ほど作成した コード8.1（クライアント側のhttp3-client.go）の❻ https://example.comの部分を、https://localhost:18443/に置き換えて実行します。以下のように、"hello world!"メッセージを取得できれば成功です。

```
% go run client/http3-client.go
hello world!
```

以上の手順により、ローカル環境ではありますが、QUICを用いたクライアントーサーバー間の通信を実行できました。

8.2 QUICパケットの可視化
qlog&qvizでパケットを観察しよう

ネットワークの可視化については、2章でも扱いました。先に紹介したWiresharkによるパケットキャプチャなどの手法は、もちろんプロトコルの種類にかかわらず有効です。ただし、QUICは暗号化により少し段取りが複雑となるため、ここでは専用ツールを使ってQUICの可視化を行う方法を見ていきましょう。

QUICのログ qlogの基本

QUICの可視化にあたって、まずはQUICのログおよびそのフォーマットであるqlogを紹介します。

qlogが開発されている目的は、QUICの実装や運用における問題の解析やデバッグ、改良を容易にすることです。もちろんWiresharkなどでパケットをキャプチャして解析することも可能ではありますが、QUICは複雑なプロトコルなので、その動作を正確かつ簡易に理解するためには、専用のログ情報を取得できた方が便利です。また、基本的に暗号化が行われるため、キャプチャしたパケットを解析するためにも鍵が必要になるなど、従来のTCPやUDPと比べて技術的なハードルが高くなっている点もあります。

qlogはQUICのログデータを表現するためのフォーマットとして、IETFのQUICワーキンググループの一部として標準化が進められています。このようなログについても標準化することによって、異なるメーカーや機器でも同じフォーマットにすることができ、管理や開発がしやすくなるというメリットがあります。

qlogのデータ形式

データ形式は、JSON(*JavaScript Object Notation*)ベースのテキストとして記録されます。QUICの接続に関するイベントを、時系列的に記録していきます。イベントとは、たとえば接続の開始/終了、パケットの送信/受信、暗号化や認証時の詳細などを指します。

qlogを参照することにより、QUICによるコネクションの確立から、パケットの送受信を経て終了に至るまで、動作を詳しく解析することができるのです。

qvis qlogの可視化ツールの定番

qlogのフォーマットが定義されていて、qlogそのものはテキスト形式であると言っても、人間がそのまま読解するためには相当の努力や忍耐が要求されます。そのため、ログを解析し可視化するためのツールがいくつか開発されており、より直感的に動作の確認を実行できるようになっています。これらは、2章で紹介したWiresharkのQUIC専用バージョンのようなものとしてイメージしておけばOKです。

そのうちの代表的なツールがqvisです。ソースコードはGitHub[*2]で公開されていますが、オンラインで使える環境[*3]も用意されています。今回はオンラインのツールを利用して、QUICログの可視化を試してみましょう **画面8.2** 。

qvisの基本操作 オンラインのqvis

qvisでは、オンライン上のファイルの読み込み、ログファイルのアップロードなどが可能です。今回は、Option 2のローカルファイルのアップロードによって、サンプルのログファイルを可視化してみましょう。先ほど自分で作成したサーバーとクライアントで通信を行った際に作成されたqlogファイルを用います。

＊2 URL https://github.com/quiclog/qvis/
＊3 URL https://qvis.quictools.info/#/files/

画面8.2 qvis Webツール

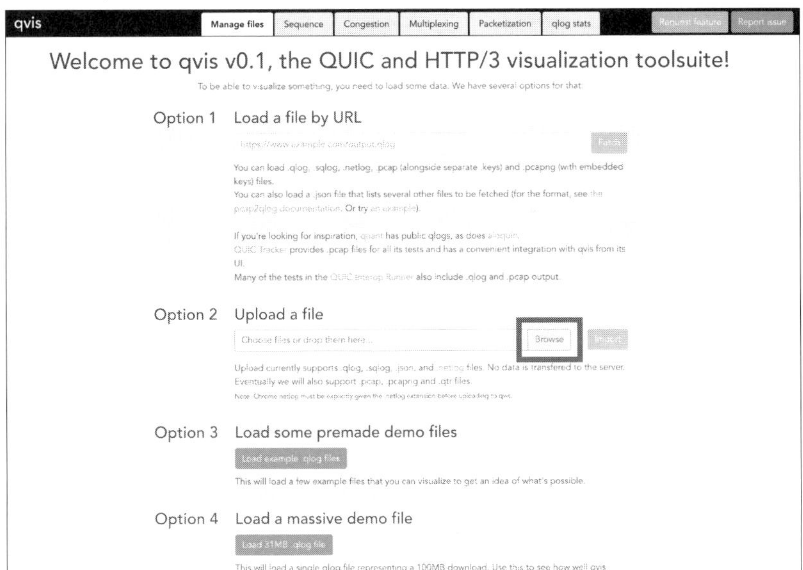

用意したqlogファイルを、qvisサイト上の[Browse]ボタンを押してアップロードします。無事にアップロードされたら、[import]ボタン 画面8.3 を押すことで解析処理が行われます。画面上部のタブから[Sequence]を押すと、QUICパケットのやり取りを確認することができます。

画面8.3 qvis Webツールの[Sequence]タブ

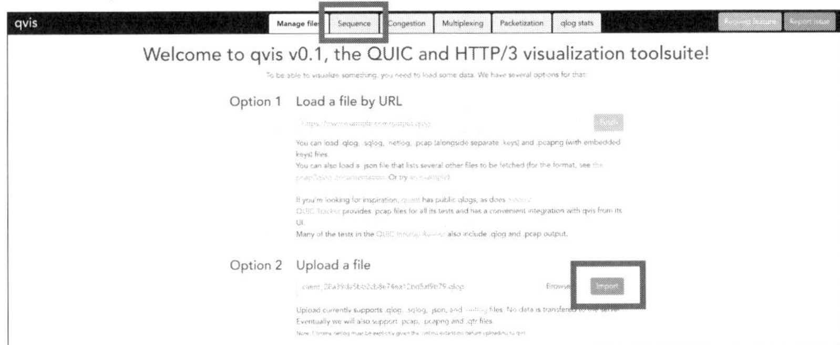

qvisによる可視化結果の確認

今回の例では、画面8.4のような結果が得られます。クライアントとサーバーの間でのパケットの往復の様子が可視化されていることがわかります。

各パケットのアイコンをクリックすると、画面8.5のような詳細情報を開くことができます。ここからは大まかに、以下の事項が確認できます。

- QUICヘッダー情報
  - パケットタイプ
  - 送信元コネクションIDの長さ
  - 宛先コネクションIDの長さ
  - 送信元コネクションID
  - 宛先コネクションID　など
- QUICフレーム情報
  - フレームタイプ　など

画面8.4 qvisによる可視化

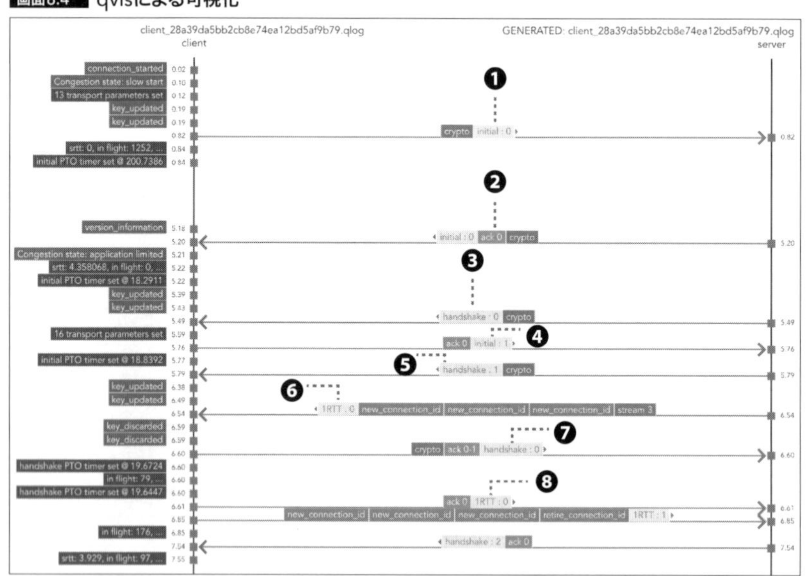

画面8.5 パケット情報の閲覧


```
Event detail

Event nr: 5
{
  "time": 0.695497,
  "name": "transport:packet_sent",
  "data": {
    "header": {
      "packet_type": "initial",
      "packet_number": 0,
      "version": "1",
      "scil": 4,
      "scid": "36e9dd92",
      "dcil": 17,
      "dcid": "43d09f8b2f44e49440dc3f91daf21008d5"
    },
    "raw": {
      "length": 1252,
      "payload_length": 1221
    },
    "frames": [
      {
        "frame_type": "crypto",
        "offset": 0,
        "length": 293
      }
    ]
  },
  "timeText": "0.70"
}
```


QUICパケットの往復の様子

さて、もう少し詳しく、順を追って見ていきましょう。以下は1-RTT鍵を生成するために、はじめに行われるパケット交換の様子です。

❶initialパケット#0

クライアントからサーバーにinitialパケットが送られています 画面8.4❶ 。initialは、QUICセッションを開始するための最初のパケットです。このとき、ロングヘッダーを用いてコネクション確立に必要な情報を送っています。また、ペイロードの部分にはQUICフレームが一つ格納されています。フレームタイプはcryptoで、ハンドシェイクに必要な暗号プロトコルを格納して送っています。暗号化されたデータの確認にはWireshark等を用いて鍵情報で暗号化を解除することになります。

❷initialパケット#0(ACK)

続いてサーバーは、初期パケットをクライアントに送信します 画面8.4❷ 。この段階でのQUICフレーム内にはACKが含まれています。ACKフレームは、クライアントから先に送信されたinitialパケット#0がサーバーで受信し、処理されたことを表します。これは、TCPのACKと同じ役割を果たします。サーバーはクライアントに対し、さらにcryptoフレームも送信します。このcryptoフレームには、コネクション確立に必要な情報が含まれています。これにより、安全なコネクション確立のためのハンドシェイクが進行します。

❸handshakeパケット#0

サーバーからクライアントへと、続けてhandshakeパケットが送信されています 画面8.4❸ 。このパケットの中には、cryptoフレームが含まれています。とくにこのフレームには、TLS 1.3のハンドシェイクを完了するための情報が格納されています。この情報によって、セキュアなコネクションの確立が実施されます。

❹initialパケット#1(ACK)

handshakeパケットの送信途中で、クライアントからサーバーへと、先ほどサーバーからクライアントへと送られてきたinitial#0パケットに対する返答、すなわちACKフレームが送信されています 画面8.4❹ 。ACKフレームが送られる前にhandshakeパケットが送られているのは、サーバー側ですでにコネクション確立に必要な情報が集まっているためです。

❺handshakeパケット#1

少し遅れて、サーバーからクライアントに向けて、もう一つのhandshake#1パケットが送信されています 画面8.4❺ 。このパケットの送信により、サーバーとクライアント間のハンドシェイクプロセスが続行されます。

❻1RTTパケット#0

続いて、1RTTパケットがサーバーからクライアントに送信されています 画面8.4❻ 。このパケットは、サーバーとクライアント間での往復遅延時間(RTT)を表すもので、コネクションの性能評価に重要な指標となります。ここでは、QUICのためのコネクションIDをクライアントに通知しています。

イベントの詳細を確認すると、 画面8.6 のようにQUICヘッダーがショートヘッダーになっていることがわかります。このデータ形式は簡略化されていますが、ショートヘッダーの中身をWireshark等で確認すると、おもに宛先コネクションIDなどが格納されていることが見てとれます。まだ先ほどのサーバーからのhandshake#1に対するACKがクライアントから返ってきていませんが、1-RTTを行うための必要な情報はすでにサーバーがすべて持っているため、その情報を暗号化し、送信しています。

❼handshakeパケット#0

次に、クライアントからサーバーへとhandshake#0パケットが送信されています 画面8.4❼ 。そのパケットの中にはACKフレームも含まれており、これは先ほどサーバーから送られてきたhandshake#0-1に対する返答を示しています。このフレームにより、サーバーへのハンドシェイクの進行が通知されます。

❽1RTTパケット#0

クライアントからも1RTTパケットがサーバーに送られます 画面8.4❽ 。パケットの中にはACKフレームが含まれており、これはサーバーから送られてきた1RTT#0に対する返答を示しています。基本的にはこれ以降、QUICコネクションが確立されているため、ショートヘッダーを用いた1RTTパケットでデータの送受信が行われます。これにより、高速かつ安全な通信が可能となり、データ転送の効率が向上します。

環境によって、順番が異なる場合もありますが、これがQUICコネクションを確立するときに行われる動作になります。

画面8.6 イベント詳細

```
Event nr: 19
{
  "time": 4.575186,
  "name": "transport:packet_sent",
  "data": {
    "header": {
      "packet_type": "1RTT",
      "dcid": "36e9dd92",
      "packet_number": 0,
      "key_phase_bit": "0"
    },
```

8.3 WebTransportによる通信
QUICベースの双方向通信を体験しよう

本節ではWebSocketやWebRTCの後継技術として期待される、QUICをベースとした双方向通信プロトコルである「WebTransport」を取り上げます。先述のとおり、WebTransportはリアルタイムなメッセージングなど、インタラクティブなアプリケーションに向いた技術です。

WebTransportについても、実際にサンプルを動かして体験してみましょう。

WebTransportの復習

前章で少しだけ触れましたが、**WebTransport**は、HTTP/3およびQUICを前提として開発された双方向通信のためのアプリケーション層プロトコルです。WebTransportはまだ標準化の途中ですが、将来的には従来のWebSocketやWebRTCを置き換える可能性が期待されています。

代表的な用途としては、双方向に動画像などのデータを送受信するインタラクティブなWebアプリケーション、ゲーム、ストリーミングサービスなどが想定され、おもな特徴は以下のとおりです。

- 双方向性
  クライアントとサーバー間で双方向のデータストリームを確立でき、通常のHTTPではクライアントがサーバーに対してリクエストを行う単方向型であるのとは対照的だ。ただし、(もちろん)WebTransportを単方向のメディアストリーミング等に使用することも可能である
- 非同期性
  非同期性とは、ある要求に対する応答を待たずに他の処理を実行すること。WebTransportは非同期な処理をサポートしており、たとえばクライアント側からの応答を待たずにサーバー側からデータを送ることが可能である。リアルタイム性の高いアプリケーションでの利用を想定しているため、このような性質が担保されている
- 低遅延性
  QUICをベースとしているため、ハンドシェイクなどのオーバヘッドが小さく高速にコネクションを確立できる。また、先述のとおり、複数の並行ストリームをサポートしているため、HoLブロッキングが発生しない。さらに信頼性のあるストリームと、信頼性のないデータグラム(簡単に言えば、TCP的な性質の通信とUDP的な性質の通信)とを、

アプリケーションの要求条件に応じて選択できる。リアルタイム性が高く、データのロスが許容されるようなシナリオでは、後者を用いることで低遅延な通信を実現できる

- セキュリティ
  HTTP/3、QUICを前提となっており、すなわちTLSの利用も前提となっている。したがって、TLSにより暗号化した上で通信を行うため、セキュリティを確保できる

webtransport-goの準備

以下では、「webtransport-go」*4という実装を用います。WebTransportにもいくつかの実装が存在するのですが、webtransport-goはquic-goをベースに開発されているため、本書の8.1節の発展として試すことが可能です。

先述したquic-goと同様、GitHubリポジトリからwebtransport-goのソースコードをダウンロードします。ターミナルやコマンドプロンプトを用いて以下のコマンドを実行します。

```
git clone https://github.com/quic-go/webtransport-go.git
```

実行したディレクトリ下にwebtransport-goという名前の新たなディレクトリが作成されます*5。今回はwebtransport-go/interop/のコードを元に、少し変更を行ってから実装と動作確認を進めてみましょう。

2つのテスト 単方向&双方向

ここでは、以下の2つのテストを行っていきましょう。

❶クライアントからサーバーへとデータを送る単方向の通信

❷クライアントとサーバーの間での双方向の通信

双方向ストリームでは、クライアントからサーバーにデータを送り、データの検証が成功したらサーバーからクライアントに対してOKという文字列を返してみます。

*4 URL https://github.com/quic-go/webtransport-go/

*5 quic-goの際と同様に、Gitがインストールされていない場合、またはコマンドラインを使用できない場合は、Webブラウザーを使用して直接リポジトリページにアクセスしてダウンロードしてください。

サーバー側のコード

はじめに、サーバー側のコードを準備しましょう コード8.3 。サーバー側では、単方向ストリームの待ち受けと、双方向ストリームの待ち受けとを、それぞれ実装しておく必要があります。そのために、既存のmain.go*6の中身を書き換えます。

コード8.3 は以下の主要な関数から構成されています。

- **A** main関数
  WebTransportサーバーを設定して実行
- **B** runHTTPServer関数
  クライアント用のHTTPサーバーを設定して起動
- **C** runUnidirectionalTest関数
  単方向ストリームのデータ受信テスト
- **D** runBidirectionalTest関数
  双方向ストリームのデータ送受信テスト

コード8.3 サーバー側のコード(抜粋)

```
func main() {  ←A
  tlsConf, err := getTLSConf(time.Now(), time.Now().Add(10*24*time.Hour))
  if err != nil {
    log.Fatal(err)
  }
  hash := sha256.Sum256(tlsConf.Certificates[0].Leaf.Raw)

  go runHTTPServer(hash)

  wmux := http.NewServeMux()
  s := webtransport.Server{
    H3: http3.Server{
      TLSConfig: tlsConf,
      Addr:     "localhost:12345",
      Handler:   wmux,
    },
    CheckOrigin: func(r *http.Request) bool { return true },
  }
  defer s.Close()

  wmux.HandleFunc("/unidirectional", func(w http.ResponseWriter, r *http.Request) {
    conn, err := s.Upgrade(w, r)
    if err != nil {
```

*6 URL https://github.com/quic-go/webtransport-go/blob/9c09d6dd594afbbcf500a3a6b3f6262b79378c82/interop/main.go/

前ページより続く

```
      log.Printf("upgrading failed: %s", err)
      w.WriteHeader(500)
      return
    }
    runUnidirectionalTest(conn)
  })

  wmux.HandleFunc("/bidirectional", func(w http.ResponseWriter, r *http.Request) {
    conn, err := s.Upgrade(w, r)
    if err != nil {
      log.Printf("upgrading failed: %s", err)
      w.WriteHeader(500)
      return
    }
    runBidirectionalTest(conn)
  })

  if err := s.ListenAndServe(); err != nil {
    log.Fatal(err)
  }
}

func runHTTPServer(certHash [32]byte) {  ←B
  mux := http.NewServeMux()
  mux.HandleFunc("/webtransport", func(w http.ResponseWriter, _ *http.Request) {
    fmt.Println("handler hit")
    content := strings.ReplaceAll(indexHTML, "%%CERTHASH%%", formatByteSlice(certHash[:]))
    content = strings.ReplaceAll(content, "%%DATA%%", formatByteSlice(data))
    w.Write([]byte(content))
  })
  http.ListenAndServe("localhost:8080", mux)
}

func runUnidirectionalTest(sess *webtransport.Session) {  ←C
 fmt.Println("Unidirectional test")
  for i := 0; i < 2; i++ {
    str, err := sess.AcceptUniStream(context.Background())
    if err != nil {
      log.Fatalf("failed to accept unidirectional stream: %v", err)
    }
    rvcd, err := io.ReadAll(str)
    if err != nil {
      log.Fatalf("failed to read all data: %v", err)
    }
    if !bytes.Equal(rvcd, data) {
      log.Fatal("data doesn't match")
    }
    fmt.Println("Received data: ", rvcd)
  }
  select {
  case <-sess.Context().Done():
    fmt.Println("done")
  case <-time.After(5 * time.Second):
    log.Fatal("timed out waiting for the session to be closed")
  }
}
```

前ページより続く

```
func runBidirectionalTest(sess *webtransport.Session) {  ←D
  fmt.Println("Bidirectional test")
  for i := 0; i < 2; i++ {
    str, err := sess.AcceptStream(context.Background())
    if err != nil {
      log.Fatalf("failed to accept bidirectional stream: %v", err)
    }

    rvcd, err := io.ReadAll(str)
    if err != nil {
      log.Fatalf("failed to read all data: %v", err)
    }

    if !bytes.Equal(rvcd, data) {
      log.Fatal("data doesn't match")
    }
    fmt.Println("Received data: ", rvcd)

    fmt.Println("Sent data: OK")
    _, err = str.Write([]byte("OK"))
    if err != nil {
      log.Fatalf("failed to write data: %v", err)
    }

    if err := str.Close(); err != nil {
      log.Fatalf("failed to close the stream: %v", err)
    }
  }

  select {
  case <-sess.Context().Done():
    fmt.Println("done")
  case <-time.After(5 * time.Second):
    log.Fatal("timed out waiting for the session to be closed")
  }
}
```

A main関数

main関数では、TLSの設定を作成した上でHTTPサーバーとWebTransportサーバーをそれぞれ起動し、エンドポイントも設定しています。これにより、クライアントからの接続を待ち受け、適切な処理を行います。

❶秘密鍵と自己署名証明書を作成

getTLSConf関数を呼び出し、サーバーに必要な秘密鍵と自己署名証明書を作成する

❷HTTPサーバーの起動

tlsConfのハッシュを計算し、runHTTPServer関数にハッシュ値を渡してHTTPサーバーを起動する

❸WebTransportサーバーの設定

新しいhttp.NewServeMuxを作成して、WebTransport用のHTTP/3サーバーの設定

を行う。TLSConfigにはtlsConfを設定し、`"localhost:12345"`でサーバーを起動する

❹エンドポイントの登録

unidirectionalとbidirectionalという2つのエンドポイントを設定する。それぞれのエンドポイントに対して、適切なテスト関数(runUnidirectionalTestまたはrunBidirectionalTest)を呼び出す

❺WebTransportのサーバーを起動

WebTransportサーバーを起動する。何らかのエラーが発生した場合はログにエラーメッセージを出力する

Ⓑ runHTTPServer関数

runHTTPServer関数はHTTPサーバーを起動して、特定のエンドポイント(`/webtransport`)に対するリクエストを処理する役割を持っています。

❶リクエストハンドラの設定

http.NewServeMuxを使用して新しいサーバーマルチプレクサを作成する。/webtransportというパスに対するリクエストハンドラを設定する

❷リクエスト処理

/webtransportエンドポイントにアクセスがあった場合には、このリクエストハンドラが呼び出される。ハンドラ内で`fmt.Println("handler hit")`を呼び出して、リクエストの受信をログに記録する

❸HTMLコンテンツの生成

HTMLに`%%CERTHASH%%`と`%%DATA%%`を渡す

❹サーバーの起動

http.ListenAndServeを呼び出し、localhost:8080でサーバーを起動する。localhost:8080/webtransportにアクセスするとindex.htmlの内容が表示される

Ⓒ runUnidirectionalTest関数

`runUnidirectionalTest`関数は、単方向ストリームのデータ受信をテストする関数です。

❶単方向ストリームの受け入れとデータの読み取り

`sess.AcceptUniStream(context.Background())`で一方通行のストリームを受け入れる。`io.ReadAll(str)`でストリームからすべてのデータを読み取る。これを2回行う

❷データの検証

`bytes.Equal(rvcd, data)`で受け取ったデータと期待するデータが一致するかを確認する

❸セッションの終了

最後に、正常終了または、一定時間(5秒)経過時にタイムアウトすることで、セッションをクローズする

D runBidirectionalTest関数

runBidirectionalTest関数は、双方向ストリームのデータ送受信をテストする関数です。

❶双方向ストリームの受け入れとデータの読み取り

sess.AcceptStream(context.Background())で双方向のストリームを受け入れる。io.ReadAll(str)でストリームからすべてのデータを読み取る

❷データの検証

bytes.Equal(rvcd, data)で受け取ったデータと期待するデータが一致するか確認する

❸データの送信

"OK"という文字列を同じストリームに書き込み、その後ストリームを閉じる

❹セッションの終了

最後に、正常終了または、一定時間(5秒)経過時にタイムアウトすることで、セッションをクローズする

クライアント側のコード

次に、クライアント側のコードを準備してみましょう。クライアントは、まずサーバーに対して接続をリクエストする必要があります。その上で、単方向ストリームでデータを送信する処理と、双方向ストリームでデータを送受信する処理とを実装します。

クライアント側のコードは、JavaScriptで書かれています。今回はindex.html*7の中身を書き換えます コード8.4 。

コード8.4 は、以下の主要な関数から構成されています。

A establishSession関数

サーバーとの接続処理

---

*7 URL https://github.com/quic-go/webtransport-go/blob/b0873bb3394c5463dd302d1f9aa41ce91d61a3c7/interop/index.html

B runUnidirectionalTest関数

単方向ストリームを用いたサーバーへのデータ送信

C runBidirectionalTest関数

双方向ストリームを用いたサーバーとのデータ送受信

コード8.4 クライアント側のコード（抜粋）

```
async function establishSession(url) {  ←A
  addToEventLog("Connecting to " + url);
  const transport = new WebTransport(url, {
    "serverCertificateHashes": [{
      "algorithm": "sha-256",
      "value": new Uint8Array(%%CERTHASH%%)
    }]
  });

  try {
    await transport.ready;
    addToEventLog('Connection ready.');
  } catch (e) {
    addToEventLog('Connection failed. ' + e, 'error');
    return;
  }

  transport.closed.then(() => {
    addToEventLog(`The HTTP/3 connection to ${url} closed gracefully.`);
  }).catch((error) => {
    console.error(`The HTTP/3 connection to ${url} closed due to ${error}.`);
  });

  return transport;
}

async function runUnidirectionalTest() {  ←B
  addToEventLog("Unidirectinal Test");
  const transport = await establishSession('https://127.0.0.1:12345/
unidirectional');
  const data = new Uint8Array(%%DATA%%);

  let failed = false
  for(let i = 0; i < 2; i++) {
    await new Promise(resolve => setTimeout(resolve, 6000));
    const stream = await transport.createUnidirectionalStream();
    addToEventLog(`Opened stream ${i}.`)
    const writer = stream.getWriter();
    writer.write(data);
    addToEventLog("Sent Data: " + data);
    try {
      await writer.close();
      addToEventLog(`All data has been sent on stream ${i}.`);
    } catch (error) {
```

前ページより続く

```
      console.error(`An error occurred: ${error}`);
      failed = true
    }
  }
  if(!failed) { addToEventLog("done"); }
  transport.close()
}

async function runBidirectionalTest() {   ←C
  addToEventLog("Bidirectinal Test");
  const transport = await establishSession('https://127.0.0.1:12345/bidirectional');
  const data = new Uint8Array(%%DATA%%);

  let failed = false;
  for(let i = 0; i < 2; i++) {
    await new Promise(resolve => setTimeout(resolve, 6000));

    const stream = await transport.createBidirectionalStream();
    addToEventLog(`Opened bidirectional stream ${i}.`);

    const writer = stream.writable.getWriter();
    const reader = stream.readable.getReader();

    writer.write(data);
    addToEventLog("Sent Data: " + data);

    try {
      await writer.close();
      addToEventLog(`All data has been sent on stream ${i}.`);
    } catch (error) {
      console.error(`An error occurred while sending: ${error}`);
      failed = true;
    }

    try {
      const { value, done } = await reader.read();
      if (!done) {
        addToEventLog(`Received data from server on stream ${i}.`);
        addToEventLog("Data: " + new TextDecoder().decode(value));
      }

      reader.releaseLock();
    } catch (error) {
      console.error(`An error occurred while receiving: ${error}`);
      failed = true;
    }
  }

  if (!failed) { addToEventLog("done");}
  transport.close();
}
```

A establishSession関数

establishSession関数は、WebTransportプロトコルを使用して指定されたURLへの接続を行う非同期関数です。

❶WebTransport接続オブジェクトの作成

new WebTransport(url)で指定されたURLとサーバーの証明書のハッシュを設定し、接続を開始する

❷接続の準備完了待機

await transport.readyでWebTransport接続が準備完了するのを待つ。接続が準備完了すると、メッセージがログに追加される。エラーが発生すると、エラーメッセージがログに追加され、処理が終了する

❸接続が閉じたときの処理

transport.closed.then().catch()で接続が閉じたときの処理を設定する。正常に閉じた場合と異常な状態で閉じた場合で、異なるメッセージがログに追加される

B runUnidirectionalTest関数

runUnidirectionalTest関数は、単方向のWebTransportストリームを使ってテストを実行する関数です。

❶WebTransportセッションを確立

establishSession関数を用いて指定されたURL(この場合はhttps://127.0.0.1:12345/unidirectional)に対してWebTransportセッションを確立する

❷送信データの初期化

HTTPサーバーが用意されたときにDATAが設定されているので、そのデータを送信用にUint8Arrayとして初期する

❸データを2回送信するループを開始

ストリームを開き、データを送信する処理を2回実行するループを開始する。ここではセッションが6000ms後にタイムアウトするように設定している

❹単方向ストリームの作成

transport.createUnidirectionalStream()で単方向のストリームを作成する

❺データを送信

Writerオブジェクトを取得し、ストリームにデータを書き込む。これによりサーバーにデータが送信される

❻ストリームを閉じる

データを送信したあと、ストリームを閉じる。エラーが発生した場合は、エラーメッセージを出力する

❼セッションを閉じる

すべてのデータが送信されたあと、WebTransportセッションを閉じる。データ送信がすべて成功した場合は、ログに`done`と正常にセッションが終了したことが表示される。エラーが発生した場合は、`establishSession`内のセッションが閉じた後の処理によってエラーメッセージを出力する

C `runBidirectionalTest`関数

`runBidirectionalTest`関数は、双方向のWebTransportストリームを使用してテストを実行する関数です。

❶WebTransportセッションを確立

`establishSession`関数を用いて指定されたURL(この場合は`https://127.0.0.1:12345/bidirectional`)に対してWebTransportセッションを確立する

❷送信データの初期化と2回送信の処理

単方向ストリームの時と同様、送信データをUint8Arrayとして初期化し、ストリームを開いてデータを送信する処理を2回実行するループを開始する

❸双方向ストリームの作成

`transport.createBidirectionalStream()`で双方向のストリームを作成する

❹データを送信

`Writer`オブジェクトを取得し、ストリームにデータを書き込む。これによりサーバーにデータが送信される

❺データを受信

`Reader`オブジェクトを取得し、同じストリームでデータを受信する

❻ストリームを閉じる

データを送信したあと、ストリームを閉じる。エラーが発生した場合は、エラーメッセージを出力する

❼セッションを閉じる

すべてのデータが送信されたあと、WebTransportセッションを閉じる。データ送信がすべて成功した場合はログにdoneと正常にセッションが終了したことが表示される。エラーが発生した場合は、`establishSession`内のセッションが閉じた後の処理によってエラーメッセージを出力する

サーバーを起動

作成したサーバーを起動します。ターミナルで以下のコマンドを実行してください。

```
go run main.go
```

localhost:8080/webtransportからサーバーへアクセス

Chromeを起動すると、画面8.7のような画面が表示されます。データの送信方法を選択できるようになっています。アクセス先のURLはデフォルトで入力されており、このときのアクセス先は先ほど用意したローカルサーバーです。

Unidirectionalストリーム

Unidirectionalストリームは、順序制御や再送制御を行いつつ、単方向のデータ転送を行う通信です。送信側から受信側に対して送信するパケットには番号が付与され、受信側で正しい順番で受信することが保証されます。

また流量制御も実行可能であり、受信側の処理速度よりも高速でデータが送られることを防ぎます。

ストリームの途中でエラーが発生した場合には、ストリームを閉じるなど適切なエラーハンドリングを実施します。一定の品質を保ったビデオストリーミング等のほか、ファイルダウンロードなどにも利用できます。

Chromeで[Run Unidirectional Test]ボタンを押してみます画面8.8。Event logを確認すると、コネクション確立のログとともに、ストリームが0, 1と作成されデータが送信されていることが確認できます。

画面8.7 Chromeを起動した際のスクリーンショット

Sent data over WebTransport

Run Unidirectional Test | Run Bidirectional Test

Event log

画面8.8 単方向ストリーム通信時のイベントログ(Chrome)

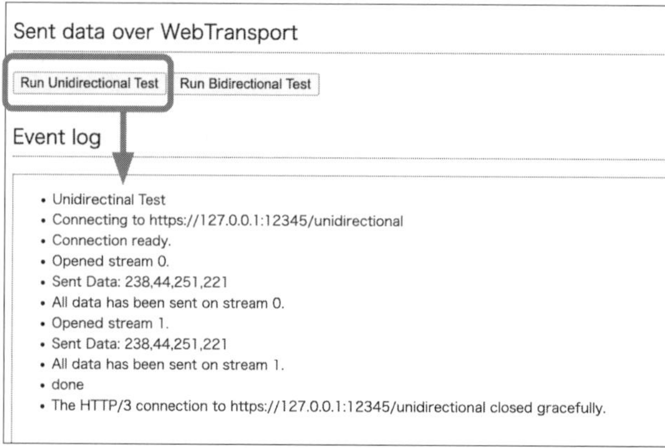

サーバー側のターミナルを確認すると、クライアントから送信されたデータが表示されているのが確認できます **画面8.9** 。

Bidirectionalストリーム

Bidirectionalストリームは、双方向にデータを送受信できる通信です。送受信いずれかのノードが新しいストリームを開始することで通信が確立され、その後は双方向にデータ送受信が可能です。

順序保障、流量制御などの特性については、Unidirectionalストリームと同様です。これはメッセージングアプリなど、双方向のリアルタイム通信が必要な場合に最適な方式です。ある意味、最もWebTransportの特長の出ている利用方法かと思います。

Chromeで[Run Bidirectional Test]ボタンを押してみます **画面8.10** 。Event logを確認すると、コネクション確立のログとともに、ストリームが0, 1と作成されデータが送信されていることがわかります。また、サーバーからOKというデータを受信していることも確認できます。

画面8.9 単方向ストリーム通信時のサーバーログ(サーバー側のターミナル)

```
handler hit
Unidirectional test
Received data:  [238 44 251 221]
Received data:  [238 44 251 221]
done
```

画面8.10 双方向ストリーム通信時のイベントログ(Chrome)

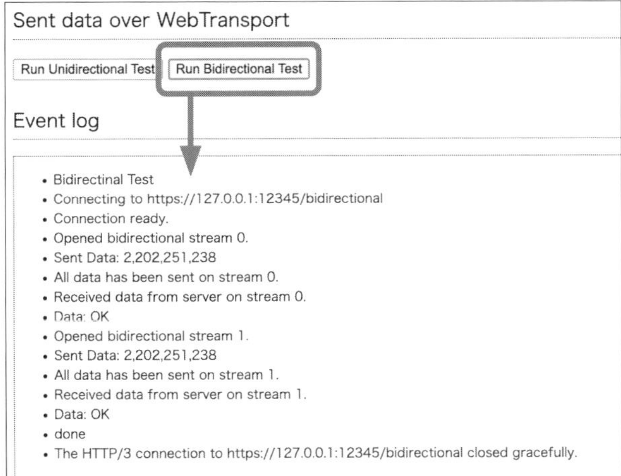

サーバー側のターミナルを確認すると、クライアントから送信されたデータが表示されているのが確認できます 画面8.11 。また、送信したデータも確認できます。

各通信方式のユースケース

このように、サーバー側での待ち受けと、クライアント側からの接続およびデータ処理を適切に実装することで、簡単にWebTransportを利用できます。

また、webtransport-goでは実装されていませんが、WebTransportにはdatagram通信という通信方式も用意されています。datagram通信は、非同期かつ一方向の通信であり、一連の独立したパケットを送信します。

順序や到着の保証を行わず、受信側からの応答を待たずに送信します。そのため、信頼性を保証しない一方でリアルタイム性が高いというメリットがあります。

順序制御などのオーバヘッドもないため、ヘッダーが小さく軽量であることも

画面8.11 双方向ストリーム通信時のサーバーログ(サーバー側のターミナル)

```
handler hit
Bidirectional test
Received data:  [2 202 251 238]
Sent data: OK
Received data:  [2 202 251 238]
Sent data: OK
done
```

ポイントです。

代表的なユースケースとして、ライブストリーミングなどが考えられます。

3種類の通信方式が提供されていることからもわかるとおり、それぞれの特徴をきちんと把握して、アプリケーションの要求や目的に見合ったものを選択して利用することが重要です。

8.4 本章のまとめ

本章では、QUICやWebTransportなどHTTP/3時代のプロトコルについて、実際に触れながら学習してきました。

QUICのログであるqlogを可視化することで、実際のパケットの流れや通信手順を確認しました。また、QUICサーバーを立ててWebTransportでの通信も試してみました。QUICは最新のプロトコルではありますが、思いのほか簡単に利用できることに驚かれたかもしれません。ただし、現在もオープンソースでの開発が熱心に行われており、バージョンアップとともに関数の呼び出し方などの仕様が変わることは十分に考えられます。すなわち、標準化されたプロトコルやそのベースにある考え方は変わりませんが、少し前のサンプルコードが動かなくなるといったことはよくあり、そのような場合には最新のドキュメントやサンプルを参照して調整を行うことが必要となります。

そんなときにも、基礎知識やベースの考え方を理解しているかどうかが大きな差となります。繰り返しにはなりますが、「どう使うのか」あるいは「どう実装されているのか」のみならず、「どうしてそう実装されているのか」を理解する(あるいは考える)ことは、とても大事なことです。

Column

QUICワーキンググループとプロトコルの標準化/開発&メンテナンス

QUICワーキンググループ[*a]は、IETFにおいてQUICプロトコルの標準化を担っています。QUICバージョン1は、UDPベースでストリーム多重化と暗号化を実装したトランスポートプロトコルとして公開されました(RFC 9000)。その後も、本ワーキンググループを中心に、さまざまな拡張に関する議論が継続されています。

QUICのコアとなる機能はRFC 8999〜9002として規定されており、これは本書でも少しずつ紹介しました。また、QUICは複数の方法で拡張可能です。すでにRFCとして正式に標準化された拡張には、QUICへの信頼できないデータグラム拡張(RFC 9221)、QUICビットのグリーシング(RFC 9287)、QUICの互換バージョンネゴシエーション(RFC 9368)、QUICバージョン2(RFC 9369)があります。

HTTP/3とヘッダー圧縮を行うQPACKについては、RFCの原案が作成されましたが、その所有権はHTTPワーキンググループ[*b]に移行しました。また本書原稿執筆時点で、ロードバランスやマルチパス、ロギング用のqlogなど複数の機能について標準化の議論が進められています。

QUICの実装は多岐にわたりますが、開発者はテストの調整のためにquicdev Slackに参加することが推奨されています。さらに、QUICプロトコル(または関連するIETFプロトコル)に脆弱性を発見した場合、IETFのガイダンスに従って報告することが求められています。

このようにQUICワーキンググループは、QUICプロトコルの継続的なメンテナンスと開発に取り組んでいます。こうしたワーキンググループの動向を通じて、プロトコルの最新動向をチェックすることが可能です。

*a URL https://quicwg.org

*b URL https://httpwg.org

第9章

ここまでに繰り返し述べてきましたが、インターネットは私たちの生活に欠かせないインフラとなり、ネットワーク技術は身近なものとなっています。

本書では、さまざまなプロトコルの開発の歴史から近年の動向まで、座学のみではなく、実際に体験しながらネットワーク技術について学んできました。そして、今後も、通信環境の変化や新たなアプリケーションの登場などによって、新たな技術が開発されていくはずです。

本章では、本書のまとめとして改めて各領域の動向などを概観し、今後にも役立つような技術動向の見方、考え方を紹介します。

[大規模/高速化]
通信環境と
プロトコルの
技術動向

考察の観点と考え方

9.1 [再入門]これからの考察に役立つ3つの観点
通信方式、通信デバイス、接続先

これまで、通信速度の向上やアプリケーションの多様化などに伴って、さまざまな技術やプロトコルが開発されてきました。ここでは、「通信方式」「通信デバイス」「接続先」という三つの観点から、ネットワーク技術を取り巻く状況の変化について概観していきます。

通信方式の変化　通信速度の向上

インターネット誕生以来、通信速度は向上を続けてきています。ブロードバンド回線の一般化や家庭用の光アクセスサービスの普及、あるいはLTE、5Gなどモバイル回線の高速化 図9.1 など、高速化が進んでいる状況です。

高速化の宣伝文句としてもよく見かける「最大xGbps」のような表記は、理論上の最大通信速度を表しています。しかし、実効レートとしては、最大値よりもかなり小さいレートしか出せないということも覚えておきましょう。複数のデバイスでネットワーク帯域を分け合う効果のほかにも、制御信号なども存在します。また、すでに述べてきたとおり、インターネットは非常に多くのネットワーク機器から構成され、ボトルネックになり得る箇所も多く存在しますので、そもそも必ずしも手元の回線がボトルネックであるとは限りません。

―――低遅延化

近年普及が進む5Gでは、その特徴として一般的に「大容量」「低遅延高信頼」「多端末」という三点が挙げられます。そのなかの「低遅延」から見ていきます。

先ほどの高速化に加えて、とくに「低遅延化」の要求も高まっています。5Gの遅延に関しては、無線区間での通信遅延をLTEの1/5である1ms以下とし、end-to-endでも数十ms以下の値とすることが要求されています。これは、ストリーミングサービスや機器の遠隔操作などをはじめ、リアルタイム性の高いアプリケーションの開発/普及と歩調を合わせた動きだと言えます。

単なる高速化以外にも、低遅延性を担保するための手法が各レイヤーで開発/導入されてきたのです。

図9.1 移動通信システムの進化

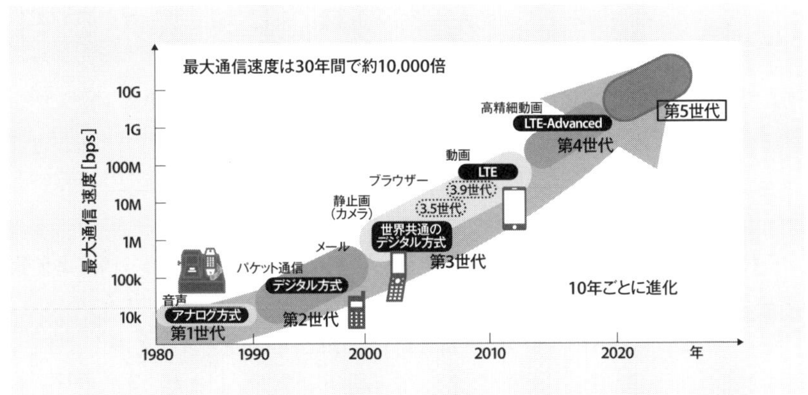

省電力な通信方式

その一方で、LPWA (*Low Power Wide Area*)など低速な無線通信プロトコルも開発が進んできました。

LPWAには統一的な定義はなく、低消費電力で長距離データ通信を行うための通信方式の総称です。通信距離としては数百mから数kmをカバーすることが目標とされており、代表的な規格としてはLoRaWAN、SIGFOX、IEEE 802.11ah(Wi-Fi HaLow)などがあります。また、ソニーのELTRES(エルトレス)は、国産規格として普及が期待されています。

いずれの規格についても、消費電力を小さくするために通信速度を抑えており、数十kbps程度の低速で断続的に通信を行います。LPWAは、センサーなどIoT関連サービスへの利用が期待されます。コンピューターシステムの持続可能性という観点で、省電力性や低メンテナンス性は重要な観点だと言えます。

通信デバイスの多様化 接続デバイスのトレンド

インターネットに接続されるデバイスについては、数の面でも種類の面でも、増加の一途を辿っています。従来はPCやサーバー、それにスマートフォン等といったデバイスが主でしたが、近年ではさまざまなセンサーやスマートデバイスが普及しています。

スマートデバイスという用語について、明確な定義は定まっていませんが、一般的にはインターネットに接続可能な多機能デバイスを指し、スマートウォッチなどのウェアラブルデバイスが代表例です 図9.2 。家電やセンサーなどのモノをインターネットに接続して制御するしくみは「IoT」と総称され、近年急速に普及が進んでいます。また、ドローンや自動車などのモビリティも、今ではネットワークに接続されるのが一般的です。

デバイス性能の幅の広がり

これまで、通信デバイスの性能(処理速度やメモリ量)は、基本的には向上を続けてきました。今後も、個々のデバイスの性能は向上していくでしょう。

その一方で、低コストなセンサーなど、処理性能の低いデバイスも多く存在し、さまざまな性能のデバイスが共存/混在する環境が続きます。また、ネットワーク技術の進化とともに、屋外や水中など過酷な環境に設置されるデバイスも増加しています。

そのようなデバイスではとくに、メンテナンスや交換が難しかったり、消費電力についての制約が大きい場合も多いです。すなわち、通信デバイスの多様化に伴って、制約のある環境下での通信という観点も重要となります。たとえば、高い処理性能を備えたデバイスに最適化された複雑な制御アルゴリズムなどは、処理能力の低いデバイスで実行できない場合があります。あるいは、信頼性の高い高速ネットワークに最適化された手法は、低速で不安定なインターネット接続には適さないといったことも考えられます。

図9.2 スマートデバイスの例

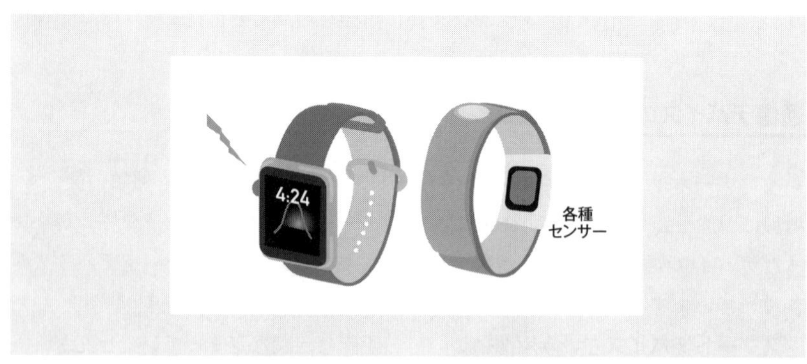

接続先の変化 クラウドコンピューティングの普及

2000年代後半以降、インターネット経由でコンピューティングリソースを提供/利用するクラウドコンピューティングは非常によく普及しました。代表例としては、Googleの提供するGmailやGoogleドライブなどが挙げられます。ユーザーはインターネット経由で、データセンターに保存されたデータを閲覧したり更新したりします。

クラウドコンピューティングでは、事業者は大規模なデータセンターに大量のサーバーやストレージ等の設備を集約的に配置して管理します。ユーザーにとっては、スマートフォンなどを用いて、インターネット経由でデータセンターのリソースを利用できるというメリットがあります。

エッジコンピューティングの一般化

その一方で、コンピューティングリソースを分散配置するエッジコンピューティングも普及してきました。先述のとおり、**エッジコンピューティング**とは、サーバーやストレージを分散配置することで、ユーザー側デバイスの近くでデータを処理しようとするものです。

これはとくに、低遅延性が重要なアプリケーションにおいて、ユーザーとデータセンター間の距離が問題になる場合があったためです。リソースの集約性が高まりすぎると、ユーザーのデバイスとデータセンターとの物理的な距離が遠くなり、信号の伝搬遅延が無視できなくなるということです。たとえば、光ファイバー内では光信号の伝搬には1kmあたり5μs程度なので、100kmの距離を往復すれば伝搬遅延だけで1msかかります。

AIサービスの広がり

そして近年、深層学習を利用したAIサービスの流行により、巨大なデータを集めるアプローチがメジャーでしたが、その一方でデバイス側でAIの学習や推論を行うエッジAIも期待されています。

従来のクラウド型のAIとエッジAIのシステム構成やデータの流れの差について、図9.3に示します。エッジ処理することで、データをネットワーク側に流さなくて済むため、ネットワーク帯域の他にもセキュリティ的な観点でのメリットがある場合があります。このようにさまざまなシステム構成が現れてきましたが、

図9.3 クラウド型のAIとエッジAI

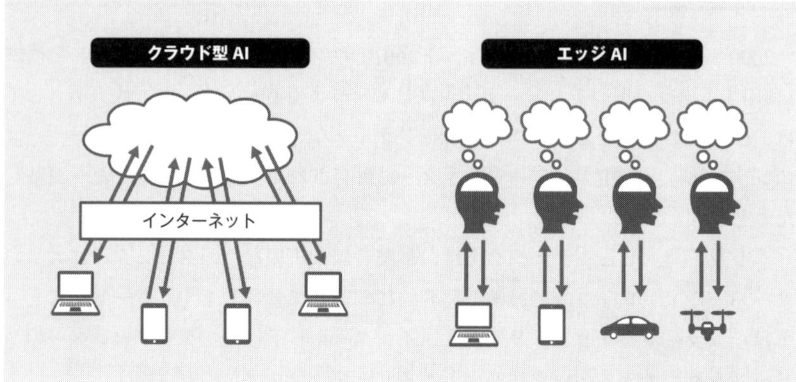

どれが最適かは、やはり用途などに応じて異なります。選択肢が多いほどより良いシステムを構築できるとも言えますし、知る必要のあることが多くなるとも言えます。

9.2 通信環境の変化

広帯域高遅延、モバイルシステムの世代交代、XMPP、5G、IoT、新しいWeb

通信環境が変われば、適した技術/プロトコルは変わります。ここでは通信環境の変化について、いくつか具体的な事例とともに解説します。今一度少し前に起こったこと、課題とその対策を振り返ってみることで、今後にも通じる知見が得られるでしょう。

広帯域高遅延環境 ロングファットパイプ再訪

インターネットが普及した1990年代以降、ネットワークの高速化が著しく進みました。光ファイバーによるGbps級のアクセス回線なども普及し、ネットワークの回線速度が向上しました。同時に、単なる高速化のみならず、クラウドサービスの普及により、遠隔地にあるデータセンターに設置されたクラウドサーバーとの間で通信が行われることも多くなりました。

ここまでに繰り返し取り上げていますが、遠距離の通信では、どうしても物理的な信号の伝搬遅延を無視することができません。たとえば、太平洋を横断する海底ケーブル中の伝搬遅延は50msを超えます。このような広帯域かつ高遅延の通信環境は、ロングファットパイプ 図9.4 と呼ばれます。

従来アルゴリズムが時代遅れに NewRenoのパフォーマンスの低下

通信環境としてロングファットパイプが一般的になってくると、それまで一般的に利用されてきた手法の課題が顕在化してきました。

具体的には、TCPの輻輳制御アルゴリズムとして標準的に利用されてきた**NewRenoのパフォーマンスの低下**です。NewRenoは、回線速度や信頼性がもっと低い時代に開発されたアルゴリズムであり、そのような環境に最適化されています。そのため広帯域/高遅延化が進んだ際に、回線速度をフルに活用できず、効率が低下してしまうのです。すなわちNewRenoでは、パケットロスを契機としてスループットを落とす大きさに対して、輻輳ウィンドウサイズの増加幅が遅すぎるため、広帯域を有効活用できません 図9.5 。

また、送信側ノードは送信データに対するACKを受信したときにRTTを計測し、輻輳ウィンドウサイズを更新してパケット送信を行います。このとき、RTTが増加するほどACKを受信する時間が遅れるため、データ送信間隔すなわち 図9.6 中の待機時間が伸びることになります。その結果として、輻輳ウィンドウサイズが同じときには、高遅延環境になるほどスループットが低下してしまいます。

図9.4 ［再掲］ロングファットパイプ

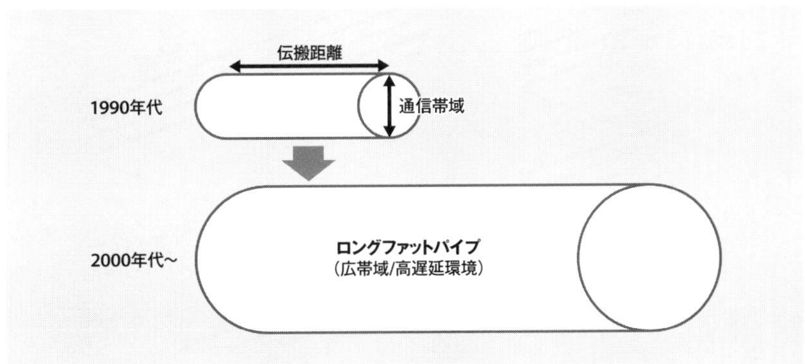

このように、開発時の環境には適していたアルゴリズムが、環境の変化によって適さなくなってしまうことがあります。思考停止で前例を踏襲するだけでは時代遅れになってしまう、これは人間社会と同様かもしれません。

図9.5 広帯域化に伴う収束時間の増加

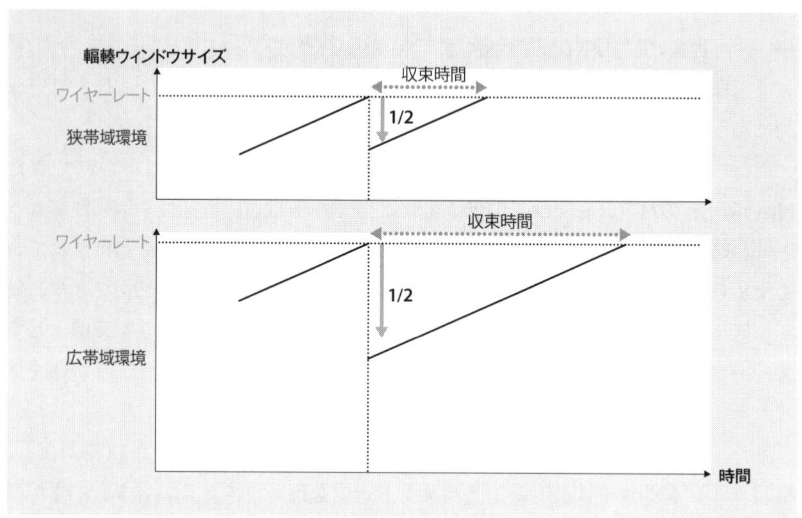

図9.6 高遅延化に伴う待機時間の増加

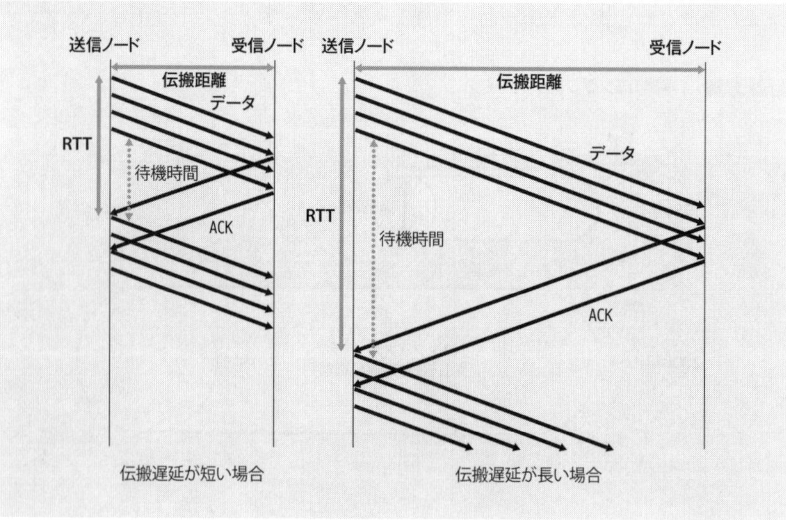

モバイル環境の進化 モバイルシステムの世代交代

移動通信システムいわゆるモバイルに関しては、図9.1で見たように、約10年で世代交代するペースで進化を続けています。

1980年代の第1世代(1G)では通信速度は数十kbpsであり、自動車電話サービスやショルダーホンといった時代でした。第2世代(2G)ではパケット通信化され、電子メールやインターネットも利用可能となりました。第3世代(3G)では通信速度が上がり、2010年頃から3.9GにあたるLTEが普及し始めると通信速度は数十Mbpsに達し、動画サービスなどが広まりました。2010年代のうちに第4世代(4G)であるLTE Advancedが普及し、モバイルファーストが一般化するほど、モバイルトラフィックが増加しました。

そして、本書原稿執筆時点では第5世代(5G)の普及が進みつつあり、第6世代(6G)の研究開発も進んでいます。

モバイル通信の利用形態の変化

このようなモバイル環境の進化に伴って、一般ユーザーのモバイル利用も様変わりしてきました。本書の中でもすでに触れたとおり、とくにスマートフォンの利用頻度、利用サービスの種類、利用金額、トラフィック量など、あらゆる観点で増加傾向にあります。SNS、動画や音楽などの視聴、ゲーム、ECなど、その用途も広がり、とどまるところを知りません図9.7。利用シーンについても、寝ている時間以外のあらゆるタイミングが含まれており、非モバイルの通信とはその

図9.7 [再掲]スマートフォンとインターネット

特性が大きく異なります。

そして、HTTP/2からHTTP/3への進化を促した要因の一つが、このようなモバイルへのシフトにあったことは、改めて強調しておく必要があるでしょう。この点については、7章のHTTP/3やQUICの解説に際して触れましたので必要に応じて確認してみてください。

プロトコルスタックの進化

HTTP/3の開発は、ネットワーク利用の変化により単独のプロトコルの改良のみならず、プロトコルスタックそのものを見直すような動きも生じてくるという好例です。OSI参照モデルにしてもTCP/IPモデルにしても、プロトコルはレイヤーごとに独立に定義され、相互に影響しないように開発されていますが、システムとして機能させるためには、縦方向の相性や全体としての機能という観点はやはり重要なのです。

アプリケーション特化型プロトコル　メッセンジャー向けプロトコル「XMPP」を例に

特定のアプリケーション向けに開発されたプロトコルというものも存在します。ここでは、具体例としてXMPP(*Extensible Messaging and Presence Protocol*)を取り上げてみます。

XMPPは、インスタントメッセンジャー用のデータ形式や通信方式を定めたプロトコルです。チャットのようなメッセージ転送を目的として、XMLをベースとして開発されました。2020年以降、ハイブリッドワークなどオンラインへの移行が大きく進んだことで、Slackなどをはじめとしたメッセンジャーアプリの存在感が増したと言えます。XMPPはインスタントメッセンジャーに特化したプロトコルであるため、テキストメッセージを中心に、画像やビデオなど各種メディアを添付して転送するユースケースが想定されています。ちなみに、XMLは、構成が明確なことから機械的に処理することに適したデータ形式です。ただし、データ量が大きく、事実上XMLパーサによる処理が必須であるため、ネットワークにもデバイスにも一定のリソースが必要となります。

XMPPのメッセージ転送

XMPPによるメッセージ転送は、大まかには電子メールに似ており、XMPPサーバーを介して行われます 図9.8 。

XMPPサーバーを立てておき、ユーザーはXMPPクライアントからXMPPサーバーに対してメッセージ配信を依頼します。アドレス形式も電子メールのアドレス形式に似ており、「ユーザー名@ドメイン名」という形式になっています。インスタントメッセンジャーはいくつも存在しますが、XMPPはオープンソースである点が大きな特長です。オープンソースゆえに、さまざまなXMPPクライアントとの相互メッセージングを可能にした点は重要なポイントです。

メッセンジャーサービスの特性とプロトコル

有名な商用メッセンジャーであるSlackも、当初はXMPPをサポートしていて、かつてはXMPPを使って自由にSlackにアクセスし利用することができたのですが、普及の途上でXMPPサポートを終了しました。

この経緯には、Slackのビジネスモデルが影響していると考えられます。すなわちSlackのフリープランでは、一定の条件を満たしたログへはアクセスできなくなります。言い換えれば、ログの保管やアクセスに対して課金するビジネスモデルとも言えます。XMPPのようなプロトコルで外部からアクセスができてしまっては、課金するユーザーが減少し、ビジネスとして成立しにくくなってしまいます。そうした特性から、メッセンジャーサービスは昔からユーザーを囲い込み、相互接続を抑制するのが一般的です。

標準化と囲い込み

このように、特定のアプリケーションに特化したプロトコルが開発/利用される

図9.8 XMPPサーバーとクライアント

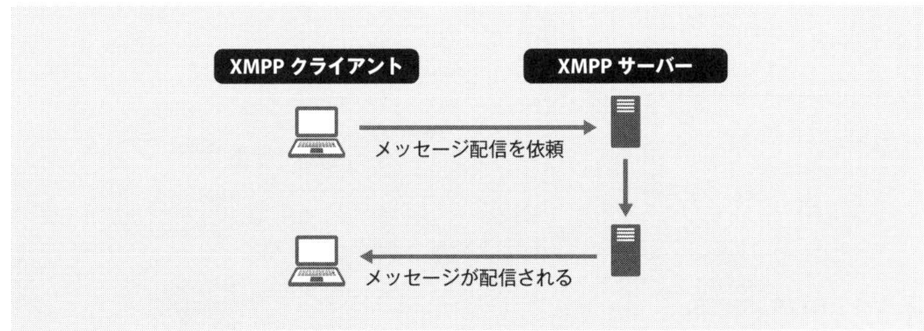

XMPPサーバーとクライアントのやり取りの図。

ことがあります。その仕様が標準化されて広まり、多くのデバイスが相互接続されるようになるのが一つのシナリオだと言えます。

一方で、XMPPのように囲い込みが進み、相互接続よりも独自進化を続けていくこともあります。そうした展開の方向性は、アプリケーションの特性のほか、関連企業のビジネスモデルなどによって変わってきます。

5G eMBB/mMTC/URLLC

モバイル通信システムは、およそ10年周期で世代交代を進めてきました。これまで高速化を続けてきたモバイル通信ですが、2020年頃からは5Gの展開が進められています。5Gの適用に向けては、次の三つのシナリオが定義されています 図9.9 。

❶大容量化(*enhanced Mobile Broadband*, eMBB)
❷多端末収容(*massive Machine Type Communications*, mMTC)
❸高信頼低遅延(*Ultra Reliability and Low Latency Communications*, URLLC)

❶eMBBはさらなる大容量化/高速化によるアプリケーションのさらなる進化を指向します。わかりやすい例としては、映像の高精細化などが挙げられます。

❷mMTCは各種IoTデバイスなど、非常に多くのデバイスを効率的に収容する

図9.9 5Gの適用シナリオ

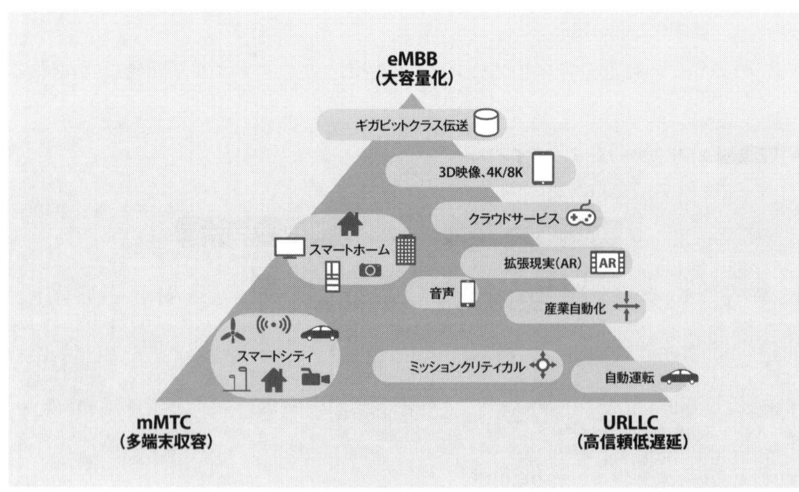

方向性です。あらゆるモノがネットワークに接続されたスマートな社会を目指すものだと言えます。

最後に、❸URLLCはミッションクリティカルと呼ばれるようなリアルタイム性の高いユースケースを想定しています。たとえば、自動運転車などのモビリティ制御や、機器の遠隔操作などといった使い方がよくイメージとして挙げられます。「5Gならでは」感が最も強い方向性だとも言えますが、アプリケーションの開発/普及と設備の展開とが歩調を合わせて進められる必要があるため、本書原稿執筆時点では、まだ実証実験にとどまっているケースがほとんどです。

NSAとSA

5Gの導入にあたって、当初は**NSA**(*Non Stand Alone*)と呼ばれる4G設備に対して接続する形態が多くとられました。NSAとは、基地局などは5G用の機器を設置しますが、パケット転送制御などを担うコアネットワーク側の設備は4G向けの機器を利用する、といった形態です 図9.10 。

この手法を採用することで、既存設備を活用しながら5Gのスモールスタートが実現されたと言うことができます。ただし当然ながら、NSA方式では5Gの性能をフルに活用することはできません。そのため一般ユーザーにとっては、5Gならではのサービスといったインパクトはあまり感じられなかったという面もあったかと思われます。まだ提供エリアは限られますが、「真の5G」などとも呼ばれる**SA**(*Stand Alone*)型のサービス提供も開始されています。

図9.10 NSA型とSA型

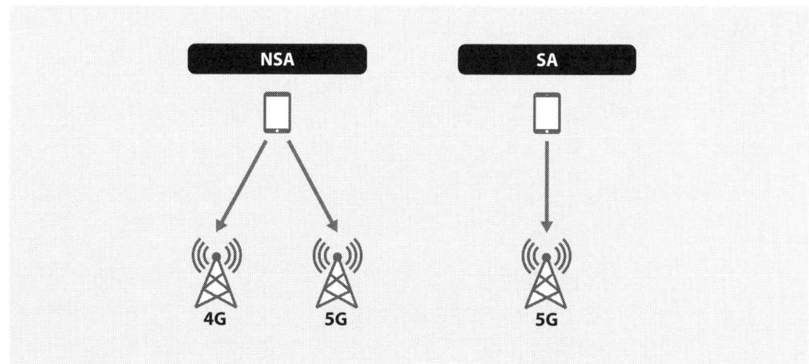

ローカル5G 利用するには無線局免許の取得が必要

また、5Gの展開における大きな特徴は**ローカル5G**という手法です。

ローカル5Gとは、企業や自治体などが主体となり、特定の建物や敷地などエリアを限定して、自ら5Gネットワークを構築/運用するものです。これは従来の通信事業者によるサービス展開とは異なるやり方であり、どちらかと言えば自前のWi-Fiの整備に近いイメージでしょうか。

ただし、5Gは免許が必要な周波数帯を使いますので、ローカル5Gを利用するには無線局免許の取得が必要です。5Gの普及展開に向けて期待の集まる形式ですが、本書原稿執筆時点では、まだ各種企業が、自社の工場や物流拠点などの管理などに向けた実証実験としてローカル5Gを活用してみているという状況です。ただ、ローカル5G構築を簡易化するような機器も出始めており、本格的な普及はこれから進んでいくと思われます。

IoT 機器の多様性

あらゆる電子機器がインターネットに接続されるという流れは、今後も拡大/継続していきます。今では改めてIoTと呼ばなくても、さまざまなデバイスが当然のようにネットワークに接続されるケースが多くなっています。ネットワークに接続されるのはデフォルトと考えた上で、その接続の方法については、さまざまな方法/技術があります。IoT向けとされるプロトコルやサービスも多く開発されていますし、上記の5Gも選択肢に含まれてくるでしょう。ただ、どのような技術やプロトコルを採用するのが適切なのか、というのは場合によって異なります。システムの目的、デバイスの特性と利用環境、通信データのサイズやタイミング、コストや管理方法など、さまざまな要素が関わってきます。

IoTという観点で重要なポイントは「多様性」です。IoTデバイス自体も多岐にわたりますし、それらが使われる環境もさまざまです **図9.11** 。そもそも世の中は電子機器に溢れていますし、それらに通信モジュールを付ければ、それはすでにIoTデバイスと呼ぶことができます。それくらいさまざまなIoTデバイスが存在するということです。

デバイスの利用目的や性能が異なれば、適したプロトコルが異なるのも当然です。「IoT」と一括り(ひとくくり)にして、何となくの理解でシステムを作ってしまうのは危険です。なんでもWi-Fiでつなげればいいわけではありませんし、かと言ってすべて

図9.11 さまざまなIoTデバイス

のデバイスにLTE回線を契約していけばかなりの費用がかかるでしょう。ネットワークが身近なインフラとなり、誰にでも簡単に使えるようになったからこそ、理解せずに適当につなげてしまうことで問題が生じることがあるのです。

IoTと無線通信 LPWA

IoTの通信方式としては、基本的に無線が用いられます。よくIoT向けと言われる無線通信方式として、LPWAが挙げられます 表9.1 。

低消費電力で長距離データ通信を行うための通信方式であり、消費電力削減のために数十kbps程度の低速で断続的に通信を行うことが特徴です。とくに、上り下りそれぞれの送信バイト数や送信回数に制約が設けられることも多いです。その代わり、送信データ量を絞るほど、充電や電池交換をせずに継続的に運用できる期間が長くなります。このように、Wi-FiやLTEなどの無線通信とは大きく異なる特性があるため、システムの要件を理解していないと上手に利用することが難しいです。

また、上位層プロトコルの観点でも、よく利用されるHTTPよりも、限定的な機能しかもたないMQTTのような軽量なプロトコルが適することがあります。MQTTはTCP/IPの上位層で動作するプロトコルであり、HTTP等と比較して軽量

表9.1 Wi-FiとLPWAの比較

通信規格	Wi-Fi	LPWA
通信速度	速い	遅い
電波の到達距離	短距離	長距離
消費電力	多い	少ない

でありデータ量や消費電力を削減できます。また、一対多の通信に適しており、非同期通信をサポートしているため、いわゆる常時接続ではない小型デバイスに適します。

いずれにせよ、IoTと一口に言ってもかなり幅広いアプリケーションを含むため、それぞれのケースで適した技術を選択して利用し、上手にシステムを構築/運用していくという観点が重要です。そして、そのためには本書で学んだような知識が役立っていくはずです。

Web Web 2.0からWeb 3.0へ

Web関連の動向としては、やはりWeb 3.0がトピックとして挙げられます。Web 3.0は分散型のインターネットと言われます。

Web 1.0から2.0を経て3.0に至る流れを図9.12に示します。Web 1.0は1990年代のインターネット普及期のWebを指し、コミュニケーションがほとんど一方通行だった点が特徴です。ユーザー同士がコミュニケーションすると言うよりは、情報の発信者と閲覧者という構造でした。2000〜2020年頃のWeb 2.0では、SNSの普及によりユーザー同士の直接的なコミュニケーションが盛んになりました。画像や動画のシェアや、YouTuberやインフルエンサーと呼ばれる人々の登場など、インターネットへの参加の仕方が変わっていきました。その一方で、当時GAFAM(ガーファム)(Google/Alphabet, Apple, Amazon, Facebook/Meta, Microsoft)などと呼ばれた一部の

図9.12 Webの進化

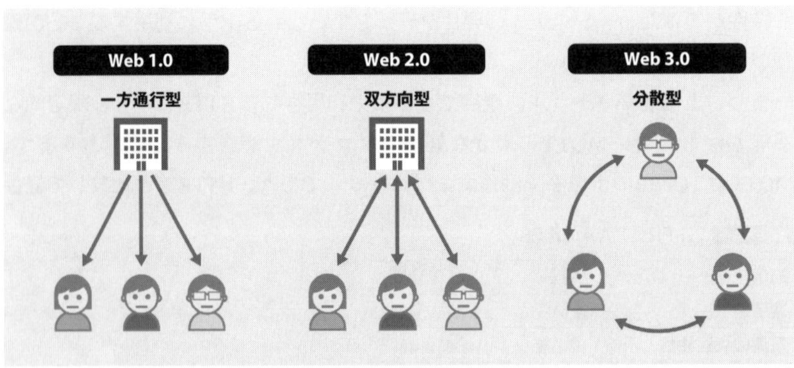

Webの誕生から, Web 2.0, Web 3.0への変遷。

大企業に情報が集中/独占され、集められた個人情報が広告に利用されるようになりました。個人の趣味嗜好や行動履歴など、かなりの個人情報が取得/利用されるため、プライバシー/セキュリティ面の課題が指摘されるようになりました。

ブロックチェーン技術の活用

これらに対してWeb 3.0は、ブロックチェーン技術を活用し、サービス管理者を必要としない分散型のサービスを提供するため、従来の一極集中に起因する課題を解消できるとして期待されています。**ブロックチェーン**とは、暗号技術によって取引履歴を過去からつなげる形で記録する分散型台帳の技術であり、改ざんが極めて難しいという特性を持っています。

つまり、ブロックチェーンにより情報が分散管理され、特定の管理者に依存しないため、大量の個人情報が流出するような懸念がない環境を意味する言葉です。また、そもそも特定の企業に対して多くの個人情報を登録するようなステップがなくなるという面もあります。現時点では、仮想通貨やNFT(*Non-Fungible Token*)の売買を行う取引所などがすでにWeb 3.0の形で提供されるようになっています。またゲームやメタバースのサービスとも親和性が高いと考えられます。

Web 3.0への置き換え

ただし、Web 2.0からWeb 3.0へとすべてが一方向的に置き換わるかと言うと、そんなことはないと筆者は考えています。

少なくとも現時点でのWeb 3.0サービスについては、利用時の技術的なハードルの高さや、ブロックチェーンのしくみに起因するスケーラビリティの問題なども指摘されています。また、法整備がまだ追いついていない面もあり、詐欺的なスキームに騙されるケースもないとは言えません。さらに、Web 2.0的なしくみにも多くのメリットがあるため、サービスに応じて使い分けがなされる形で、共存していくものと予想されます。行動履歴が取得されて広告に利用されるのは不安を感じる面もありますが、一方でその程度であればとくに問題ないという考え方も存在します。また、単純にユーザーのサービス利用体験としては、Web 2.0でもWeb 3.0でも本質的には変わらないのではないかとも思われます。その背後でどういったデータ管理がなされていたとしても、それはユーザーインターフェースとはほとんど関係のない要素です。

とはいえ、もちろんWeb 3.0関連のサービスの開発は今後どんどん進んでいくと考えられます。今後、サービス開発や法整備が進み、Web 3.0はより身近な存在になっていくことでしょう。

9.3 これから研究開発に関わる人に向けて

「技術」の見方、考え方について

本節では、ネットワーク技術の関わる領域について、今後の研究開発に携わる人に向けた内容をまとめます。本書で解説した技術や考え方をベースにして、今後の研究開発を担う技術者の育成に少しでも寄与できればと考えています。

プロトコルの進化とその背景　ネットワークのインフラ化と技術の進歩

ネットワークが活用される領域は拡大の一途を辿っており、私たちの日常生活やビジネスを根底から支えるインフラとなっています。

本書で繰り返し述べてきたとおり、インターネットの開発以来、ネットワーク技術は絶え間ない進化を続けてきました。利用される技術、プロトコル、装置なども、時代とともに変化し続けています。少し前までメジャーだったプロトコルが、今ではまったく使われていないといったこともあるのです。逆に、古の(レガシーな)装置がいまだに使われている場所があって、そのためにシステム全体のアップデートが難しくなっているといったこともあります。

各種プロトコルの進化と学習

今後もきっと、新たなアプリケーションの開発や、私たちの生活スタイルの変化などとともに、各種プロトコルは進化を続けていくはずです。

そうすると、ICT(*Information and Communications Technology*)システムに関わる技術者、その中でもとくに研究開発に関わるような技術者は、技術の進歩にキャッチアップしていく必要があるはずです。ルールの変化に対応できなければ、試合に出ることもままならなくなります。ただ、新たなプロトコルが出てきたときに、またゼロからドキュメントを読んで少しずつ理解していく必要があるかというと、そんなことはないとも言えます。たとえばQUICが出てきたとき、一見まったく新しいプロトコルのように思われたとしても、「UDPをベースにTCPのような再送制御や複層制御を加えた手法」といったように、既存技術の知見やアナロジー(*analogy*)を利用して理解することが可能です。

これはまさに、通信プロトコルはうまく通信を成立させるために人間が考案し、議論して定めてきたルールであるという事実を表していると思います。本書の前半で、「ネットワーキングの勉強には、決まりごとの学習という色が強くあるのも事実です。決まりごとの背景にある考え方や工夫などを理解しないと、ただ覚えるだけのマニュアルのようになってしまう恐れがあります」といったことを述べました。これは裏を返せば、決まりごとの背景にある考え方や工夫などを理解しておけば、知らないことや新しい技術に対しても応用が利(き)く、という意味でもあります。

本書の解説の狙い

そのため本書の解説では、単なる事実や標準に書いてあるような決まりごとを羅列するようなことは、極力避けました。その代わりに、なるべくプロトコル成立に至るまでの課題や工夫、考え方に触れるようにしたつもりです。それでもなお、一つ一つの課題や解決策はどうしても個別的なものとなってしまいます。ただ、そのような学習を続けることで、一貫したベースとなる考え方、あるいは技術の見方のようなものを体得できるのではと考えています。

ネットワークシステムの構築/運用と研究開発　基本の考え方と実運用時の知識

先述のとおり、本書ではベースとなる考え方や技術の見方を体得できるように、背景や工夫に着目しました。

その反動として、各プロトコルの細かい仕様などについては、あまり詳しく取り扱っていません。もちろん実際にシステムを構築するようなときには、別途もっと詳しいドキュメントなどを参照する必要があります。ベーシックな考え方を身につければそれでOKといった簡単なものでないことも事実です。ただ、このあたりの比重については、技術に対する関わり方によっても適切な重みが変わってくるのではないかと思われます。

ネットワーク技術への関わり方

すなわち、ネットワーク技術は今やコンピューターシステムにおいてほぼ必須の構成要素ですが、個人の関わり方はさまざまです。

ネットワークの設計/構築や運用を行うネットワークエンジニアのほか、いわゆるアプリ寄りのエンジニアやサーバーサイドのエンジニアでも、場合によってはネットワーク的な要件の把握が必要となることがあります。また、実際には、設計と運用では求められる知識や技術、考え方が異なってきます。設計段階においては、さまざまな技術的な選択肢を比較検討し、そのシステムの要件に照らして最適なものを選択した上で、物理的な構成や論理的な設定などに落とし込むことが求められます。

このとき、まずは各技術のメリット、デメリットなどを議論できるような体系的な知識があることが理想です。一方で運用の段階においては、現システムの構成や利用されている機器、プロトコルの知識がより求められることとなります。

ネットワーク技術の研究開発

そしてまた、新たな技術の研究開発という観点があります。次世代のコンピューターネットワーク/システムの研究開発を支える技術者のためにというのが本書の執筆動機の一つであり、本書の特徴でもあります。

新技術の研究開発を効果的に進めるためには、システムの設計プロセス以上に、技術の目利きや体系的な理解が必要となります。新技術の開発とは、すでに存在する技術の課題をいち早く見つけ、それを解決する(今までにない)手段を考案することだからです。そんなとき、ベースとなる考え方や技術の見方のようなものが何より重要になってくるはずです。

課題の顕在化と技術開発

もちろん、今ある技術に穴がたくさんあるわけではないかもしれませんが、環境の変化とともに課題が顕在化してくるといったことは本書で述べたとおりです。

そんなとき、既存技術で対応できる課題もあれば、そうではない課題もあります。その課題は、自社に特有の課題かもしれませんし、世の中の多くの人が直面している課題かもしれません。前者の場合には、新技術を開発するより、その課題を生み出している自社に特有の事項を解消する方が早い可能性もあります。後者の場合には、放っておいても、Big Tech(先出のGAFAMに加えて、Tesla, NVIDIA

など）などの強者が何かを生み出してくれる可能性もあります。とくに通信プロトコルの場合には、既存技術との親和性のほか、標準化プロセスも重要となっており、強者が勝つような傾向があるのも事実です。

それでもなお、新技術の研究開発は必要だと考えます。新産業の育成が重要な社会的課題となっている昨今、新しいビジネスやサービス、産業を立ち上げるためには、何らかの新しい技術が必要となるはずです。あらゆるサービスの基盤としてコンピューターネットワークがある以上、ネットワーク技術に関わる研究開発力の重要性は低下することはないと思います。

ネットワーク技術の評価について　さまざまな評価指標

ネットワークの「課題」と一口に言っても、その評価の観点にはさまざまなものがあることを述べました。

そもそもつながるかというシンプルなものから、スループットや遅延など定量的なパフォーマンスに関わるもの、信頼性やセキュリティなどがありました。さらには、既存プロトコルとの親和性といった、評価対象となるプロトコル以外への影響という、不特定多数が参加するシステムならではの評価指標も存在します。新たに開発する技術の評価を行う際には、その種類や目的に応じて、これらさまざまな評価指標から適切なものを選択して評価を行う必要があります。そして、評価についても、いくつかの方法があり、そのうちのいくつかは本書の中でも実際に扱ってみました。ここで、少し振り返りながら改めてまとめてみましょう。

理論検討

まず最も基本的かつ重要なのが理論的な検討です。これは、しくみとして期待した性能を保証できるかを考えるといった意味合いです。

プロトコルのしくみとして、どれだけの手順でコネクションを確立できるかといったことから、その際の平均あるいは最悪遅延などのパフォーマンスの期待値まで、さまざまなことを理論的に考えることができます。物理的な性能やプロトコルのしくみを理論的に解析することで、期待した結果を得られるかを知ることができます。また、法人向けのサービスなどでは、遅延やパケットロス率などがSLAとして規定されることも多いです。ただしパフォーマンス面については、前提となる条件が単純だったり、ある仮定を置いた場合に限定して計算が可能だったりといった制限は存在します。インターネットのような大規模な環境では、相互の影響が大きく、理論で扱えるスケールを超えてしまいます。

シミュレーション

こうしたケースに対して有効なのが、**シミュレーション**です。コンピューター上でプログラムを組み、模擬的な環境において計算を実行することで、さまざまな評価を行うことができます。

シミュレーションにも、単一のリンクを丁寧に評価するリンクレベル、ネットワークシステム全体を模擬するシステムレベルなど、複数のスケールが存在します。また、ランダムなノイズによるエラーをどこまで考慮するかなどといった細かい仕様も、シミュレーターによって異なるため、その特性を理解して使用することが重要です。シミュレーションの実行結果を無心に受け入れてしまうと、重大なエラーや問題を見過ごすこともあり得ます。とくに、初学者のうちは誰しもあり得ない結果に気づかないようなミスをしやすいので、十分に注意しなければなりません。

実機検証

理論やシミュレーションによる評価を経て、実機を用いた検証を行います。

通常、新しい技術について、いきなり実機での検証は行いません。新しい技術は既存の装置には実装されておらず、実装にはかなりのコストがかかることが一般的だからです。

新技術について、理論上は可能だとしても現実的な技術や予算で実装できるのかといった実装可能性の問題があります。IETFなどでは、実装された機器がすでに大量に存在していることが標準化の前提とされていたりします。また、処理速度や安定動作性、他の機器との相互接続性なども、実機によって検証することが非常に重要です。いくら理論上の性能が優れていたとしても、実機で動いていないものは信用されないという空気もあります。

ネットワーク技術はインターネットに接続するのが前提になりますし、きちんと動くということが重視される面があるのです。

適切な手法の選択

このように、さまざまな評価手法があるのですが、既存の書籍ではやはり各手法を個別に詳しく取り扱うものが多かったように思います。

ネットワーク技術と言っても、実際には多種多様な構成要素や媒体、技術、プロトコルが存在します。適材適所という言葉があるように、それぞれ特徴が異なるさまざまな技術の中から適切なものを採用したり、あるいは弱点をカバーする工夫をしたりすることが重要です。

新技術の開発や評価についても、なるべく俯瞰的な視点から、適切な方向性を選択できるようになれると良いかと思います。繰り返しになりますが、何らかのシステムを検討する際に「常にこれをこうしておけばOK」といった最高の手法のようなものはありません。そのためマニュアル対応ではなく、体系的な理解によりベースとなる考え方のようなものを体得することが有効です。考え方そのものは陳腐化しにくいので、新しい技術を検討する際の基礎となってくれるはずです。

9.4 本書のまとめ

本書は、今後IT/ネットワークシステムに関わり得る初学者の方を想定して、なるべくわかりやすく、ネットワーク技術について体系的に解説してきました。

0〜2章では、ネットワーク技術の基本となる用語や代表的なプロトコルスタックなどの基礎知識について、広くおさらいしました。データを機械的に送受信するための決まりごととしてプロトコルが定義され、データ通信を実現する機能をレイヤー構造として表したものがプロトコルスタックです。とくに、代表的な階層モデルであるOSI参照モデルと、インターネットで広く利用されているTCP/IPモデルについて紹介し、インターネットにおけるパケット転送の手順についても丁寧に記述しました。その上で、よく利用されるツールを使って、実際にネットワークの状態や各プロトコルの動作を確認/可視化してみました。ネットワーク内はどうしてもブラックボックスな面があるので、座学だけではなく、このようにして実際に体験&実感してみると良いでしょう。

3〜4章では、物理〜MAC層の役割や機能について詳しく解説しました。EthernetやWi-Fiなどの代表的なプロトコルの動作について、MATLABを用いてシミュレーションしながら丁寧に見ていきました。

5〜6章では、昨今のインターネットサービスの進化においてポイントとなっているトランスポート層に焦点を当てました。トランスポート層は、送信元と宛先との間での「データの送り方」とも言えるような部分を担当します。インターネット黎明期より、ほぼUDPとTCPの2大プロトコルが使用されてきましたが、近年開発されたQUICの存在感が増しています。オープンソースのネットワークシミュレーターであるns-3を使って、手を動かしながらスループットや遅延などを測定しました。それらを通して、各プロトコルの特性や課題に加えて、ネットワークの研究開発において重要な評価の観点や方法論についても解説しました。

7〜8章では、HTTP/3として普及しつつあるQUICのしくみや特長を中心に、近年のトランスポート層以上の上位レイヤープロトコルの動向について記述しました。そして実機を使って、QUICやWebTransport、IoTマイコンなど、重要度を増している技術について詳しく扱いました。これらを通じて、仕様そのもののみならず、新たなアプリケーションの登場やユーザーの利用形態の変化とともに、既存プロトコルの限界が顕在化し、新たなプロトコルが開発され普及してきた、そういった流れを掴んでほしいと思っています。研究開発とは、課題を見出して整理し、解決の方向性を探り、新たな技術を開発することだからです。

そして、最終章となる本章では、改めて各領域の動向などを概観し、今後に役立つような技術動向の見方、考え方を紹介しました。

本書を通して、私たちの生活を支えるインフラとしての重要性がますます高まるコンピューターネットワークについて、その基本を身につけることができたでしょうか。単なるマニュアルのような形ではなく、コンピューターシミュレーションや実機を用いた検証結果なども紹介しながら、なるべく汎用的な考え方を身につけられるように気を付けたつもりです。ネットワーク技術について日本語で学ぶ際の教科書の一つとして、有用なものになればと願っています。また、今後の研究開発を担う次世代の研究者やエンジニアの方に、本書をきっかけに身につけた知識、ネットワーク技術をさまざまな場面で活かしていってほしいと考えています。

索引

記号/数字

アルファベット

カナ

中山 悠　Nakayama Yu

2006年東京大学農学部卒業、2008年東京大学大学院新領域創成科学研究科自然環境学専攻修了、同年日本電信電㈱入社。2018年東京大学大学院情報理工学系研究科電子情報学専攻博士課程修了。博士(情報理工学)。2019年より東京農工大学大学院工学府・准教授。特定非営利活動法人neko 9 Laboratories 理事長。2022年より㈱Flyby代表取締役、2024年より㈱UMINECO代表取締役も兼務し、大学発技術の社会実装に取り組む。

丸田 一輝　Maruta Kazuki

2006年九州大学工学部卒業、2008年九州大学大学院システム情報科学府知能システム学専攻修了、同年日本電信電話㈱入社。2016年九州大学大学院システム情報科学府情報知能工学専攻博士後期課程修了。博士(工学)。千葉大学・助教、東京工業大学・特任准教授を経て、2022年4月より東京理科大学工学部電気工学科・准教授。無線ネットワークにおける干渉低減技術の研究に従事。2017年度電子情報通信学会論文賞、RCS研究会最優秀貢献賞等。

装丁・本文デザイン……………… 西岡 裕二
DTP・図版…………………………… 森井 一三（スタジオ・キャロット）

TCP/IP技術入門

プロトコルスタックの基礎×実装

[HTTP/3, QUIC, モバイル, Wi-Fi, IoT]

2024年5月23日　初版　第1刷発行

著者…………………………………… 中山 悠、丸田 一輝

発行者………………………………… 片岡 巌

発行所………………………………… 株式会社技術評論社
東京都新宿区市谷左内町21-13
電話　03-3513-6150　販売促進部
　　　03-3513-6177　第5編集部

印刷／製本………………………… 日経印刷株式会社

ISBN 978-4-297-14157-8 C3055
Printed in Japan

●お問い合わせ

本書に関するご質問は記載内容についてのみとさせていただきます。本書の内容以外のご質問には一切応じられませんのであらかじめご了承ください。なお、お電話でのご質問は受け付けておりませんので、書面または小社Webサイトのお問い合わせフォームをご利用ください。

〒162-0846
東京都新宿区市谷左内町21-13
株式会社技術評論社
『TCP/IP技術入門』係
URL https://gihyo.jp/book/（技術評論社Webサイト）

ご質問の際に記載いただいた個人情報は回答以外の目的に使用することはありません。使用後は速やかに個人情報を廃棄します。